Boumédiène Derras

Prédiction du mouvement sismique par l'approche neuronale

Boumédiène Derras

Prédiction du mouvement sismique par l'approche neuronale

Contribution des données accélérométriques
Japonaises et de l'approche neuronale à la
modélisation du mouvement du sol

Presses Académiques Francophones

Impressum / Mentions légales

Bibliografische Information der Deutschen Nationalbibliothek: Die Deutsche Nationalbibliothek verzeichnet diese Publikation in der Deutschen Nationalbibliografie; detaillierte bibliografische Daten sind im Internet über http://dnb.d-nb.de abrufbar.
Alle in diesem Buch genannten Marken und Produktnamen unterliegen warenzeichen-, marken- oder patentrechtlichem Schutz bzw. sind Warenzeichen oder eingetragene Warenzeichen der jeweiligen Inhaber. Die Wiedergabe von Marken, Produktnamen, Gebrauchsnamen, Handelsnamen, Warenbezeichnungen u.s.w. in diesem Werk berechtigt auch ohne besondere Kennzeichnung nicht zu der Annahme, dass solche Namen im Sinne der Warenzeichen- und Markenschutzgesetzgebung als frei zu betrachten wären und daher von jedermann benutzt werden dürften.

Information bibliographique publiée par la Deutsche Nationalbibliothek: La Deutsche Nationalbibliothek inscrit cette publication à la Deutsche Nationalbibliografie; des données bibliographiques détaillées sont disponibles sur internet à l'adresse http://dnb.d-nb.de.
Toutes marques et noms de produits mentionnés dans ce livre demeurent sous la protection des marques, des marques déposées et des brevets, et sont des marques ou des marques déposées de leurs détenteurs respectifs. L'utilisation des marques, noms de produits, noms communs, noms commerciaux, descriptions de produits, etc, même sans qu'ils soient mentionnés de façon particulière dans ce livre ne signifie en aucune façon que ces noms peuvent être utilisés sans restriction à l'égard de la législation pour la protection des marques et des marques déposées et pourraient donc être utilisés par quiconque.

Coverbild / Photo de couverture: www.ingimage.com

Verlag / Editeur:
Presses Académiques Francophones
ist ein Imprint der / est une marque déposée de
OmniScriptum GmbH & Co. KG
Heinrich-Böcking-Str. 6-8, 66121 Saarbrücken, Deutschland / Allemagne
Email: info@presses-academiques.com

Herstellung: siehe letzte Seite /
Impression: voir la dernière page
ISBN: 978-3-8381-4591-4

Zugl. / Agréé par: Tlemcen, Université Abou Bekr Belkaid, 2011

Copyright / Droit d'auteur © 2014 OmniScriptum GmbH & Co. KG
Alle Rechte vorbehalten. / Tous droits réservés. Saarbrücken 2014

Table des matières

Liste des figures

Liste des tableaux

Introduction générale

Après une secousse tellurique violente, la première préoccupation est de sauver le plus possible de vies humaines. Des personnes prisonnières des décombres de bâtiments, ou d'autres bloquées dans un tunnel…la mission de sauvetage consiste à enlever des tonnes de béton avec des moyens économiquement lourds et dommageables pour l'environnement. Les bâtiments qui étaient avant la catastrophe des lieux sereins, deviennent quelques secondes après, cruellement, les endroits les plus risqués !.

Ce comportement structurel fragile vis-à vis des séismes est souvent la conséquence d'une mauvaise conception ou d'une mauvaise exécution, en bref d'une vulnérabilité trop forte, mais il peut aussi provenir d'une sous estimation de l'aléa, c'est-à-dire des chargements sismique auxquels sont soumises ces structures.

L'adoption de techniques de construction visant à réduire les risques liés aux tremblements de terre apparaît comme très ancienne. Ainsi, les fouilles conduites sur le site de Taxila (Pakistan) ont mis en évidence les mesures de renforcement des fondations lors de la reconstruction de la ville après le séisme de l'an 25. De même, à l'époque byzantine, on a pu constater des changements radicaux dans les modes de construction dans plusieurs villes de Syrie et d'Anatolie (réduction de la hauteur des maisons, renforcement par des charpentes en bois, suppression des murs de briques non renforcés). La Chine et le Japon fournissent aussi de nombreux exemples de constructions anciennes dont la conception a certainement été influencée par la considération du risque sismique (Betbeder-Matibet and Doury, 2003)

La construction parasismique est à l'heure actuelle le moyen le plus approprié à la prévention de ce type de risque. Bien qu'elle exige le respect des règles de construction en zones sismiques (règles de calcul et disposition constructifs), elle repose également sur des principes spécifiques dus à la nature particulaire du chargement sismique. L'évaluation de l'alea sismique est donc primordiale.

Cette évaluation est basée sur la caractérisation éventuelle du mouvement du sol potentiel dans une région donnée et sur l'estimation de ce mouvement causé par un séisme sur un site donné.

Les travaux de cette thèse rentrent dans l'optique de l'estimation et le traitement du mouvement sismique sur un site. La base de données Japonaise KiK-Net est utilisée au cours de ce travail de recherche (Pousse et al., 2006, Cotton et al., 2008, Cadet et al., 2011). Ces données ont servi à l'élaboration de 5 modèles de prédiction du mouvement du sol que la méthode de réseaux de neurones artificiels peut permettre de déterminer de façon fiable et robuste. Le premier modèle (ANN1 : Artificial Neural Networks 1) a pour objet l'identification et la quantification de l'effet de l'amplification spectrale à partir de paramètres caractéristiques d'un site. La fréquence de résonance de site (f_0) ainsi que la vitesse moyenne des ondes de cisaillement sur trente mètres de profondeur (V_{s30}) représentent les paramètres les plus pertinents pour la caractérisation du site. En plus de ces deux paramètres, la magnitude de moment (M_w) la distance épicentrale (R) et la profondeur focale (D) nous ont permis via ANN2, ANN3 et ANN4 d'estimer les valeurs d'accélération et de vitesse, ainsi que différents autres paramètres scalaires souvent utilisés comme "indicateurs de nocivité, c'est-à-dire présentant une corrélation satisfaisante avec le taux de dommage structurel, au moins pour certains types de constructions. La détermination des accélérations spectrales maximales d'un système un seul degré de liberté ("ordonnées spectrales" ou "spectres de réponse") à partir des paramètres sus-cités représente le but de l'ANN5. En parallèle, et pour chaque modèle, des études sur le taux d'influence des paramètres d'entrée, sur le caractère linéaire ou non-linéaire de l'effet de site et sur l'effet de la profondeur focale ont été menées.

Ce travail de recherche s'articule en 6 chapitres autour de la prédiction du mouvement sismique. Les 5 modèles élaborés visent à apporter des éléments qui permettent de mieux comprendre la nature particulière des charges sismiques.

Chapitre I : Les méthodes et les paramètres descriptifs du mouvement sismique. Dans ce chapitre, une présentation est donnée sur les différents paramètres de nocivité qui peuvent être utiles pour l'ingénieur (DGPR., 2011), ainsi qu'un aperçu sur le principe de l'élaboration des équations de prédictions du mouvement du sol (GMPEs : Ground Motion Prediction Equations) (Lussou, 2001) tout en précisant les limites et les contraintes rencontrées pour diminuer l'incertitude (Strasser, 2009) et pour avoir un modèle d'atténuation plus robuste (Campbell., 1981, Abrahamson and Siva., 1997, Boore., et al., Douglas., 2003, 2008).

Chapitre II : Réseaux de Neurones Artificiels: approximateurs Universels Parcimonieux. Commençant par une présentation sur le principe de calcul neuronal (Sorin et al., 2001), ce chapitre se poursuit avec quelques indications générales sur la méthodologie de développement d'un réseau de neurones (Dreyfus et al., 2008), permettant ainsi d'introduire les notions de base. Sont ensuite, passé en revue les réseaux de neurones les plus utilisés pour le traitement des données sismiques spécifiques à notre application : la comparaison de diverses architectures neuronales permet de justifier le choix du type de réseau de neurones sélectionné pour notre application. Nous présentons par la suite plusieurs méthodes d'optimisation permettant de réduire le temps de développement ou améliorer les performances du réseau de neurones (Demartines, 1994). Nous indiquons alors les algorithmes qui nous semblent les plus appropriés compte tenu de notre application et de ses contraintes (Beale et al., 2010). Enfin, nous détaillons les règles d'ajustement et de lissage qui sont appropriées au type de réseau sélectionné et qui rentrent dans notre objectif de réalisation d'un modèle de prédiction des mouvements forts (Goh., 2004, Dreyfus et al., 2008).

Chapitre III : Aperçu sur les travaux récents utilisant l'approche neuronale pour l'estimation des charges sismiques. L'essentiel de ce chapitre est consacré à une revue et une courte discussion des diverses études passées ayant utilisé cette approche par réseaux de neurones en vue de l'estimation du chargement sismique auquel les structures sont soumises. Ces études s'intéressent donc à la prédiction de l'accélération, de la vitesse et du déplacement maximal du sol, ainsi qu'à la génération des spectres de réponse et d'accélérogrammes synthétiques, prenant en compte magnitude, distance et effets de site (Giacinto et al., 1997; Hurtado et al., 2001; Lee and Han, 2002; Tienfuan et al. 2005; Liu et al, 2006; García et al., 2007; Kemal et al., 2008; Irshad et al., 2008).

Chapitre IV : Prédiction du rapport spectral de puits site / profondeur pour quantifier l'amplification sismique locale. On se propose ici de donner une nouvelle estimation des effets de site (sous forme du "BHRSR" : BoreHole Response Spectral Ratio, cf. Cadet et al., 2010) à partir de paramètres physiques de site en utilisant l'approche neuronale. L'objectif principal de ce chapitre est de quantifier –par les RNA- l'amplification sismique en estimant le spectre complet de la BHRSR à partir des paramètres dynamiques mesurés in-situ tel que la fréquence caractéristique de site f_0, les vitesses moyennes des ondes de cisaillement sur les z premiers mètres V_{sz}, et plus particulièrement V_{s5}, V_{s10}, V_{s20} et V_{s30} ainsi que la vitesse des ondes de cisaillement mesurée au fond du forage V_{zbh} et la profondeur du forage D_{bh}. Le deuxième objectif de cette étude est de déterminer la sensibilité de chaque paramètre sur le BHRSR et de préciser quel est le paramètre ou le couple de paramètres qui contrôle le plus cette amplification.

Chapitre V : Prédiction des paramètres scalaires d'ingénierie caractérisant le mouvement vibratoire du sol avec la prise en compte de la profondeur focale et la fréquence de résonance. Ce chapitre a pour objectif principal de déterminer les deux quantités PGA et PGV ainsi que les autres paramètres de nocivités complémentaires à la bonne prise en compte du chargement sismique. La méthode des réseaux de neurones artificiels (RNA) est utilisée pour la détermination de divers paramètres caractérisant le mouvement sismique (Kramer, 1996, Danciu and al, 2007). Les entrées des RNA élaborés sont la magnitude de moment M_w, la profondeur focale D, la distance épicentrale R et les paramètres qui représentent les conditions de site. Ces paramètres sont la fréquence de résonances f_0 et la vitesse moyenne des ondes de cisaillement moyenne sur trente mètres de profondeur V_{s30}. La sortie du réseau est représentée par les paramètres scalaires du chargement sismique. Le deuxième objectif de ce chapitre est d'analyser l'influence de la profondeur focale et de la fréquence de résonance sur le chargement sismique. Comme dans toutes les applications envisagées ici, l'importance relative de chaque paramètre d'entrée sur la valeur du chargement sismique à la sortie est abordée par le biais des poids synaptiques. Nous montrons aussi dans ce chapitre que les RNA peuvent, de par la propriété de parcimonie et sous certaines conditions, remplacer les méthodes classiques de régression par moindres carrés majoritairement utilisées pour la prédiction du mouvement sismique.

Chapitre VI : Nouvelle relation d'atténuation de prédiction des pseudo-spectres de réponse en accélération : application pour le réseau KiK-net. Le but ici est d'établir un modèle de prédiction du mouvement sismique caractérisé par les valeurs spectrales moyennes des deux composantes horizontales. Les variables explicatives sont la magnitude de moment (M_w), la distance épicentrale (R), la profondeur focale (D), la vitesse des ondes de cisaillement sur trente mètre de profondeur (V_{s30}) et la fréquence de résonance de site (f_0). La méthode de réseau de neurones artificiel est utilisée comme un moyen de détermination de la forme fonctionnelle du modèle physique sous-jacent et comme une méthode alternative à l'évaluation de l'importance de chaque paramètre d'entrée sur le mouvement sismique à la surface libre représenté ici par les valeurs pseudo-spectrales. La robustesse et la précision du modèle neuronal sont quantifiées au travers des résidus entre valeurs spectrales générées par ANN5, et valeurs spectrales enregistrées. Après confrontation de leur distribution à une loi log normale, leur écart-type SIGMA est calculé pour chaque période et comparé avec les valeurs rapportées par d'autres GMPEs (Zhao et al., 2006; Cotton et al., 2008; Kanno et al., 2006) à partir de données identiques ou similaires. Les variations et l'influence de ces variables d'entrée sur le mouvement spectral sont étudiées en détail, notamment les effets de la profondeur, et des conditions de site, avec une attention particulière au comportement non linéaire. Les formes fonctionnelles obtenues via la méthode neuronale sont comparées avec celles des trois GMPEs précitées.

Enfin il est à noter que les 5 ANN développés dans ce travail, bien que ne nécessitant pas une grande compréhension a priori des phénomènes physiques (qui sont par ailleurs très complexes et pas toujours faciles à représenter par des modèles simples) de la propagation des ondes sismiques, se traduisent au final par des dépendances conformes à cette de la physique . Les informations liées aux comportements dynamiques des sols existent dans la base d'apprentissage permettant aux modèles neuronaux d'assurer la prise en compte de ces comportements.

En conclusion, ce manuscrit rassemble les principaux résultats de ce projet de recherche et détaille les travaux en cours et ceux à venir à court terme.

Chapitre I :

Méthodes et paramètres descriptifs du mouvement sismique

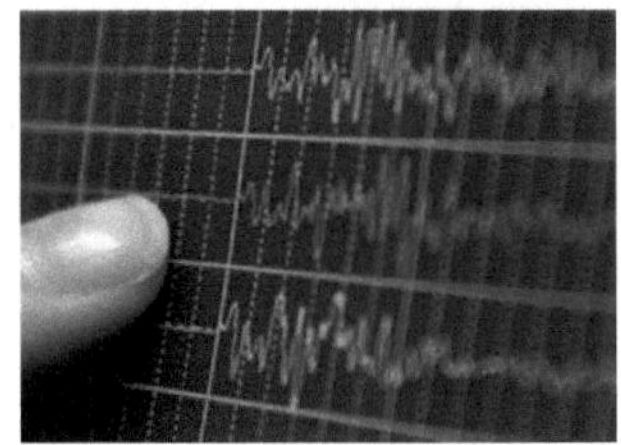

Introduction

La réduction du danger du mouvement vibratoire du sol sur les différents types de structures passe par une bonne estimation du chargement sismique auquel ces structures sont soumises. En général, les paramètres les plus utilisés pour le dimensionnement de telles structures sont l'accélération maximale du sol (PGA) la vitesse maximale du sol (PGV) et l'accélération pseudo-spectrale (PSA). Cependant, il existe d'autres indicateurs scalaires peu utilisés en routine par l'ingénieur, mais qui participent aux contrôles de la réponse sismique de certaines structures. De tels indicateurs de nocivité permettent alors de compléter l'information donnée par les PGA, PGV et PSA et de mieux contraindre le choix d'accélérogrammes naturels ou synthétiques lorsque ces derniers sont nécessaires.

Le niveau de danger quantifié pour un site donné est un outil de base pour l'établissement des cartes de risque sismique, délimitant les territoires en zones d'isoparamètres entre autre d'isoaccélération des codes et règlements nationaux ou régionaux. Dans ce contexte appartient tout l'intérêt de l'élaboration de l'équation de prédiction du mouvement sismique (GMPE: Ground Motion Prediction Equation). Ces GMPEs sont souvent empiriques, de validité régionale sur la base de régression numérique par ajustement aux observations expérimentales à partir des magnitudes, distances au foyer, épicentre ou faille, profondeur focale, type de faille et comportement du sol.

Dans ce qui suit, une présentation est donnée sur les différents paramètres de nocivité qui peuvent être utiles pour l'ingénieur, ainsi qu'un aperçu sur le principe de l'élaboration de ces GMPE tout en précisant les limites et les contraintes rencontrées pour diminuer l'incertitude et pour avoir un modèle d'atténuation plus robuste.

I.1. Appareils de mesure des mouvements forts

I.1.1. Sismographes

Un sismographe (sismomètre) permet de restituer sous forme de présentation analogique les mouvements sismiques sous forme de déplacement, vitesse, accélération.

Le capteur de mouvement le plus utilisé en analyse dynamique est l'accélérographe (accéléromètre), qui est un petit appareil muni d'un dispositif reconnaissant l'accélération dont le principe est un oscillateur à un seul degré de liberté. On pourrait citer comme autres capteurs, vibromètre pour mesurer le déplacement et le capteur électrodynamique de vitesse.

La figure.I.1 illustre les principes de base sur lesquels se fonde le fonctionnement des instruments sismiques. Le système est monté dans une enceinte que l'on fixe sur surface dont le mouvement est à étudier ; la réponse se mesure à partir du « déplacement relatif » y(t) de la masse.

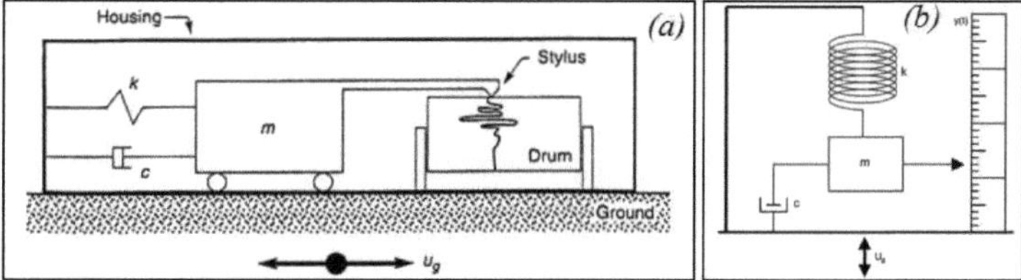

Figure.I. 1. Schémas de principe de base de fonctionnement d'un sismographe. (a) représente la mesure du déplacement de la composante horizontale et (b) la mesure de la composante verticale. m, k et c représentent la masse, la rigidité et l'amortissement du sismographe respectivement.

I.1.2. Accéléromètre

Si le support sur lequel l'instrument est monté se déplace « harmoniquement » avec une amplitude d'accélération égale à :

$$\ddot{Z}(t) = \ddot{Z}_0\sin(\overline{\omega}t) \tag{I.1}$$

Le chargement effectif auquel est soumise la masse est :

$$P_{eff}(t) = -m\ddot{Z}_0\sin(\overline{\omega}t) \tag{I.2}$$

L'équation du mouvement dynamique du système est du type :

$$M\ddot{y} + C\dot{y} + Ky = \ddot{Z}(t) = P_{eff}(t) \tag{I.3}$$

M est la masse du système, C la constante d'amortissement et K la raideur du ressort.

La réponse dynamique permanente trouvée après résolution de l'équation I.3 a pour amplitude :

$$\rho = \frac{M\ddot{Z}_0}{K}D \tag{I.4}$$

Tel que :

$$D = \frac{1}{\sqrt{(1-r^2)^2+(2\xi r)^2}}$$ (I.5)

D représente le facteur d'amplification dynamique et est représenté graphiquement par la figure.I.2 avec un amortissement compris entre 0 et 1. Il apparaît clairement sur cette figure, que pour un facteur d'amortissement ξ= 0.7, la valeur de D est quasiment constante (égale à 1) pour un r compris entre [0 et 0.6]. $r = \overline{\omega}/\omega_0$, où ω_0 représente la pulsation de résonance du dispositif qui est égale à $\omega_0 = \sqrt{K/M}$ et $\overline{\omega}$ la pulsation d'excitation sismique. C'est dans cette plage de r que les mesures sont effectuées. Dans cet intervalle, on obtient seulement la réponse du site où l'appareil est installé. Les accéléromètres ont en général, une fréquence de résonance f_0 supérieure à 25 Hz.

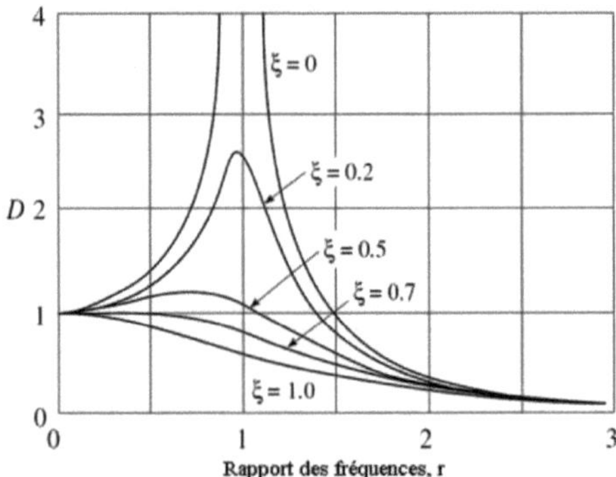

Figure.I. 2. Variation du facteur d'amplification dynamique avec le rapport des fréquences

Les enregistrements correspondant à l'accélération en fonction du temps sont des accélérogrammes. L'accélérogramme $\ddot{Z}$(t) est donc une fonction à variations rapides et irrégulières autour de zéro dont la durée totale T peut varier de quelques secondes à quelques dizaines de secondes. Généralement cette fonction se décompose en une phase initiale pour laquelle les accélérations sont faibles, une phase forte suivie d'une phase modérée et une phase progressive de retour à une accélération finale nulle + le bruit.

I.2. Acquisition des données et digitalisation

I.2.1. Exemple de réseaux instrumental de mesure

http://www.consrv.ca.gov/cgs/smip/ : La California Strong Motion Instrumentation Programme (CSMIP) enregistre les fortes secousses telluriques, à la fois en champ libre et dans les structures lors de tremblements de terre pour le génie parasismique.

http://www.k-net.bosai.go.jp: Kyoshin net (K-NET) est un réseau du gouvernement japonais, qui contient des données de mouvements forts en ligne et à téléchargement gratuits après inscription. Ces données en surface sont obtenues à partir des observatoires déployés dans tout le Japon.

http://www.kik.bosai.go.jp/ comme K-net, KIK-net est un réseau dense qui mesure les vibrations fortes. Avec un capteur en surface et un autre en profondeur. Se sont les données de ce réseau qui sont utilisées dans cette thèse.

I.2.2. Exemple de bases de données

http://db.cosmos-eq.org : le site web de : the Consortium of Organisations for Strong – Motion Observation Systems (COSMOS), permet d'accéder à une base de données relationnelle du mouvement forte de plusieurs tremblements de terre à l'échelle régionale et mondiale et aux parmètres liés à ce type de mouvement. Les données sont fournies par les organismes : US Geological Survey, Californie Geological Survey, US Army Corps of Engineers et du US Bureau of Reclamation.

http://peer.berkeley.edu/smcat/ : contient des enregistrements de tremblements de terre à la disposition du public des gouvernements fédéraux de l'Etat et de prestataires privés qui s'intéressent aux données du mouvement fort. La base de données inclut les données sismiques de plusieurs régions actives dans le monde entier.

http://www.isesd.cv.ic.ac.uk/esd : Dans ce site de la Commission européenne, les données sismiques sont archivées sous forme de fichiers non corrigés et corrigés, ainsi que les spectres de réponse élastique correspondant. Les données sont issues des tremblements de terre en Europe et les zones adjacentes.

I.3. Réseau KiK-Net : Kiban Kyoshin Network

Le réseau KiK-Net est utilisé le long de ce projet de recherche. Il représente l'avantage d'avoir un capteur en surface et un autre en profondeur. Ce dispositif nous a permis d'étudier l'influence des paramètres de site en profondeur telle que la vitesse des ondes de cisaillement sur les 30 premiers mètres V_{s30} sur les paramètres caractérisant le mouvement fort en surface.

Lors de la première étape entre 1975 et 1995 lancée par le gouvernement Japonais, le NIED (National Research Institute for Earth Science and Disaster Prevention) construit quatre petits réseaux pour mesurer les mouvements forts dans la région Kanto. Les quatre réseaux se composent de 3 stations en profondeur, un autre réseau de Fuchu (FCH) avec un sismomètre à 3 composantes, le troisième réseau de Koto (KOT) qui était composé de 20 stations en surface équipées avec un sismographe qui mesure la vitesse des mouvements forts et le quatrième réseau de Kanto avec 27 stations en profondeur dans la région de Kanto. Entre 1978 et 1980, trois stations en profondeur ont été installées à 3.51 km, 2.3 km et 2.75 km de profondeur. Ces trois stations sont situées à 20 km du centre ville de Tokyo.

NIED a continué la construction de toutes sortes de réseaux pour observer les mouvements forts. Maintenant le NIED exploite deux importants réseaux nationaux qui couvrent tout le territoire japonais, K-NET et KiK-NET. La répartition géographique des stations est donnée sur la figure.I.3. Le point de départ pour la construction de tels larges réseaux a été le tremblement de terre de Kobe en 1995. De magnitude 7.2 et une profondeur focale égale à 13 km, le séisme de Kobe a fait plus de 5000 morts et environ 30000 blessés. Le coût de ce séisme s'élève à 100 milliards de dollars.

Figure.I. 3. Distribution des stations de K-NET et KIK-NET (Aoi et al., 2004).

<u>Descriptif du réseau d'observation de mouvements forts du NIED : Kik-Net</u>

Les 669 couples de stations (en surface et en profondeur) sont installés sur tout le territoire Japonais, y compris dans les grandes villes comme Osaka ou Sendai. Le réseau à un maillage de 20 km, avec des profondeurs comprises ente 100 et 2300 mètres. Les accélérographes de (KiK-Net) sont à trois composantes avec un facteur l'amortissement de 0,6 à 0,7. Le taux d'échantillonnage est de 200 Hz. L'enregistrement obtenu est de type 24 bits. La plupart des stations de KiK-Net sont installées sur du rocher ou des sites sédimentaires, cela à cause de la vocation haute sensibilité de ce réseau. L'accélérographe KiK-Net enregistre un événement si le mouvement perçu dépasse une valeur de 2.10^{-2} m/s² et s'arrêtent après 30s d'enregistrement d'un signal ne dépassant pas 0.001 m/s². La résolution des stations est de 10^{-5} m/s² et celles-ci saturent si l'accélération du sol dépasse 20 *m/s²*. La réponse des instruments est plate de 0 à 30 Hz et est au-delà approximativement de celle d'un filtre de Butterworth, à 3 pôles et de fréquence de coupure égale à 30 Hz. (figure.I.4). L'horloge des mesures contrôlée par un signal GPS, est précise à 5 msec près (Kinoshita, 1998).

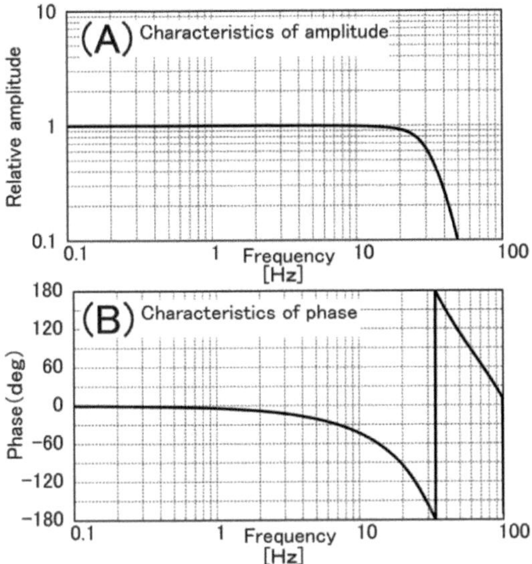

Figure.I. 4. Caractéristiques totales de l'instrument KIK-net. (a) et (b) montrent l'amplitude et la phase respectivement. La fréquence de coupure du filtre est de l'ordre de 30 Hz. (Kinoshita, 2005).

La figure.I.5 présente la distribution des stations de ce dense réseau en surface et en profondeur. Tandis que le tableau.I.1 donne la répartition du nombre de stations en fonction de leurs profondeurs.

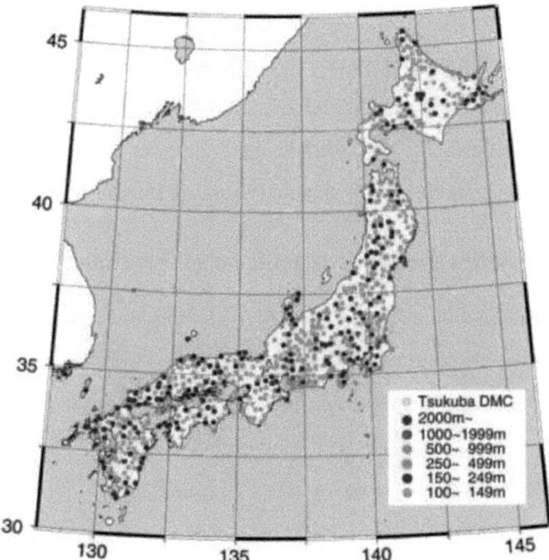

Figure.I. 5. Distribution des stations KIK-net. Les couleurs représentent la profondeur.

Le tableau ci-dessus illustre le nom de quelques stations avec les profondeurs correspondantes (Aoi et al., 2004).

Profondeur [m]	Nombre de stations
100-149	415
150-249	179
250-499	41
500-999	13
1000-1999	12
total	669

Tableau.I. 1. Distribution de la profondeur des stations installées en fond de forage du réseau KIK-Net (Aoi et al., 2004).

L'ordre du déclenchement de l'enregistrement jumelé surface-profondeur est donné par la station localisée au fond du forage si un seuil de 2.10^{-2} m/s² y est dépassé. Sous chacune des stations, une caractérisation géotechnique a été effectuée sur toute la profondeur des forages fournissant l'épaisseur, la nature géotechnique et l'âge géologique de chaque couche. Les profils de vitesse des ondes de compression et de cisaillement sont également disponibles.

Dans le cadre de ce projet de recherche, nous avons utilisé la base de données élaborée par Pousse (2005) et utilisée par Cotton et al., (2008) et par Cadet et al., (2010), seuls les séismes crustaux ont été sélectionnés avec une profondeur focale maximale égale à 25 km et un intervalle de magnitude de moment allant de 3.5 à 7.4. Les données KiK-net appartiennent à la période [1997-2004].

I.4. Paramètres des mouvements forts

On peut extraire du signal sismique des informations sur l'accélération, la vitesse et le déplacement maximal ressenti, la durée, le contenu en fréquence, l'énergie cinétique, la phase et les cohérences spatiales qui constituent autant de caractéristiques. Traditionnellement, l'évolution de la vitesse et du déplacement du sol au cours du temps, est obtenue par l'intégrale et l'intégrale au carré de l'accélération respectivement. La transformée de Fourier et le spectre de réponse font l'objet d'une analyse permettant de caractériser un séisme (Kramer, 1996).

I.4.1. Accélération maximale et spectre de réponse en accélération

L'un des paramètres le plus utilisés à l'heure actuelle pour le dimensionnement des ouvrages est l'accélération maximale (souvent notée PGA pour : Peak Ground Acceleration). Cette quantité correspond à la valeur maximale de l'accélération du sol atteinte, en un site donné, au cours du séisme. Cette mesure, quoique limitée aux hautes fréquences, et très peu corrélée avec les dommages, est cependant très utilisée en raison de sa simplicité.

Cette quantité est généralisée en étudiant les spectres de réponses, correspondant à l'amplitude maximale de la réponse d'un oscillateur à un seul degré de liberté (OSDDL) de période T est un amortissement ξ. Lorsque l'on fait varier la période T de l'oscillateur, on associe à l'accélérogramme a(t) une courbe spectrale S_a (T, ξ) : le spectre de réponse à la période T pour un amortissement ξ. Son intérêt principal vient de ce qu'en première approximation, un immeuble ou un ouvrage peut être assimilé à un OSDDL. La seule connaissance de sa période propre T (reliée au type de structure, à la taille et aux propriétés du matériau constitutif), de son amortissement (relié aux matériaux et aux dispositions constructives) va donc permettre d'accéder aux accélérations, vitesse et déplacement maximaux subis par le centre de gravité de l'ouvrage, et par voie de conséquence aux forces et contraintes à l'intérieur de la structure. En plus, ce spectre possède la propriété remarquable d'avoir une ordonnée à période nulle (T = 0 sec) égale à l'accélération maximale du sol PGA.

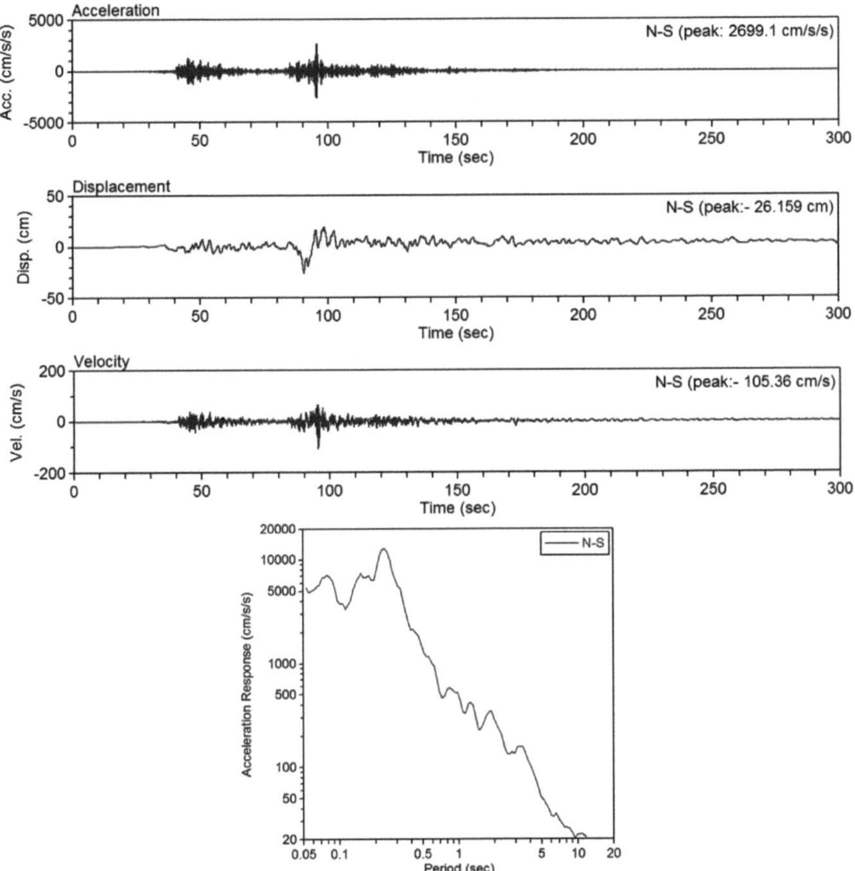

Figure.I. 6. Exemple des traces en accélération, vitesse, déplacement et spectre de réponse de la station « MYGOO4 » du KiK-Net. L'événement est celui du Tohoku (11/03/2011) avec une magnitude (JMA) de 9.0, une profondeur focale égale de 24 km et d'une distance épicentrale égale à 183 km.

De ce fait, la quasi totalité des réglementations actuelles spécifient donc le mouvement sismique sous la double forme d'une accélération maximale PGA et d'un spectre de réponse en accélération élastique normalisé S_a $(T,\xi)/PGA$.

I.4.1.1. Procédure d'élaboration d'un spectre de réponse

Le spectre de réponse permet de caractériser un séisme par l'effet qu'il produit sur un équipement. Pour cela, on calcule l'effet de l'accélérogramme (du signal sismique) sur un OSDDL ; ceci pour différentes valeurs de la fréquence de résonance et de l'amortissement. Un OSDDL se caractérise par : une masse M, une raideur K et un coefficient amortissement ξ (figure.I.7), sa fréquence de résonance est :

$$f_0 = \frac{1}{2\pi}\sqrt{\frac{K}{M}} \qquad (I.6)$$

La réponse maximale de ce système à l'onde sismique (accélération maximale subie par la masse) donne un point du spectre de réponse (figure.I.6). En faisant varier la fréquence de résonance on obtient la courbe de la fonction $a_{max} = f(f_0)$ (figure.I.7), c'est le spectre de réponse caractérisant la sévérité de l'onde sismique pour un amortissement donné.

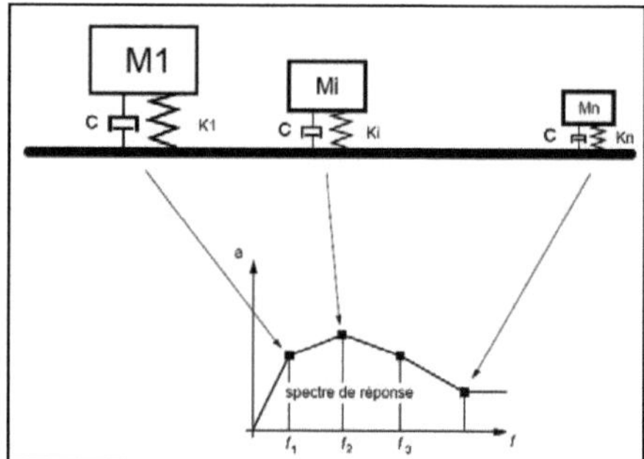

Figure.I. 7. Construction du spectre de réponse au séisme (divers K/M avec C constant).

Généralement le spectre de réponse est spécifié dans les cahiers des charges pour application dans les directions horizontales. Le spectre de réponse vertical est déduit souvent par application d'un coefficient.

A partir du spectre de réponse l'effort élastique maximal est calculé et qui est définie par la relation suivante :

$$F_{s\,max} = K.S_d(T,\xi) = M.\omega^2.S_d(T,\xi) \qquad (I.7)$$

S_d représente le spectre de réponse en déplacement.

Dont $\qquad\qquad PSA(T,\xi) = \omega^2.S_d(T,\xi) \qquad (I.8)$

PSA(T, ξ) représente le pseudo-spectre en accélération. Un modèle de prédiction de ce paramètre est élaboré dans le chapitre VI de la présente thèse. Désormais, nous l'appelons PSA.

Les deux caractéristiques (l'accélération maximale PGA et PSA) ne sont cependant pas toujours suffisantes et doivent alors être complétées par d'autres types d'informations.

I.4.2. Vitesse maximale du sol

Il existe de nombreuses utilisations de la vitesse maximale du sol V_{max} (appellé encore PGV pour : Peak Ground Velocity) en sismologie et en génie parasismique. Le PGV permet l'estimation entre autre l'intensité macrosismique et des dommages structurels. Yih-Min Wu et al, (2003) ont constaté que les dommages causés par les tremblements de terre (notamment pour les conduites enterrées) semblent beaucoup mieux corrélés avec les PGV qu'avec les PGA.

Cette quantité est obtenue en intégrant une fois temporellement le signal d'accélération. Pour des séismes destructeurs, le PGV va de quelques cm/sec à plusieurs dizaines de cm/sec, et peut dépasser le m/sec à proximité immédiate de la rupture.

Alors que PGA correspond à la partie haute fréquence du signal, et est plus représentative pour les ouvrages raides à courtes périodes, le PGV est représentatif des fréquences intermédiaires entre 1 à 2 Hz, et sera un meilleur indicateur de la nocivité pour les structures les plus souples (DGPR. ; 2011).

I.4.3. Cumulative Absolute Velocity CAV

Un autre paramètre de nocivité plus représentatif que le PGA pour des séismes superficiels et pour des grandes distances (Kostov, 2005) est la CAV (Cumulative Absolute Velocity).

Ce paramètre a reçu plusieurs définitions, dont deux sont rapportes dans le présent chapitre. La première est la plus simple, la seconde est un peu plus complexe mais voisine de la première en ne comptabilisant que les parties du signal excédant le seuil de 0.025g.

Ce paramètre est défini dans sa version la plus simple comme l'intégrale de la valeur absolue de l'accélération ; certains restreignent cette intégration aux périodes de temps où l'accélération est supérieure en valeur absolue à un certain seuil, étant entendu le fait qu'en dessous de ce seuil, l'accélération est trop faible pour entrainer des dommages.

$$CAV = \int_0^{t_{max}} |a(t)| dt \qquad (I.9)$$

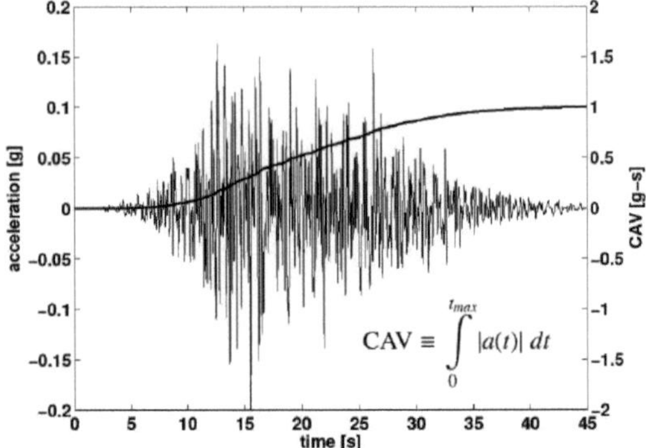

Figure.I. 8. Cumulative Absolute Velocity dans sa version originale (Erdik, 2006)

L'autre définition de l'indicateur CAV implique un calcul par sommation de valeurs intermédiaires CAV_{i-1} obtenues dans des intervalles successifs de 1 sec. La somme sur l'ensemble de ces intervalles permet de balayer la durée de l'enregistrement.

$$CAV = \sum_{i=1}^{i=n} \int_{t_{i-1}}^{t_i} |a(t)| dt \tag{I.10}$$

Où n est le nombre total d'intervalle de 1 sec compris dans l'enregistrement. Chaque intervalle doit avoir au moins une valeur d'accélération supérieure à la valeur seuil de 0.025g. Si cette valeur seuil n'est pas atteinte, l'intervalle de durée 1 sec correspondant n'est pas pris en compte.

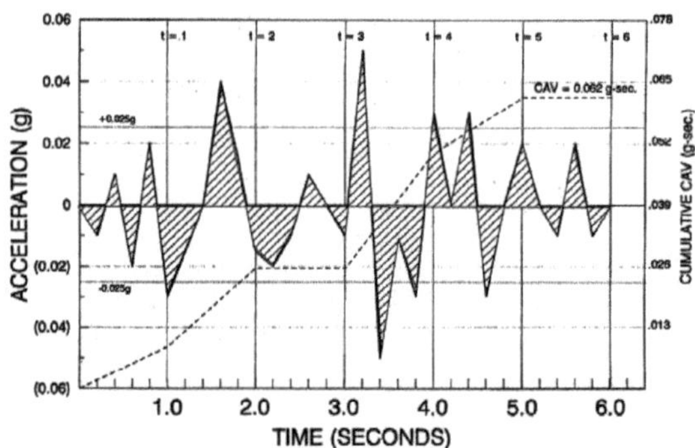

Figure.I. 9. Illustration du calcul de CAV standard (Marin, 2005)

I.4.4. Intensité spectrale (intensité de Housner) S_I

Le paramètre d'intensité spectrale S_I est défini comme étant l'intégrale de 0.1 à 2.5 sec du pseudo spectre de vitesse S_v, calculé pour un amortissement de 20 %, son intérêt est de fournir une indication pondérée sur la gamme de périodes les plus courantes dans les ouvrages de génie civil (DGPR., 2011). Il avait été proposé par Housner en 1959. Assez peu utilisé, son intérêt a été ravivé par des études Japonaises montrant sa bonne corrélation avec les dommages constatés aux canalisations enterrées ; il convient toutefois de signaler que leur définition est légèrement différente : elle correspond à la valeur moyenne du pseudo spectre en vitesse sur la même gamme de période : elle est alors homogène à une vitesse, et les dommages apparaissent pour des valeurs supérieures à 30 cm/sec.

$$SI_{Housner} = \int_{0.5}^{2.5} PSV(T, \xi = 20\%)dt \qquad (\text{I.11})$$

Définition Japonaise

$$SI_{Japonaise} = \left(\int_{0.5}^{2.5} PSV(T, \xi = 20\%)dt\right)/2.4 \qquad (\text{I.12})$$

PSV représente le pseudo-spectre en vitesse il est définie comme :

$$PSV(T, \xi) = \omega.S_d(T, \xi) \qquad (\text{I.13})$$

I.4.5. Durée de la phase forte

La durée totale estimée d'un séisme est largement conditionnée par le seuil de déclenchement et la durée d'enregistrement des appareils de mesures ce qui ne lui offre qu'une représentation physique limitée. Les phases de faibles accélérations, d'une durée variable, sont généralement sans intérêt pour l'analyse des structures. La durée de phase forte est en revanche plus significative pour conduire l'analyse sismique d'un ouvrage.

Plusieurs définitions de la durée existent dont les plus rependues sont: durée de seuil, la durée uniforme et la durée significative.

- La durée de seuil "bracketed duration" D_b est définie comme l'intervalle de temps écoulé entre le premier et le dernier dépassement d'un niveau d'accélération a_0 généralement égal à 0.05g (figure.I.11).

- La durée uniforme "uniform duration" D_u utilise également la notion de seuil, mais la durée est ici la somme des intervalles de temps pendant lesquels le seuil a_0 est dépassé (figure.I.12).

- La définition de la durée significative "significant duration" D_s est basée sur l'énergie cumulée représentée par l'intégrale du carré de l'accélération. La durée correspond à la fenêtre dans laquelle l'énergie est comprise entre $\varepsilon1 = 5\%$ et $\varepsilon2 = 95\%$ de l'énergie totale de l'enregistrement (figure V.13). la D_s a été définie initialement par Trifunac and Brady (1975). Cette intégrale est directement reliée à l'énergie du signal.

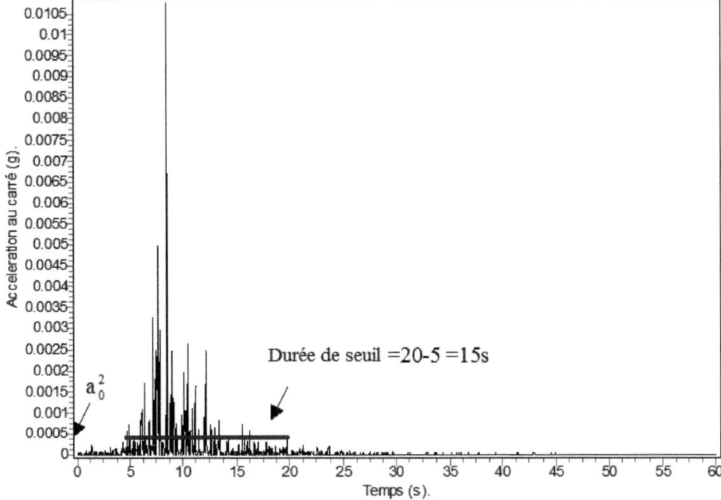

Figure.I. 10. Durée de seuil.

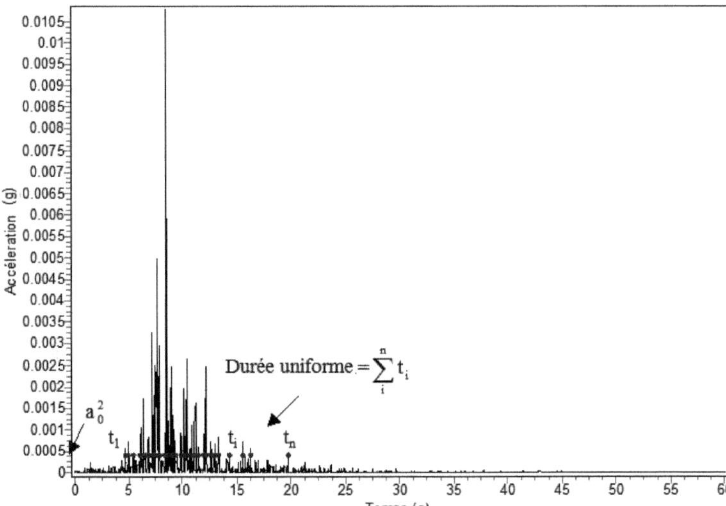

Figure.I. 11. Durée uniforme

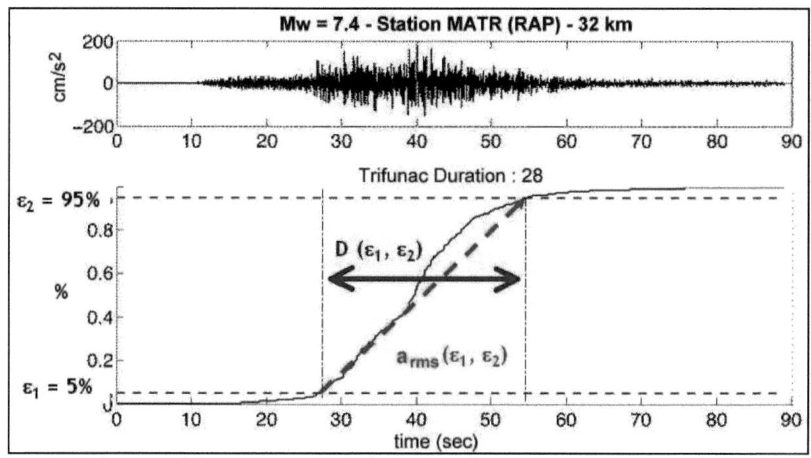

Figure.I. 12. Principe de la mesure de la durée de phase forte, ici représentée pour des seuils de 5% (début de la phase forte) et de 95% (fin de la phase forte). Le diagramme du bas est appelé "diagramme de Husid" (DGPR , 2011)

I.4.6. Intensité ARIAS I_A

La valeur finale de l'énergie du signal ($\varepsilon3= 100$ %) est appelée l'intensité d'Arias (1970) (figure V.12). Arias a proposé de normaliser avec un facteur $\frac{\pi}{2g}$. Cette quantité est définie par la relation suivante :

$$I_a = \frac{\pi}{2g} \int_0^\infty a^2(t)dt \qquad (I.14)$$

Où a(t) est l'accélération mesurée à l'instant t et g est l'accélération de pesanteur.

L'intensité d'Arias croît avec la magnitude et est maximale à courte distance de la faille.

I.4.7. Pouvoir destructeur (P_d)

Araya and Saragoni (1984) proposent de rectifier l'intensité d'Arias pour rendre compte du pouvoir destructeur des séismes Chiliens, calculant l'indicateur mentionné comme suit :

$$P_d = \frac{I_a}{N_0^2} \qquad (I.15)$$

Où N_0 est le nombre moyen de passage par zéro part seconde pris sur l'intégralité du mouvement (lié donc à la fréquence prédominante).

Ce facteur permet de séparer les accélérogrammes qui peuvent causer des dommages réels de ceux qui sont seulement des vibrations du sol loin de pouvoir produire des dommages aux structures (Saragoni, 2000).

La correlation entre P_{dh} et intensity de Mercalli modifiée I est donnée par Saragoni., et al (1989) à partir de données enregistrées pendant le séisme du Chili 1985 :

19

$$I = 4.56 + 1.50 \log P_{dh} \tag{I.16}$$

Où P_{dh} est calculé comme la somme de P_d qui correspondant aux enregistrements des deux composantes horizontales obtenues dans la même station.

I.4.8. Accélération de RMS

De même on peut définir une accélération quadratique moyenne souvent appelée a_{rms} (root mean square accélération), à partir de la pente moyenne de la fonction d'Arias entre $\varepsilon 1$ et $\varepsilon 2$ (figure I.12). Elle est définie par :

$$a_{rms} = \sqrt{\frac{0.9 \int_0^{T_d} [a(t)]^2 dt}{D_s}} \tag{I.17}$$

a_{rms} inclut l'effet de l'amplitude et du contenu fréquentiel du mouvement fort enregistré et est sensible au basses fréquences (DGPR, 2011). T_d représente la durée totale du signal sismique.

Ces indicateurs de nocivité seront plus utiles s'ils sont corrélés avec les paramètres susceptibles de contrôler le mouvement sismique fort à la surface de la terre, tels que la magnitude, la distance, la profondeur du foyer, la vitesse des ondes de cisaillement et la fréquence de résonance du site.

I.5. Modèles de prédiction du mouvement sismique fort

Les paramètres décrits précédemment peuvent faire l'objet d'une tentative de prédiction effectuée sur la base d'enregistrements existants. Les équations de prédiction du mouvement de sol (GMPE) renseignent sur la valeur attendue d'un paramètre choisi en fonction de la magnitude du séisme, de la distance à la source sismique et du type de sol sur lequel on se place, voire aussi d'autres paramètres (directivité, type de mécanisme,…).

Les modèles empiriques de prédiction du mouvement du sol permettent de calculer une ou plusieurs grandeurs caractérisant le mouvement du sol, comme celles décrites auparavant dans ce chapitre.

Ces modèles sont établis pour des régions à forte sismicité (USA, Japon, Italie…). Un des problèmes actuels pour l'utilisation des modèles de mouvements forts est dû aux différentes définitions des magnitudes, distances et paramètres de sites utilisés dans les modèles. Le non consensus autour de la magnitude et la distance est par contre moins grave lorsque la source est peu étendue, ce qui est le cas des séismes faibles et modérés (Drouet, 2006).

La paramétrisation utilisée pour les régressions lors de l'établissement de ces modèles, ainsi que les coefficients inversés, dépendent de la région étudiée, traduisant les différences en termes de source sismique, d'atténuation des ondes et d'effet de site.

I.5.1. Qu'est-ce qu'un modèle d'atténuation ?

L'équation de prédiction du mouvement sismique (GMPE) permet de rendre compte de la combinaison entre le mécanisme de rupture de la source sismique, de la propagation d'ondes sismiques entre la source et le site et de l'effet de site. Cette combinaison est faite, en générale, à l'aide de modèles physiques.

A la base, la source est assimilée (si on utilise le modèle physique de base) à un point de source situé à l'hypocentre du séisme. Le modèle suppose que toute l'énergie du séisme est libérée à partir de ce point. La propagation de cette énergie est sous forme d'onde sphérique. Ces ondes sont accompagnées d'une décroissance géométrique de leur amplitude. De ce fait, cette dernière est inversement proportionnelle à la distance entre la source et le site.

Si le milieu de propagation d'ondes est élastique, seule l'atténuation géométrique est prise en compte. On note Y comme l'amplitude de PGA, PGV, PSA…, M est la magnitude et représente l'énergie libérée à la source et R la distance entre la source et le point de mesure (Lussou, 2001) :

$$Y \propto 10^{a.M} \cdot \frac{1}{R^b} \tag{I.18}$$

Par contre si le milieu est anélastique, la décroissance de l'amplitude est également fonction du paramètre q qui décrit le caractère dissipatif du milieu de propagation (Boore et al., 1982):

$$Y \propto 10^{a.M} \cdot \frac{1}{R^b} 10^{-c.R} \tag{I.19}$$

On obtient, pour un milieu élastique, la relation suivante :

$$\log_{10}(Y) = a.M - b.\log_{10}(R) + d \tag{I.20}$$

a, b, c et d sont des coefficients de la GMPE. Dans la pratique, l'effet de site est pris en compte par le coefficient d.

Dans le cas où on considère le comportement anélastique du milieu, on obtient :

$$\log_{10}(Y) = a.M - b.\log_{10}(R) - c.R + d \tag{I.21}$$

Par exemple une relation prédictive du mouvement du sol, relative à la valeur maximale enregistrée de l'accélération (PGA) peut s'écrire :

$$\log_{10}(PGA_{ij}) = a.M_i - b.log_{10}(R_{ij}) - c.R_{ij} + d_j \qquad j = 1,2,3\dots,n \tag{I.22}$$

PGA_{ij} est l'accélération maximale pour le i[ième] séisme, enregistré à la j[ième] station. Le coefficient a est relié à la magnitude, c est relié à la distance et rend compte de l'atténuation anélastique, $-b.log_{10}(R)$ correspond à l'atténuation géométrique. Dans un milieu homogène l'atténuation égale à $\frac{1}{R}$ et est égale à $\frac{1}{R^b}$ dans un milieu stratifié d'où le coefficient b. d_j est un coefficient lié au site sur lequel se trouve la station d'enregistrement. Et n est le nombre de sites étudiés. Les coefficients a, b, c et d sont déterminés par régression. D'autres phénomènes physiques ont une influence sur le mouvement du sol et n'ont pas été pris en considération dans l'équation (I.22) (Pousse, 2005).

Pour la prise en compte d'un plus grand nombre de phénomènes physiques, on présente l'exemple de GMPE mentionnée par Pousse (2005) dont la forme est la suivante :

$$\log(Y) = A_1 + A_2.M + A_3.(M_{max} - M)^{A_4} + A_5 \log(R + A_6.e^{A_7.M}) + A_8.R + F^{source} + F^{site} + (\sigma_{\log(Y)}) \tag{I.23}$$

Y est le paramètre recherché, M est la magnitude et M_{max} est une magnitude de référence, R est la distance mesurée, F^{source} et F^{site} sont des variables qui tiennent compte du type de source et de site considérés. tandis que A_i sont déterminés par régression. $\sigma_{\log(Y)}$ est l'incertitude associée au calcul est rend compte de la dispersion des données autour de la valeur médiane prédite.

Dans l'équation (*I.22)* on remarque que $\log(Y)$ est proportionnel à la magnitude, mais des études récentes suggèrent un effet de saturation avec la magnitude (Anderson, 2000, Douglas, 2003). A mesure que la magnitude augmente, l'amplitude du mouvement du sol augmente d'autant moins vite surtout à hautes fréquences. Cet effet s'appel aussi effet d'échelle. C'est ce à quoi fait référence le terme $(M_{max} - M)^{A_4}$. Autre type de saturation a été perçu, qui exprime le fait que l'amplitude du mouvement en champ proche de la source ne tient compte que partiellement du rayonnement total du phénomène de rupture sismique d'une zone d'étendue finie (Campbell, 1981, Abrahamson and Siva, 1997). Cet effet de saturation en distance se traduit dans l'équation par une pente de l'atténuation géométrique qui diminue en champ proche $A_6.e^{A_7.M}$. En outre, le modèle de prédiction rend également compte d'une atténuation anélastique $A_8.R$ qui traduit l'absorption de l'énergie dans le milieu traversé par les ondes sismiques (Pousse, 2005).

De son coté, l'effet de site est présenté dans les GMPEs par des coefficients c_k qui définissent la nature géologique, le comportement rhéologique et dynamique du site en question. Généralement la vitesse de propagation des ondes de cisaillement (qui sont les plus destructives) est utilisée comme indicateur de la rigidité du site. En pratique cette vitesse on la calcule sur les 30 premiers mètres de profondeur du sol (V_{s30}). Un autre paramètre de site qui mérite d'être testé et utilisé est la fréquence de résonance du site f_0, qui est prie en compte dans les modèle élaborés dans le présent projet de recherche.

En raison de la distribution normale de $\log(Y)$ autour de sa médiane, les GMPEs sont calculées soit en ln soit en $\log_{10}$. En général, on observe que la distribution des résidus [la différence entre le $\log(Y_{mesuré})$ et $\log(Y_{prédit})$] suit une distribution normale à moyenne nulle. L'écart type (SIGMA) de ces résidus nous informe sur la variabilité du modèle.

Les équations de prédiction du mouvement sismique sont très nombreuses. Elles sont différentes par le mode d'atténuation utilisé (élastique, anélastique, saturation en distance saturation en magnitude : effet d'échelle), par les paramètres qui caractérisent les phénomènes physiques prisent en considération : de source, mécanique au foyer (normale, inverse ou de décrochement). Les GMPEs se différent aussi par le type de la magnitude (magnitude locale, magnitude d'ondes de surface, et magnitude de moment) et par les définitions de la distance (distance épicentrale, distance hypocentrale, distance la plus courte à la projection en surface de la zone de rupture, distance la plus courte à la zone de rupture). Une autre différence entre les GMPEs vient des paramètres utilisés pour tenir compte de l'effet de l'amplification sismique linéaire et/ou non linéaire lithologique. Elles diffèrent également par les enregistrements sismiques et la méthode de régression ou inversion utilisée pour calculer les coefficients.

La méthode d'inversion de Fukushima et Tanaka (1990) est représentée ici brièvement. Les auteurs ont utilisé 1372 enregistrements sismiques (composante horizontale) de 28 séismes au Japon ainsi que 15 séismes au USA et dans d'autres pays ; et ce pour la détermination de PGA moyen des deux directions NS et EW. GMPE obtenue pour le Japon est donnée par :

$$Log_{10}(PGA) = 0.41.M - log_{10}(R + 0.032.10^{0.41.M}) - 0.0034.R + 1.30 \qquad (I.24)$$

Où M représente la magnitude de surface et R la distance de rupture.

Pour arriver à cette équation, deux étapes on été utilisées : régression pour un événement individuel et multiple pour l'ensemble des événements. L'équation de base utilisé est définie par :

$$Log_{10}(PGA) = a_s.M - b.log_{10}(R) - c^t \qquad (I.25)$$

C'est b qu'était déterminé en premier lieu, ce coefficient est supposé le même pour les enregistrements du séisme s sur le type de sol t, cette configuration est appelée groupe. Une première variable est introduite dans cette étape d'inversion v_s^t qui est associée à chaque groupe, tel que :

$$log_{10}(PGA) = v_s^t - b.log_{10}(R) \qquad (I.26)$$

La deuxième étape est la détermination des coefficients a_s, et c^t et ce par une régression multiple. Dans cette étape, chaque groupe d'enregistrements est décrit par un couple (M, v_s^t), on détermine alors un coefficient a_s pour l'ensemble des groupes et un coefficient c^t pour chaque type de site, en utilisant :

$$v_s^t = a_s.M + c^t \qquad (I.27)$$

La même démarche par régression a été utilisée pour déterminer les coefficients qui restent de l'eq.I.23. Ces coefficients ont été ajoutés pour la prise en compte du milieu anélastique et de l'effet de saturation en champ proche.

Cette illustration représente seulement une des méthodes parmi les plus simples utilisées pour la détermination des coefficients des GMPEs. Les méthodes sont multiples, en plus de (Fukushima et al., 1990) on cite celles de (Boore et al., 1982) de (Abrahamson et al., 1992) ou encore les plus récents celles qui utilisent la base de données sismiques dite PEER NGA : Pacific Earthquake Engineering Research Center's Next Generation Attenuation project (Boore et al., 2008). Dans son étude Boore et al (2008) ont utilisé 1574 enregistrements de la base NGA des 58 chocs principaux, à des distances varies de 0 km à 400 km. L'objectif était de déterminer un modèle pour la prédiction des PGA, PGV et les PSA (pseudo- acceleration spectra) pour un amortissement égal à 5% et pour un intervalle de période entre 0.01 sec et 10 sec.

L'enjeu principal était la diminution de l'incertitude dans ces équations. A ce stade, il y a pas eu de gain significatif. A titre d'exemple le SGMA de la GMPE de Fukushima et al., (1990) et de l'ordre de 0.21 tandis que Boore et al., (2008) ont trouvé un SIGMA = 0.24, malgré que les GMPEs élaborées dans ces dernières contiennent énormément de paramètres (figure.I.15).

La Figure.I.13 donne les valeurs de SIGMA des GMPEs PGA sur les trente dernières années, en ln et $\log_{10}$ (Strasser, 2009). Ainsi on remarque que le SIGMA n'a pas eu de réduction significative pendant ces 30 dernières années et ce malgré les investigations lourdes en terme de réseaux accélérométriques et méthode conventionnelles utilisées. (Boore et al., 2008) a montre que le nombre de paramètres utilisés pendant les 40 dernières années pour l'obtention des PGA est en croissance. Une croissance qui n'a pas pu réduire significativement le SIGMA (figure.I.16).

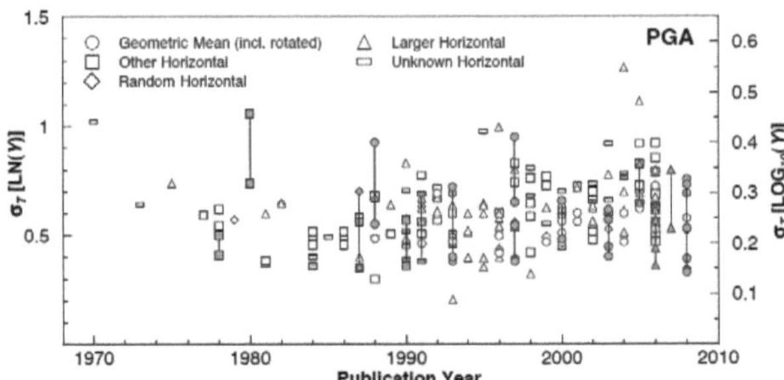

Figure.I. 13. Evolution de SIGMA durant les 30 dernières années (Strasser et al., 2009)

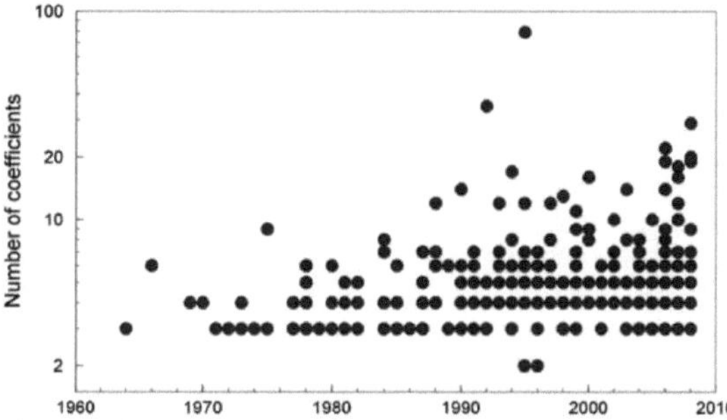

Figure.I. 14. Nombre de paramètres utilisés dans les GMPEs pendons les 4 dernières décennies (Bommer, 2010).

Par ailleurs, Douglas (2003) a recensé plus de 200 équations de prédiction du mouvement sismique mise à jour en 2011.

Malgré ces efforts, il existe toujours le problème du caractère régional de ces équations. On ne peut pas par exemple appliquer une équation établie pour le Japon pour tirer de conséquence sur l'aléa sismique existant en Algérie. Les conditions géologiques, morphologiques et tectoniques ne sont pas les mêmes aux deux régions. Ce problème d'application des équations, en plus de celui du diminuer le SIGMA, préoccupe actuellement la communauté scientifique.

Donc du point de vue utilisation pour l'étude de l'aléa sismique, on peut distinguer trois catégories de GMPEs.

- Les GMPEs provenant des événements crustaux dans des zones à sismicité active comme par exemple l'Italie, la Grèce et l'Algérie.
- Celles obtenues à partir des données continentales stables qui sont caractérisés par des chutes de contraintes élevés.
- Enfin les équations établies à partir d'événements des régions de la subduction, où les séismes généralement de faibles atténuation anélastique permet d'atteindre de plus fortes profondeur.

A la lumière de ce qui a été cité, on peut dire que l'élaboration des GMPEs demande en plus des paramètres physiques d'entrée (effet de source, de chemin parcouru et de site), la détermination des coefficients multiplicateurs ainsi que la maitrise et la bonne compréhension des mécanismes qui influent sur la nature du signal en surface. C'est-à-dire de choisir une bonne forme fonctionnelle. Cette situation a donnée une multitude d'équations, caractérisées par une diversité dans les paramètres d'entrées, les effets à prendre en compte, le domaine d'application et le lieu de validation. Un exemple montrant la différence excitante entre les formes fonctionnelle est illustrée sur la figure I.15. Cette dernière représente les différentes équations d'atténuation établies récemment pour les zones de subductions Japonaises. Les PGA enregistrés lors du méga-séisme de

Tohoku (11/03/2011) sont représenté également. Cette comparaison a été effectuée par D.M.Boore (18/03/2011) document communiqué par F.Cotton. les indices Zea06, Kea06, AB03, Yea97 et Gea02 représentent les GMPEs élaborées par Zhao et al., (2006), Kanno et al., (2006), Boore et al., (2003), Youngs et al., (1997) et Gregor et al., (2002).

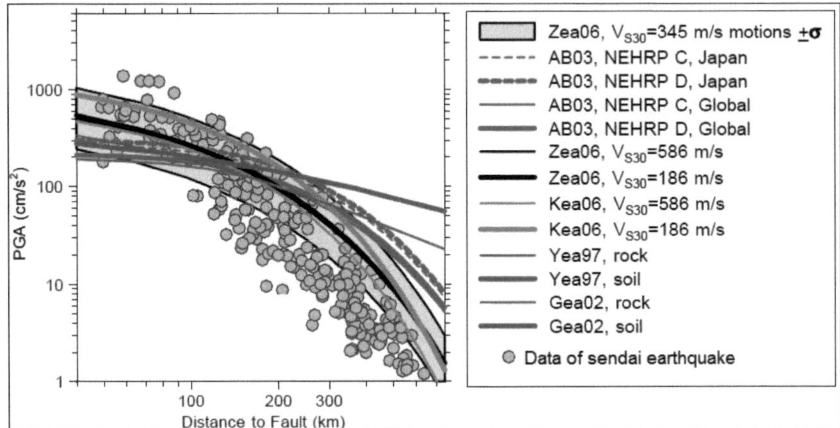

Figure.I. 15. Comparaison entre les GMPEs élaborées pour les événements de subduction en Japon et les PGA de Tohoku.

Dans le but de surmonter ces insuffisances, et en se basant sur la quantité importante d'enregistrements sismiques et de site disponibles au Japon via le réseau d'accélérographes KiK-Net, on propose dans le carde de cette thèse l'utilisation d'une méthode basée seulement sur les DATA, sans avoir à préciser une forme physique au préalable. Cela ne dispense pas bien sûr de vérifier les interprétations physiques des résultats obtenus.

Pour estimer les paramètres qui caractérisent le mouvement sismique à la surface de la terre, on a choisi d'utiliser les réseaux de neurones artificiels (RNA). Dans le chapitre suivant, cette méthode neuronale va être expliquée en détail.

Chapitre II :
Réseaux de Neurones Artificiels : approximateurs universels parcimonieux

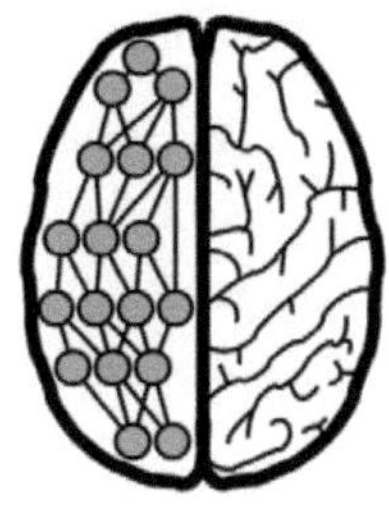

Introduction

Lors de l'émergence d'une nouvelle technique, l'ingénieur se demande naturellement en quoi elle peut lui être utile ?. S'elle est dotée d'un nom plus métaphorique que scientifique – ce qui est évidemment le cas pour les réseaux de neurones – dont le nom est lié fortement à la biologie. Alors techniquement parlant, les réseaux de neurones artificiels (RNA) sont de nature purement mathématique et statistique ; leurs applications se situent dans des domaines qui n'ont généralement aucun rapport avec la neurobiologie.

Le domaine de calcul par réseaux de neurones a mûri au cours de la dernière décennie et a trouvé de nombreuses applications industrielles. Les réseaux de neurones sont maintenant couramment utilisés dans les processus de contrôle, de fabrication, de contrôle de la qualité, de la conception du produit, d'analyse financière, de la détection des fraudes, de l'approbation du prêt, de la reconnaissance vocale et d'exploration de données. Le logiciel anti-virus sur votre ordinateur utilise probablement des réseaux neuronaux pour reconnaître les instructions qui peuvent être liées aux virus. Lorsque vous achetez un produit sur l'internet un réseau de neurones analyse vos habitudes d'achat et prévoit quels produits pourraient vous intéresser (Poulton., 2001).

Le présent chapitre commence par une présentation sur le principe de calcul neuronal. Celle-ci est suivie de quelques indications générales sur la méthodologie de développement d'un réseau de neurones. Ceci va permettre d'introduire les notions de base. Ensuite, nous présentons les réseaux de neurones les plus courants dans ingénierie. La comparaison de diverses architectures neuronales nous permettra de justifier le choix du type de réseau de neurones que nous avons utilisé pour notre application. Nous présentons par la suite plusieurs méthodes d'optimisation permettant de réduire le temps de développement ou améliorer les performances du réseau de neurones. Nous indiquons alors les algorithmes qui nous semblent les plus appropriés compte tenu de notre application et de ses contraintes. Enfin, nous détaillons les règles d'ajustement et de lissage qui sont appropriées au type de réseau sélectionné et qui rentrent dans notre objectif de réalisation d'un modèle de prédiction des mouvements forts.

II.1. Réseaux de neurones : définitions et propriétés

Les réseaux de neurones artificiels ou réseaux connexionnistes sont fondés sur des modèles qui tentent de mimer les cellules du cerveau humain et leurs interconnexions. Le but, d'un point de vue global, est d'exécuter des calculs complexes et de trouver, par apprentissage, une relation non linéaire entre des données numériques et des paramètres.

II.1.1. Neurone biologique

Le cerveau humain possède deux hémisphères latérales reliées par le corps calleux et d'autres ponts axonaux, il pèse moins de deux kilogrammes et contient mille milliards de cellules, dont 100 milliards sont des neurones constitués en réseaux.

Le neurone biologique (figure.II.1) est une cellule vivante spécialisée dans le traitement des signaux électriques. Les neurones sont reliés entre eux par des liaisons appelées axones. Ces axones vont eux-mêmes jouer un rôle important dans le comportement logique de l'ensemble. Ils conduisent les signaux électriques de la sortie d'un neurone vers l'entrée (synapse) d'un autre neurone. Les neurones font une sommation des signaux reçus en entrée et en fonction du résultat obtenu vont fournir un courant en sortie (Sorin et al., 2001).

Les neurones sont des cellules nerveuses décomposables en 4 parties principales (figure.II.1). Les dendrites, sur lesquelles les autres cellules entrent en contact synaptique : c'est par les dendrites que se fait la réception des signaux. Le corps de la cellule ou noyau, c'est l'unité de traitement. L'axone est la partie où passent les messages accumulés dans le corps de la cellule. Enfin, à la sortie du neurone on trouve les synapses, par lesquelles la cellule communique avec d'autres neurones, ce sont des points de connexion par où passent les signaux de la cellule.

Un neurone stimulé envoie des impulsions électriques ou potentielles d'action, à d'autres neurones. Ces impulsions se propagent le long de l'axone unique de la cellule. Au point de contact entre neurones, les synapses, ces impulsions sont converties en signaux chimiques. Quand l'accumulation des excitations atteint un certain seuil d'activation, le neurone engendre un potentiel d'action, pendant une durée de 1ms. Le neurone émettant le signal est appelé le neurone pré-synaptique et celui recevant ce signal, neurone post-synaptique.

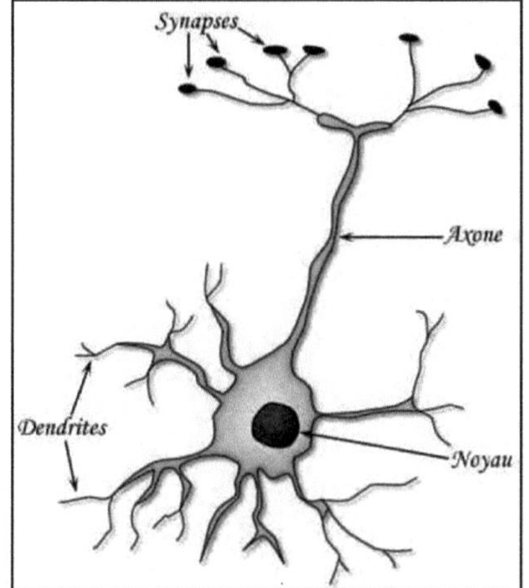

Figure.II. 1. Exemple de neurone biologique (Jayet.,2002).

II.1.2. Neurone formel

Par définition un neurone formel (figure.II.2) est une fonction algébrique non linéaire, paramétrée, à valeurs bornées (Dreyfus, 2008). Il peut être caractérisé par :

a) La nature de ses entrées (x_1, x_2,…,x_i,…,x_n), qui peuvent être les entrées du réseau ou les sorties d'autres neurones du même réseau,

b) La fonction d'entrée totale définissant le prétraitement (combinaison linéaire) effectué sur les entrées comme $\sum_1^n W_i . x_i + b,$ dont W_i est le poids synaptique attaché à l'entrée i et le b désigne le seuil d'activation (biais),

c) Sa fonction d'activation, ou d'état *f*, définissant l'état interne du neurone en fonction de son entrée totale. Cette fonction peut prendre plusieurs formes (Tableau.II.1 : liste non exclusive),

d) Sa fonction de sortie calculant la sortie du neurone en fonction de son état d'activation.

II.2. Réseaux de neurones formels

Les réseaux de neurones artificiels regroupent en réseaux un certain nombre de neurones formels connectés entre eux de diverses manières. Un réseau est défini par sa topologie, qui représente le type de connexion existant entre les divers neurones du réseau, par la fonction d'activation qui le caractérise et par les méthodes d'apprentissage utilisées pour trouver une relation non linéaire optimale par approximation entre les variables d'entrées et de sorties.

Type de fonction d'activation	formules	Graphes
Logistique-sigmoïde	$$y = \dfrac{1}{1 + e^{-h}}$$	
Tanh-sigmoïde	$$y = \dfrac{e^{h} - e^{-h}}{e^{h} + e^{-h}}$$	
Linéaire Logistique-Sigmoïde	$$y = \begin{cases} 0 & h < 0 \\ 1 & h > 1 \\ h & sinon \end{cases}$$	
Linéaire Tanh-sigmoïde	$$y = \begin{cases} -1 & h < -1 \\ 1 & h > 1 \\ h & sinon \end{cases}$$	
Linéaire	$$y = h$$	

Tableau.II. 1. Formes et graphes de quelques fonctions d'activation usuelles.

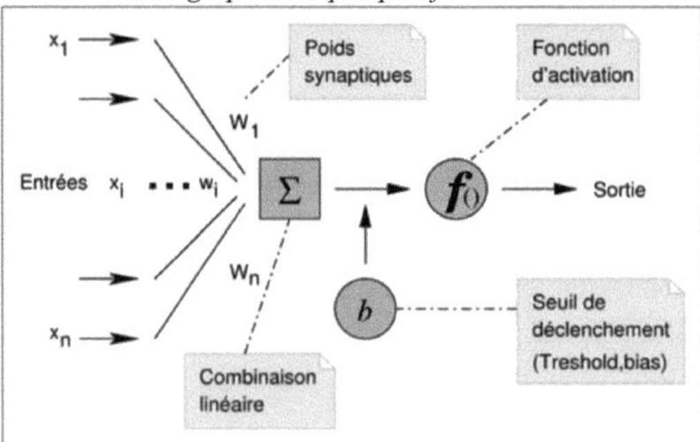

Figure.II. 2. Structure générale du neurone formel

II.2.1. Topologies

Les neurones sont connectés entre eux de diverses manières. (a) Réseaux multicouche à connexions Totales, (b) à connexions locales, (c) réseau à connexions complexes et (d) réseau multicouche à connexions récurrentes (dynamique) (*Figure.II.3.*).

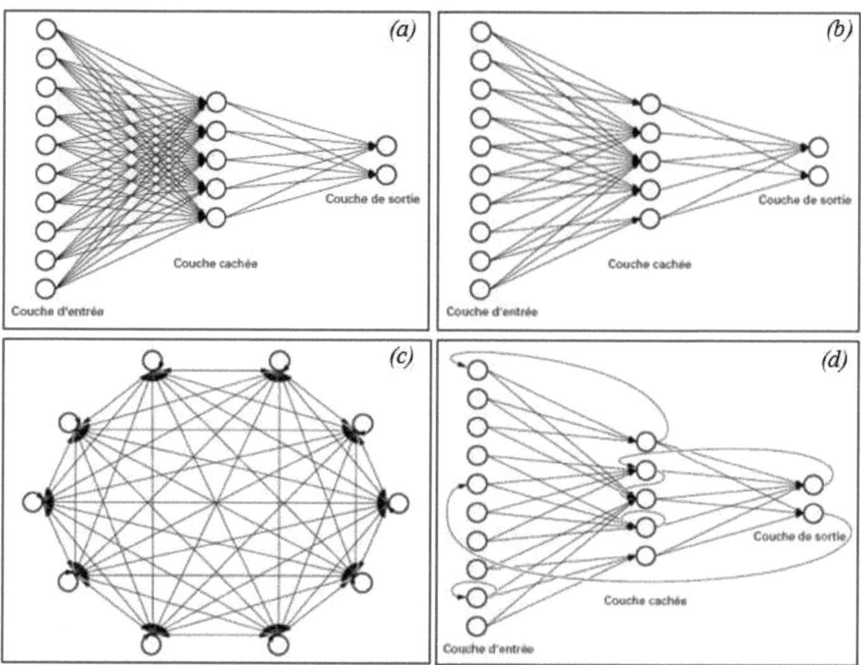

Figure.II. 3. Topologies des RNA (Sorin et al., 2001).

De la figure.II.3 on peut distinguer deux familles de réseaux de neurones : non bouclés ou statiques (a) et (b) et bouclés (dynamiques) (c) et (d).

II.2.1.1 Réseaux de neurones statiques (réseaux non bouclés)

L'exemple le plus simple de réseau de neurones statique est donné par le perceptron multicouche chaque couche contenant un ou plusieurs neurones. Afin d'illustrer ces propos, voici le rôle de chacune des couches dans un perceptron à trois couches. La première couche est appelée couche d'entrée. Elle recevra les données source que l'on veut utiliser pour l'analyse. Dans le cas de cette l'étude, cette couche recevra les paramètres de l'événement sismique et des caractéristiques du site où l'événement est enregistré. Sa taille est donc directement déterminée par le nombre de variables d'entrées. La deuxième couche est la couche cachée. Dans cette couche, les fonctions d'activation sont en général non linéaires. Le choix de sa taille (nombre de neurones) n'est pas automatique et doit être ajusté. Il sera souvent préférable pour obtenir la taille optimale, d'essayer le plus de tailles

31

possibles. La troisième couche est appelée couche de sortie. Elle donne le résultat obtenu après compilation par le réseau des données entrée dans la première couche. Sa taille est directement déterminée par le nombre de variables dont on a besoin en sortie. C'est le réseau statique non bouclé qu'on va utiliser dans cette étude, car les paramètres recherchés dans le présent projet de recherche sont indépendants du temps.

II.2.1.2. Réseaux de neurones dynamiques ou réseaux bouclés (ou récurrents)

L'architecture la plus générale, pour un réseau de neurones, est celle des « réseaux bouclés », dont le graphe des connexions est cyclique : lorsque l'on se déplace dans le réseau en suivant le sens des connexions, il est possible de trouver au moins un chemin qui revient à son point de départ un tel chemin est désigné sous le terme de « cycle ». La sortie d'un neurone du réseau peut donc être fonction d'elle même ; ceci n'est évidemment concevable que si la notion de temps est explicitement prise en considération (Dreyfus, 2008).

II.2.2. Types d'apprentissage

L'objectif de la phase d'apprentissage des RNA est de trouver, parmi toutes les fonctions paramétrées par les poids synaptiques, celle qui s'approche le plus possible de l'optimum. L'apprentissage consiste, donc à minimiser une fonction de coût à l'aide des algorithmes d'optimisation. L'un d'eux est décrit dans la section suivante.

Il existe deux types d'apprentissage : l'apprentissage supervisé et l'apprentissage non supervisé. Le superviseur, ou professeur, fournit au réseau des couples d'entrée-sortie. Il fait apprendre au réseau l'ensemble de ces couples, par une méthode d'apprentissage, comme la rétro-propagation du gradient de l'erreur, en comparant pour chacun d'entre eux la sortie effective du réseau et la sortie désirée. L'apprentissage est terminé lorsque tous les couples entrée-sortie sont reconnus par le réseau. Ce type d'apprentissage se retrouve, entre autres, dans le perceptron. Le deuxième type c'est l'apprentissage non supervisé. Cet apprentissage consiste à détecter automatiquement des régularités qui figurent dans les exemples présentés et à modifier les poids des connexions pour que les exemples ayant les mêmes caractéristiques de régularité provoquent la même sortie. Les réseaux auto-organisateurs de Kohonen (1981) sont les réseaux à apprentissage non supervisé les plus connus (Demartines, 1994).

La plupart des algorithmes d'apprentissage des réseaux de neurones formels sont des algorithmes d'optimisation (méthode supervisée). La méthode d'optimisation la plus célèbre et la plus utilisée en analyse neuronale est la rétro-propagation du gradient de l'erreur. C'est cette dernière qu'on va utiliser pour établir les différents modèles de la prédiction du mouvement du sol (GMPE).

II.2.3. Méthode de la rétro propagation du gradient (RPG)

II.2.3.1. La théorie de l'algorithme d'optimisation de la rétro propagation du gradient

L'apprentissage se fait le plus souvent avec l'algorithme de la rétro-propagation du gradient de l'erreur (RPG). Il a été crée en généralisant les règles d'apprentissage de Widrow-Hoff (1960) aux réseaux mono et multicouches à fonction de transfert non linéaire. Le but est d'ajuster les poids synaptiques et les biais pour lesquels la fonction de coût des moindres carrés, calculée sur les points de l'ensemble d'apprentissage, soit minimale.

A chaque couple entrée/sortie, une erreur est calculée, le gradient de l'erreur est déterminé. Ce gradient est la dérivée partielle de l'erreur par rapport au poids synaptique. Par la RPG, les poids et les biais sont modifiés sur le réseau. Soit en ligne (les poids sont modifiés après chaque exemple de l'ensemble d'apprentissage) ou en paquet (les poids sont modifiés après que tous les exemples aient défilé). On réitère ces calculs jusqu'à l'obtention du critère d'arrêt. C'est un algorithme utilisé pour l'apprentissage de fonction, la reconnaissance de formes et la classification. Voyons, le cas le plus simple, celui du Perceptron.

II.2.3.1.1. Réseau de neurone monocouche : le perceptron

Le perceptron peut être considéré comme le premier des RNA. Il fut mis au point dans les années cinquante par Rosenblatt (1958). Comme son nom l'indique, le perceptron se voulait un modèle de l'activité perspective. Il se compose d'une rétine et d'une couche qui donne la réponse correspondant à la simulation donnée en entrée. Il existe 2 types de perceptrons : les perceptrons « feed-forward » et les perceptrons récurrents. Les perceptrons récurrents sont ceux qui alimentent leurs entrées avec leurs sorties, par opposition aux perceptrons feed-forward.

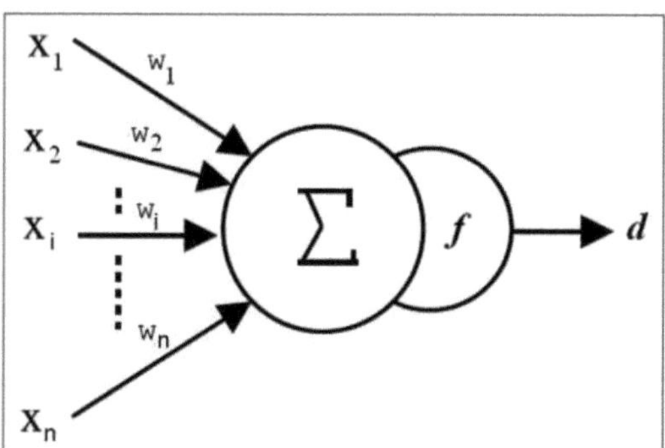

Figure.II. 4. Perceptron non récurrent ou feed-forward à une sortie

L'idée générale de la technique de la rétropropagation du gradient est de chercher le minimum de la fonction du coût (sortie désirée-sortie calculée) qui dépend des poids synaptique W_i et ce par itération successive.

L'algorithme se déroule comme suit :

1. Initialiser les poids W_i de manière aléatoire;
2. Propager le signal de valeurs de l'entrée vers la couche de sortie ;
3. Calculer le gradient de l'erreur notée $\nabla E = \frac{\partial E}{\partial W_i}$ (figure.II.5);

    La fonction E à minimiser est la somme de l'erreur quadratique moyenne de moindre carrés définie par

$$E = \frac{1}{2}(d - y(h))^2 \qquad\qquad \text{II.1}$$

Avec $y(h) = f(\sum_{i=1}^{n} W_i . x_i)$

$h = \sum_{i=1}^{n} W_i . x_i$

y : la sortie calculée par le RNA

h : la somme pondérée des entrées du neurone de la couche de sortie.

f : la fonction d'activation

d : la sortie désirée

x_i : variable d'entrée de la composante i.

On peut écrire E sous la forme $E = \frac{1}{2}\delta^2$, où $\delta = (d - y(h))$

4. Corriger W_i en direction inverse du gradient (la rétro-propagation):

$$W_i \rightarrow W_i - \Delta W_i \qquad\qquad \text{II.2}$$

L'opérateur « $\rightarrow$ » représente la mise à jour

$Où : \Delta W_i = \alpha \frac{\partial E}{\partial W_i} = \alpha \nabla E$

α représente le taux ou le pas d'apprentissage, il a une faible magnitude et est compris entre [0 et 1].

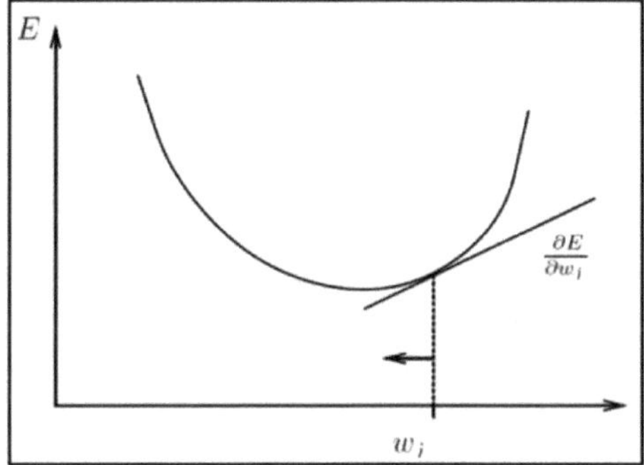

Figure.II. 5. Gradient de l'erreur totale.

5. Continuer les étapes 2 et 3 tant que l'écart entre les W_i de deux époques successives est grand. Une époque représente un cycle propagation - rétro-propagation, appelée aussi itération.

Calculons à présent ΔW_i.

On suppose que la couche de sortie ne comporte qu'un neurone. L'erreur quadratique moyenne E vaut:

$$\frac{\partial E}{\partial w_i} = \frac{\partial}{\partial w_i} \cdot \frac{1}{2} \cdot \delta^2 = \delta \cdot \frac{\partial \delta}{\partial w_i} \qquad \text{II.3}$$

$$= \delta \cdot \frac{\partial}{\partial w_i} (d - y(h))$$

$$= \delta \cdot \left(-\frac{\partial y(h)}{\partial w_i}\right)$$

$$= \delta \cdot \left(-\frac{\partial f\left(\sum_{i=1}^{n} W_i . x_j\right)}{\partial w_i}\right)$$

$f\left(\sum_{i=1}^{n} W_i . x_j\right)$ est une fonction composée. On note que $g(x) = \sum_{i=1}^{n} W_i . x_j$.

$f\left(\sum_{i=1}^{n} W_i . x_j\right)$ peut être écrite sous la forme $(f \circ g)(x) = f(g(x))$, sa dérivée est donc $g'(x) . f'(g(x))$

De ce fait on peut écrire :

$$\frac{\partial E}{\partial w_i} = -\delta . f'\left(\sum_{i=1}^{n} W_i . x_j\right) . x_i \qquad \text{II.4}$$

La mise à jour des poids synaptiques se fait systématiquement :

$$W_i \rightarrow W_i + \alpha . \delta . f' . \left(\sum_{i=1}^{n} W_i . x_j\right) . x_i \qquad \text{II.5}$$

Si la fonction d'activation et de type logistique-sigmoïde (Tableau.II.1) le calcul de sa dérivée est très simple :

$$\left(\frac{1}{1+e^{-\left(\Sigma_{i=1}^{n}W_i.x_j\right)}}\right)' = f\left(\Sigma_{i=1}^{n}W_i.x_j\right)\left[1 - f\left(\Sigma_{i=1}^{n}W_i.x_j\right)\right] \qquad \text{II.6}$$

Remplaçons II.6 dans II.5, on obtient :

$$\frac{\partial E}{\partial W_i} = -\delta.f\left(\Sigma_{i=1}^{n}W_i.x_j\right)\left[1 - f\left(\Sigma_{i=1}^{n}W_i.x_j\right)\right].x_i$$

La deuxième fonction d'activation qui est largement utilisée, est la fonction tanh-sigmoïde (Tableau.II.1). Sa dérivée est aussi relativement facile à calculer

$$\frac{d\left(Tanh\left(\Sigma_{i=1}^{n}W_i.x_j\right)\right)}{d\left(\Sigma_{i=1}^{n}W_i.x_j\right)} = \frac{4}{\left(e^{\Sigma_{i=1}^{n}W_i.x_j} + e^{-\Sigma_{i=1}^{n}W_i.x_j}\right)^2} \qquad \text{II.7}$$

Remplaçons II.7 dans II.6, on obtient :

$$\Delta W_i = \alpha.\delta.\frac{4}{\left(e^{\Sigma_{i=1}^{n}W_i.x_j} + e^{-\Sigma_{i=1}^{n}W_i.x_j}\right)^2}.x_i \qquad \text{II.8}$$

II.2.3.1.2. Cas du Perceptron multicouche

Le PMC a une structure bien particulière: ses neurones sont organisés en couches successives (figure.II.6.). Chaque neurone d'une couche reçoit des signaux de la couche précédente et transmet le résultat à la suivante, si elle existe. Les neurones d'une même couche ne sont pas interconnectés. Un neurone ne peut donc envoyer son résultat qu'à un neurone situé dans une couche postérieure à la sienne.

L'orientation du réseau est fixée par le sens unique de propagation de l'information, de la couche d'entrée vers la couche de sortie. Pour les réseaux considérés, les notions de couches d'entrée et de sortie sont donc systématiques. Dans ce qui suit un RNA à une couche cachée est utilisé (figure.II.6).

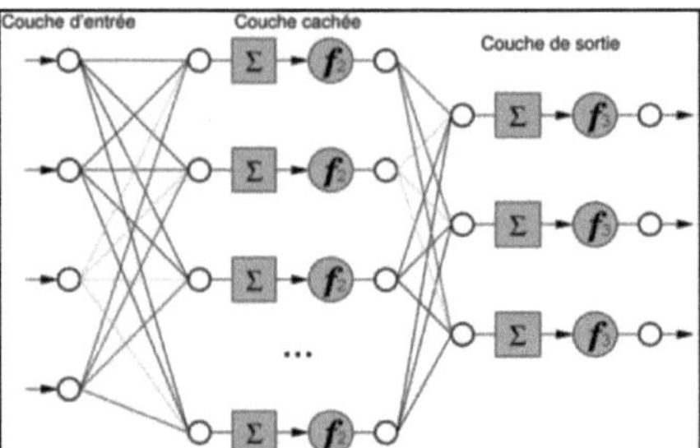

Figure.II. 6. Perceptron multicouche

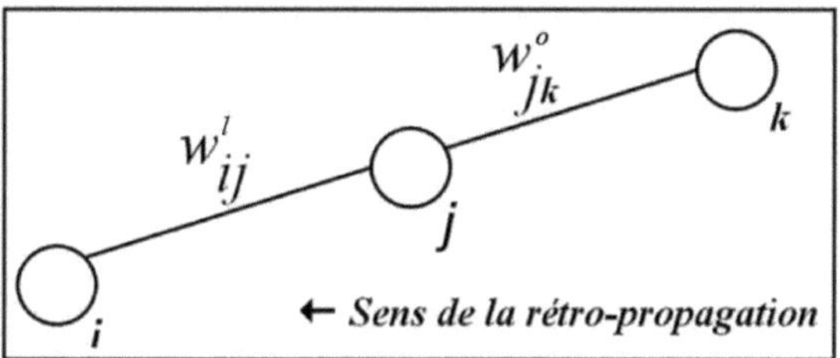

Figure.II. 7. Connexions entre les neurones d'un PMC

i. Correction de l'erreur pour la couche de sortie

Soit l'erreur à la sortie du neurone k :

$$e_k = d_k - z_k \qquad \text{II.9}$$

Avec :

d_k : la sortie désirée

z_k : la sortie simulée par le RNA

L'objectif ici est d'adapter les poids synaptiques de manière à minimiser la somme des erreurs sur tous les neurones de sortie. La somme de l'erreur quadratique moyenne sur l'ensemble c des neurones de sortie et est définie par :

$$E = \frac{1}{2}\sum_{k=1}^{c} e_k^2 \qquad \text{II.10}$$

La sortie du neurone j est

$$z_k = f_3(h_k) = f_3\left[\sum_{j=1}^{r} W_{jk}^o \cdot y_j\right]$$

- $f_3(h_k)$ est la fonction d'activation au niveau de la couche de sortie.
- h_k est la somme pondérée des entrées du neurone k.
- W_{jk}^o est le poids de la connexion entre le neurone j de la couche cachée et le neurone k de la couche de sortie. o est l'indice de la couche de sortie.
- r : nombre de neurones de la couche cachée.
- c : nombre de neurones de la couche de sortie.

Comme on a fait avec le perceptron, la correction de l'erreur est effectuée en modifiant le poids W_{jk}^o dans le sens opposé au gradient $\frac{\partial E}{\partial W_{jk}^o}$ de l'erreur.

La dérivée partielle de la fonction composée E se fait cette fois par la règle de chaînage, soit :

$$\frac{\partial E}{\partial W_{jk}^o} = \frac{\partial E}{\partial e_k} \cdot \frac{\partial e_k}{\partial z_k} \cdot \frac{\partial z_k}{\partial h_k} \cdot \frac{\partial h_k}{\partial W_{jk}^o} \qquad \text{II.11}$$

On garde la même notation de la variation de poids

$$\Delta W_{jk}^{o} = -\alpha_2 \frac{\partial E}{\partial W_{jk}^{o}} \qquad \text{II.12}$$

Calculons à présent les termes du gradient :

$$\frac{\partial E}{\partial e_k} = \frac{\partial[\frac{1}{2}\Sigma_{k\in c}\, e_k^2]}{\partial e_k} = \frac{1}{2}\frac{\partial e_k^2}{\partial e_k} = e_k \qquad \text{II.13}$$

$$\frac{\partial e_k}{\partial z_k} = \frac{\partial(d_z - z_k)}{\partial z_k} = -1 \qquad \text{II.14}$$

On prend à présent une fonction d'activation de type logistique sigmoïde qui a la forme :

$$f_3(h_k) = \frac{1}{1+e^{-h_k}}$$

$$\frac{\partial z_k}{\partial h_k} = \frac{\partial\left[\frac{1}{1+e^{-h_k}}\right]}{\partial h_k}$$

$$= \frac{e^{-h_k}}{\left(1+e^{-h_k}\right)^2}$$

$$= z_k \cdot \frac{e^{-h_k}}{\left(1+e^{-h_k}\right)}$$

$$\frac{\partial z_k}{\partial h_k} = z_k \cdot (1 - z_k)$$

$$= z_k \cdot \left[\frac{e^{-h_k}+1}{\left(1+e^{-h_k}\right)} - \frac{1}{\left(1+e^{-h_k}\right)}\right] \qquad \text{II.15}$$

Finalement

$$\frac{\partial h_k}{\partial W_{jk}^{o}} = \frac{\partial[\Sigma_{j=1}^{r}\, W_{jk}^{o} \cdot y_j]}{\partial W_{jk}^{o}} = y_j \qquad \text{II.16}$$

On obtient donc :

$$\frac{\partial E}{\partial W_{jk}^{o}} = -e_k \cdot [z_k \cdot (1 - z_k)] \cdot y_j \qquad \text{II.17}$$

Et la règle dite de « DELTA » pour la couche de sortie s'exprime donc par :

$$\Delta W_{jk}^{o} = -\alpha_2 \frac{\partial E}{W_{jk}^{o}} = -\alpha_2 \cdot \delta_k \cdot y_j \qquad \text{II.18}$$

Avec

$$\delta_k = e_k \cdot z_k \cdot [1 - z_k] \qquad \text{II.19}$$

δ_k s'appelle le gradient local et α_2 représente le pas d'apprentissage de la couche de sortie

Ce résultat a la même forme que celui obtenu par le Perceptron.

i.i. Correction de l'erreur pour la couche cachée

Considérons désormais le cas des neurones sur la dernière couche cachée (le cas des autres couches cachées est semblable).

L'expression de la dérivée partielle de l'erreur totale E par rapport à W_{ij}^l reste la même que précédemment mais dans ce cas on ne dérive pas par rapport à e_j car celle-ci est inconnue :

$$\frac{\partial E}{\partial W_{ij}^l} = \frac{\partial E}{\partial y_j} \cdot \frac{\partial y_j}{\partial m_j} \cdot \frac{\partial m_j}{\partial W_{ij}^l} \qquad \text{II.20}$$

- m_j est la somme pondérée des entrées du neurone j qui est égale à :

$$m_j = \sum_{i=1}^{n} W_{ij}^l \cdot x_i$$

- W_{ij}^l est le poids de la connexion entre le neurone i de la couche d'entrée et le neurone j de la couche cachée. l désigne symboliquement la couche cachée.

L'indice k représentera un neurone sur la couche de sortie comme le montre la figure.II.7.

Le $2^{\text{ème}}$ et le $3^{\text{ème}}$ terme de l'équation II.20 sont équivalents à II.15 et II.16 respectivement, tout en changeant les indices qui correspondent à la couche cachée :

$$\frac{\partial y_j}{\partial m_j} = y_j \cdot \left[1 - y_j\right]$$

$$\frac{\partial m_j}{\partial W_{ij}^l} = x_i$$

Pour le $1^{\text{ère}}$ terme, la procédure suivante est utilisée:

$$\frac{\partial E}{\partial y_j} = \frac{\partial\left[\frac{1}{2}\sum_{k=1}^{c} e_k^2\right]}{\partial y_j}$$

c représente toujours le nombre de neurones de la couche de sortie.

Le problème ici, contrairement au cas des neurones de la couche de sortie, est e_k dépend de y_j. On ne peut donc pas se débarrasser de cette somme.

Par contre on peut écrire :

$$\frac{\partial E}{\partial y_j} = \sum_{k \in c}\left[e_k \cdot \frac{\partial e_k}{\partial y_j}\right]$$

$$= \sum_{k \in c}\left[e_k \cdot \frac{\partial e_k}{\partial h_k} \cdot \frac{\partial h_k}{\partial y_j}\right]$$

$$= \sum_{k \in c}\left[e_k \cdot \frac{\partial[d_k - z_k]}{\partial h_k} \cdot \frac{\partial \sum_{j=1}^{r}(W_{jk}^o \cdot y_j)}{\partial y_j}\right]$$

On prend comme fonction d'activation f_2 la fonction logistique sigmoïde :

$$= \sum_{k \in c}[e_k \cdot (-z_k) \cdot (1 - z_k) \cdot W_{jk}^o]$$

Et en substituant l'équation (II.19) on obtient :

$$\frac{\partial E}{\partial y_j} = -\sum_{k=1}^{c} \delta_k \cdot W_{jk}^o \qquad \text{II.21}$$

En remplaçant l'équation (II.21) dans (II.20) on trouve

$$\frac{\partial E}{\partial W_{ij}^l} = -y_j \cdot [1 - y_j] \cdot [\sum_{k=1}^{c} \delta_k \cdot W_{jk}^o] \cdot x_i$$

Et

$$\Delta W_{ij}^l = -\alpha_1 \cdot \frac{\partial E}{\partial W_{ij}^l} = -\alpha_1 \cdot \delta_j \cdot x_i \qquad \text{II.22}$$

Avec

$$\delta_j = y_j \cdot [1 - y_j] \cdot [\sum_{k=1}^{c} \delta_k \cdot W_{jk}^o] \qquad \text{II.23}$$

δ_j et α_1 représentent le gradient local et le pas d'apprentissage respectivement de la couche cachée.

Les deux expressions restent valables pour toutes les couches cachées.

<u>II.2.3.1.3 Sommaire de l'algorithme dis de DELTA</u>

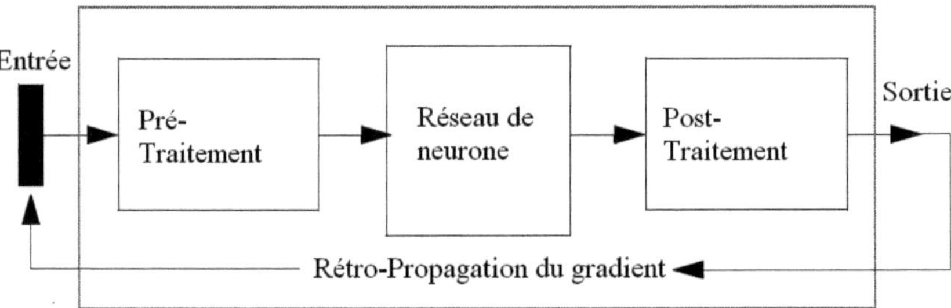

Figure.II. 8. Procédure d'élaboration d'un modèle neuronal

La procédure de l'élaboration de l'algorithme de la rétro-propagation du gradient dans sa version de base se résume comme suit :

- Initialisation des poids à de petites valeurs aléatoires dans l'intervalle [-0.5, 0.5]
- Normalisation des données d'apprentissage pour augmenter les performances.

  Cette étape est fortement recommandée pour éviter la saturation des fonctions d'activation utilisées, qui sont généralement dans le perceptron multicouche de type sigmoïde. Par exemple, ces fonctions deviennent essentiellement saturées lorsque l'entrée est supérieure à trois ($e^{-3} = 0.05$). Si cela se produit au début du processus d'apprentissage, les gradients seront très faibles, et l'entrainement du réseau sera très lent. Dans la première couche cachée du réseau, les données d'entrée sont le produit du poids synaptique et des entrées. Si l'entrée est très grande, alors le poids doit être très faible afin d'éviter la saturation de la fonction d'activation (Beale et al., 2010).

Généralement, les bornes de la normalisation peuvent soit entre [0 et 1] soit entre [-1 et +1]. Il existe trois façons usuelles de réaliser cette étape :

Normalisation par min et max
C'est la méthode utilisée dans ce projet de recherche. Les fonctions de normalisation sont :

$$P_{nor} = 2.\frac{(P - P_{min})}{(P_{max} - P_{min})} - 1 \qquad \text{II.24}$$

$$T_{nor} = 2.\frac{(T - T_{min})}{(T_{max} - T_{min})} - 1 \qquad \text{II.25}$$

Les valeurs d'entrée et de sortie originales sont données par les matrices P et T respectivement. Les matrices des valeurs normalisées de l'entrée et de la sortie sont notées P_{nor} et T_{nor} respectivement. P_{min} est le vecteur qui contient les valeurs d'entrée minimales originales. T_{min} représente le vecteur qui contient les valeurs de sortie minimales originales. P_{max} représente le vecteur qui contient les valeurs d'entrée maximales originales et enfin T_{max}: vecteur qui contient les valeurs de sortie maximales originales.

A la fin, les valeurs sont dénormalisées en utilisant la fonction :

$$T = \frac{1}{2}.(T_{nor} + 1).(T_{max} - T_{min}) + T_{min} \qquad \text{II.26}$$

Normalisation par la moyenne et l'écart type
Une autre approche est la normalisation par apport à la moyenne et à l'écart type de la base de données d'apprentissage. Les entrées et les sorties sont normalisées de manière à obtenir des distributions Gaussiennes de moyenne nulle avec un écart-type égal à l'unité.

Analyse en composantes principales (ACP)
Dans certaines situations, la dimension du vecteur d'entrée est grande, mais les composantes des vecteurs sont fortement corrélées (redondance des données). L'ACP est utile dans cette situation pour réduire la dimension des vecteurs d'entrée.

Cette technique se divise en trois étapes :

-L'orthogonalisation des composantes des vecteurs d'entrée de sorte qu'ils ne soient pas corrélés entre eux ;

-La hiérarchisation des résultats de composantes orthogonales (composantes principales) de sorte que ceux qui ont la plus grande variation viennent en premier et enfin

-L'élimination des éléments qui contribuent le moins à la variation dans le jeu de données.

Les vecteurs d'entrée sont d'abord normalisés, de sorte qu'ils aient une moyenne égale à zéro et une variance unitaire. Il s'agit d'une procédure standard pour l'utilisation de l'ACP.

- Pour chaque donnée d'apprentissage q :
    - Calculer les sorties simulées en propageant les variables de l'entrée vers la sortie
    - Ajuster les poids en rétro-propageant l'erreur calculée :

$$W_{jk}^o(q+1) = W_{jk}^o(q) - \Delta W_{jk}^o(q) = W_{jk}^o(q) + \alpha_2.\delta_k(q).y_j(q) \text{ pour la couche de sortie}$$

$$W_{ij}^l(q+1) = W_{ij}^l(q) - \Delta W_{ij}^l(q) = W_{ij}^l(q) + \alpha_1.\delta_j(q).x_i(q) \text{ pour la couche cachée}$$

Où les deux gradients locaux sont définis par :

$$\delta_k(q) = e_k(q).y_j(q).[1 - z_k(q)]$$

$$\delta_j(q) = y_j(q).[1 - y_j(q)].\left[\sum_{k=1}^c \delta_k(q).W_{jk}^o(q)\right]$$

Répéter cette étapes jusqu'à un nombre maximum d'itérations (époques) ou jusqu'à ce que la racine de l'erreur quadratique moyenne (MSE) soit inferieure à un certain seuil fixé par le concepteur du RNA.

II.2.3.1.4 Règle de « DELTA généralisé »

La convergence du réseau par rétro-propagation est un problème crucial car il requiert de nombreuses itérations. Un paramètre est souvent ajouté pour accélérer la convergence. Ce paramètre est appelé « le momentum ».

Les deux équations qui décrivent la mise à jour des poids synaptiques dans la couche de sortie et la couche cachée avec la règle de « DELTA généralisé » sont définis par :

$$\begin{cases} W_{jk}^o(q+1) = W_{jk}^o(q) + \alpha_2.\delta_k(q).y_j(q) + \beta_2\Delta W_{jk}^o(q) \\ W_{ij}^l(q+1) = W_{ij}^l(q) + \alpha_1.\delta_j(q).x_i(q) + \beta_1\Delta W_{ij}^l(q) \end{cases} \qquad \text{II.27}$$

Où β_1 et β_2 sont compris entre [0 et 1] et sont les momentums qui représentent une espèce d'inertie lors du chargement de poids.

L'algorithme de la rétro-propagation modifie les poids à partir de $\partial E/\partial W$. En fait, ce dernier terme permet d'accélérer la convergence (variation plus grande du changement du poids) lorsqu'on est loin du minimum. En pratique, la méthode du gradient DELTA généralisé peut être efficace lorsque l'on est loin du minimum. Quand on s'en approche, la norme du gradient diminue et donc l'algorithme progresse plus lentement.

Pour optimiser la vitesse de convergence, plusieurs règles ont été proposées telles que :

<u>II.2.3.1.5. Techniques de réglage du pas</u>

a) **Technique du pas constant :** elle consiste à adopter un pas constant $\beta = \beta_{cte}$ tout au long de l'algorithme. Elle est très simple mais peu efficace puisqu'elle ne prend pas en considération la décroissance de la norme du gradient.

b) **Technique du pas asservi :** on peut asservir le pas à l'aide de la norme du gradient de sorte que le pas évolue en sens inverse de celle–ci. A chaque étape, le pas peut être calculé par :

$$\beta = \frac{\beta_{cte}}{1+\|\nabla E\|} \qquad \text{II.28}$$

<u>II.2.3.1.6. Resilient backpropagation</u>

Habituellement, nous utilisons une fonction d'activation sigmoïde pour la couche cachée. Cette fonction est caractérisée par le fait que la pente approche la valeur zéro lorsque les données en entrée ont des valeurs très élevées. Si le gradient a une valeur très petite, cela occasionne de très petits changements dans les poids et les biais. Pour palier à ce problème, seul le signe de la dérivée est pris en compte et non la valeur de la dérivée.

<u>II.2.3.1.7. Méthode d'apprentissage par algorithme du gradient conjugué</u>

Cette méthode initiée par Hestenes and Stiefel en 1952 (Golub and al., 1976), est une méthode itérative qui se base sur la recherche de directions successives permettant d'atteindre la solution exacte d'un système de matrice symétrique et définie positif, elle est intéressante pour les RNA à un grand nombre de neurones : convergence rapide et est modeste en mémoire. Nous avons utilisée cette méthode dans le chapitre IV de pour générer les rapports spectraux (surface/Profondeur).

<u>II.2.3.1.8 Les méthodes de gradient du second ordre</u>

Les méthodes que nous venons de décrire sont simples mais en général peu efficaces. Nous avons donc systématiquement recours à l'utilisation de méthodes plus performantes (pour une comparaison numérique entre ces méthodes, voir [Battiti, 92]). Elles sont dites du second ordre parce qu'elles prennent en considération la dérivée seconde de la fonction de coût. Nous présentons ci dessous celles que nous avons mises en œuvre dans notre travail (chapitre V et VI), et dont nous comparons les performances lors de l'étude de nos modèles.

Algorithmes de BFGS et de Levenberg-Marquardt

L'algorithme de BFGS (du nom de ses inventeurs : Broyden, Fletcher, Goldfarb et Shanno) fait partie des méthodes d'optimisation dites "quasi–newtoniennes". Ces méthodes sont une généralisation de la méthode de Newton.

La méthode de Newton consiste à l'application de la règle suivante :

$$W(q + 1) = W(q) + [\nabla E^2(W(q))]^{-1}.\nabla E(W(q)) \qquad \text{II.29}$$

Le terme $[\nabla E^2(W(q))]^{-1}$ représente l'inversion de la matrice Hessienne (la dérivée seconde) de la fonction E calculée avec le vecteur des paramètres disponibles à l'époque courante. La direction de descente est dans ce cas :

$$d_{q+1} = [\nabla E^2(W(q))]^{-1}.\nabla E(W(q)) \qquad \text{II.30}$$

Néanmoins, cette méthode de Newton représente un inconvénient, elle ne peut pas converger en une seule itération. De plus, cette méthode nécessite l'inversion de la matrice Hessienne à chaque époque, ce qui conduit à des calculs lourds (Oussar, 1998) et à une instabilité numérique. On utilise de préférence une méthode de "quasi-Newton".

Les méthodes de quasi-Newton consistent à approcher l'inverse du hessien plutôt que de calculer sa valeur exacte.

L'algorithme de Levenberg-Marquardt (LM), est une méthode « quasi-newtonienne ». C'est une règle d'ajustement des paramètres qui a l'expression suivante :

$$W(q + 1) = W(q) + \mu_{q+1}.M_{q+1}.\nabla E(W(q)) \qquad \text{II.31}$$

μ_{q+1} est une approximation, calculée itérativement, de l'inverse de la matrice Hessienne.

Où :

$$M_{q+1} = M_q + \left[1 + \left(\frac{\gamma_q^T.M_q.\gamma_q}{\delta_q^T.\gamma_q}\right)\right].\frac{\delta_q^T.\delta_q}{\delta_q^T.\gamma_q} + \frac{\delta_q.\gamma_q^T.M_q + M_q.\gamma_q.\delta_q^T}{\delta_q^T.\gamma_q} \qquad \text{II.32}$$

$$\gamma_{q+1} = \nabla E\big(W(q)\big) + \nabla E\big(W(q)\big) \qquad \text{II.33}$$

$$\delta_{q+1} = W(q) + W(q) \qquad \text{II.34}$$

La valeur initiale de M_{q+1} est la matrice identité. Si, à une itération, la matrice calculée n'est pas définie positive, elle est réinitialisée à la matrice identité.

Le LM est un standard pour l'optimisation de l'erreur quadratique due à ses propriétés de convergence rapide et de robustesse. Cette méthode s'appuie sur les techniques des moindres carrés non-linéaires et de l'algorithme de GAUSS-NEWTON à voisinage restreint. En fait, la méthode LM est un condensé de deux techniques exposées précédemment. En effet, cette méthode tend vers la méthode de Newton pour une valeur de μ_{q+1} petite mais est équivalente à la méthode du gradient « DELTA généralisé » pour un pas $\eta = \dfrac{1}{\mu_{q+1}}$ pour une valeur de μ_{q+1} grande. Le Hessien est toujours défini positif ce qui assure la convergence vers un minimum de la solution. Par contre, le volume de calculs nécessaires à chaque itération de cet algorithme croît rapidement avec le nombre de paramètres. Pour plus de détails sur cet algorithme consulter Dreyfus, (2008).

Pour ce qui est du choix décisif entre le BFGS et LM, il s'est avéré nécessaire de faire une comparaison entre les valeurs générées par ces deux modèles et les mesures. Les outils de comparaison sont les paramètres statistiques représentés dans la section suivante.

II.3. Mesure des performances

La comparaison des résultats obtenus par le modèle neuronal et ceux mesurés sur site doivent être confrontés. Généralement on utilise des paramètres statistiques pour mesurer la fiabilité du modèle et par la suite le valider. On fournit six paramètres qui peuvent être employés pour mesurer les performances du réseau de neurones pour un ensemble de données particulières.

Dans le présent travail la comparaison est effectuée avec les sorties non normalisées, cela nous a permis de comparer les résultats obtenus par les modèles neuronaux développés dans les chapitres IV, V et VI avec ceux déterminés par autres modèles classiques.

- **MSE**

L'erreur quadratique moyenne est définie par la relation suivante :

$$MSE = \frac{\sum_{k=1}^{C} \sum_{p=1}^{N} (d_{pk} - z_{pk})^2}{C.N} \qquad \text{II.35}$$

Où c est le nombre de neurones de la couche de sortie du RNA

N : le nombre d'exemple entrée-sortie (la taille de la base de données)

z_{pk} représente la sortie générée par l'exemple p au neurone de sortie k

d_{pk} est la sortie désirée par l'exemple p au neurone de sortie k

- **Ecart type ou SIGMA**

$$\sigma = \sqrt{MSE} = \sqrt{\frac{\sum_{k=1}^{C} \sum_{p=1}^{N} (d_{pk} - z_{pk})^2}{C.N}} \qquad \text{II.36}$$

- **NMSE**

Erreur quadratique moyenne normalisée :

$$NMSE = \frac{C.N.MSE}{\sum_{k=1}^{c} \frac{N\sum_{p=1}^{N}(d_{pk})^2 - \sum_{p=1}^{N}(d_{pk})^2}{N}}$$

II.37

- **Coefficient de corrélation pour un RNA à une seule sortie**

$$R_c = \frac{\frac{\sum_p (z_p - \bar{z})(d_p - \bar{d})}{N}}{\sqrt{\frac{\sum_p (d_p - \bar{d})^2}{N}} \cdot \sqrt{\frac{\sum_p (z_p - \bar{z})^2}{N}}}$$

II.38

p : indice sur les exemples, p = [1, N],

$\bar{d}$ la moyenne de la sortie désirée sur l'ensemble des exemples,

d_p la sortie désirée à l'exemple p,

$\bar{z}$ la moyenne des sorties simulées,

z_p la sortie simulées à l'exemple p,

Ce coefficient de corrélation s'appelle aussi le coefficient de Pearson. Ce dernier est borné entre [-1, +1].

Si R_c = -1 il s'agit d'une corrélation négative parfaite et si R_c = 1 c'est une corrélation positive parfaite

- **Pourcentage Erreur**

$$\% \ Error = \frac{100}{c.N} \sum_{k=0}^{c} \sum_{p=0}^{N} \frac{|dz_{pk} - dd_{pk}|}{dd_{pk}}$$

II.39

dz_{pk} représente la dénormalisation de la sortie générée par le RNA pour l'exemple p au neurone de sortie k

dd_{pk} est la denormalisation de la sortie désirée de l'exemple p au neurone de sortie k

- **Critères d'informations**

On peut mesure les performances de l'apprentissage en fonction de la taille du RNA (complexité) par deux paramètres.

Le premier est le Critère d'Information d'Akaike (AIC) qui est défini par la relation (Akaike, 1973):

$$AIC(K) = Nln(MSE) + S.K \qquad si \ \frac{N}{K} < 40$$

II.40

Avec N : Nombre d'exemple utilisés pour l'apprentissage,

K : Nombre des poids synaptique dans le modèle,

S : Généralement il est pris égal à 2.

MSE : Erreur quadratique moyenne des résidus.

Dans la formulation du critère on reconnaît deux termes :

- Le premier terme correspond à la performance du modèle : plus la performance est grande, plus l'écart entre la sortie du modèle et la sortie mesurée est faible, donc plus son logarithme est petit.
- Le deuxième terme exprime la complexité du modèle, qui est proportionnelle au nombre de paramètres de celui-ci.

Le deuxième critère est la mesure de la description minimale (MDL) de Rissanen (1978). Ce critère est similaire à l'AIC. Il combine le modèle d'erreur avec le nombre de degrés de liberté « K » afin de déterminer le niveau de généralisation. L'objectif est de minimiser ce terme :

$$MDL(K) = N.ln(MSE) + 0.5.K.ln(N) \qquad \text{II.41}$$

Par ces paramètres on veut obtenir le meilleur modèle qui assure à la fois un bon apprentissage et qui est ajusté pour prédire les données futures. Or pour obtenir ce type de résultat on doit éviter le problème de sur-apprentissage. Le paragraphe suivant décrit ce phénomène et les solutions proposées.

II.4. Problème de sur-apprentissage

Avec un ensemble d'apprentissage, il est toujours possible d'obtenir une fonction de coût aussi petite que l'on veut sur l'ensemble d'apprentissage, à condition de mettre suffisamment de neurones cachés. Cependant, l'objectif de l'apprentissage n'est pas d'apprendre par cœur la base d'apprentissage, mais le modèle sous-jacent qui a servi à engendrer les données. Or, si la fonction apprise par le réseau de neurones est ajustée trop finement aux données, elle apprend les particularités de la base d'apprentissage (les bruits) au détriment du modèle sous-jacent : le réseau de neurones est sur-ajusté (voir figure.II.9).

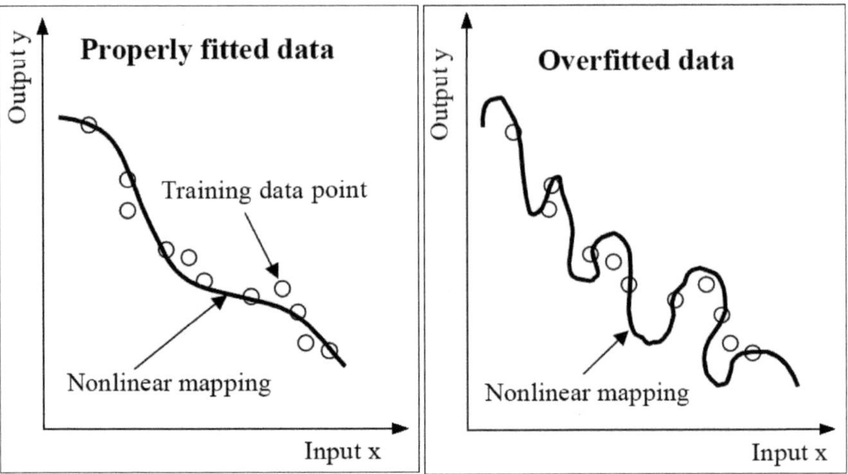

Figure.II. 9. Illustration simple d'un modèle ajusté à gauche et d'un autre sur-ajusté à droite. Ce sur-ajustement est du à l'effet de sur-apprentissage (Goh, 2004)

L'objectif recherché dans la modélisation est l'obtention d'un modèle qui soit suffisamment complexe pour apprendre les données, mais qui ne souffre pas de sur-ajustement. Deux grands types de méthodes sont utilisés pour atteindre cet objectif :

- Des méthodes passives : on effectue l'apprentissage de plusieurs modèles de complexités différentes, et l'on procède ensuite à une sélection parmi les modèles ainsi conçus, afin d'éliminer ceux qui sont susceptibles d'être sur-ajustés ; dans ce but, on utilise des techniques dites d'arrêt prématuré.

- Des méthodes actives : on effectue l'apprentissage de manière à éviter de créer des modèles sur-ajustés, sans chercher à contrôler la complexité du réseau, mais en s'efforçant de limiter l'amplitude des paramètres. On utilise, pour ce faire, la méthode de régularisation par modération des poids.

II.4.1. Arrêt prématuré (Early Stopping)

Le principe de cette méthode est de suivre l'évolution de la fonction de coût sur une base de validation afin de comparer les performances des modèles du point de vue de leur aptitude à généraliser. Les itérations sont arrêtées lorsque le coût calculé sur la base de validation commence à croître.

L'ensemble des données est divisé en trois parties distinctes : une base d'apprentissage, une base de test et une base dite de « validation croisée». Cette dernière est utilisée pendant l'apprentissage afin d'examiner le comportement du réseau pour des données qui lui sont inconnues. Ainsi, l'apprentissage est arrêté lorsque l'erreur sur cette base de validation croisée atteint un minimum (figure.II.10). Cette figure présente la fonction du coût en fonction du nombre d'itérations (époques): exemple du processus d'apprentissage pour l'élaboration du modèle de prédiction de l'accélération maximale du sol (PGA).

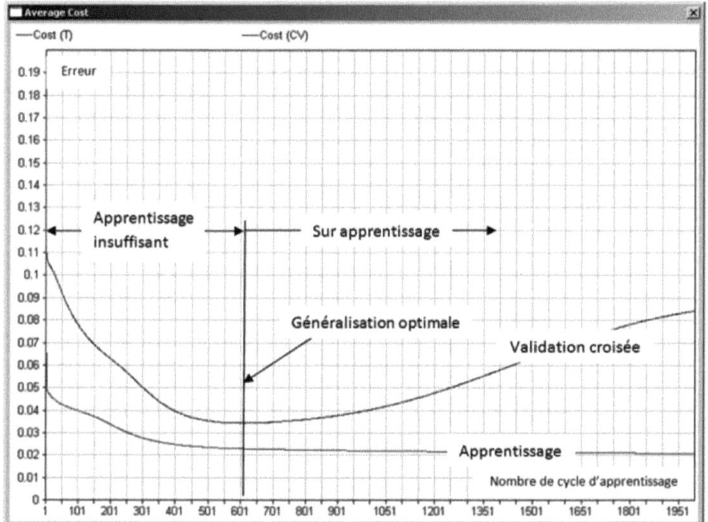

Figure.II. 10. Evolution de l'erreur d'apprentissage et de validation. Exemple traité avec le logiciel NeuroSolution version 5.07.

Sur cette figure on remarque que lorsque le modèle n'est pas trop ajusté aux données de l'apprentissage, les fonctions de coût sur la base de validation et d'apprentissage diminuent ensemble. Au-delà d'une certaine itération (au voisinage de 600 sur la figure.II.10) le modèle commence à être sur-ajusté, la fonction de coût sur la base d'apprentissage continue de diminuer, alors que cette fonction sur la base de validation augmente. La base test est utilisée disjoint des deux précédents (apprentissage et validation), pour évaluer la performance du modèle sélectionné.

Cette méthode est intéressante si l'on ne dispose pas de données abondantes, et la base de données initiale est divisée de la façon suivante :

- séparer les données disponibles en un ensemble d'apprentissage-validation et un ensemble de test ;

- subdiviser le premier ensemble en D sous-ensembles disjoints (typiquement $D = 5$) ;

- itérer D fois, de telle manière que chaque exemple soit présent une et une seule fois dans un sous-ensemble de validation (figure.II.11) ; effectuer l'apprentissage sur D-1 sous-ensembles ; calculer la somme des carrés des erreurs (E_v) sur le sous-ensemble des données restantes :

$$E_v = \sum_{p=1}^{T} \sum_{k=1}^{c} \left(d_{pk} - Z_{pk} \right)^2 \qquad \text{II.42}$$

T : nombre de sous-ensemble de validation.

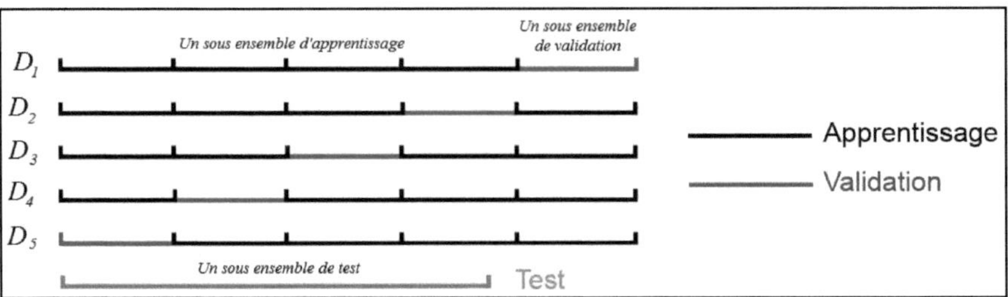

Figure.II. 11.Validation croisée

- Calculer le score de validation croisée par la formule suivante :

$$S_v = \sqrt{\sum_{se=1}^{D} E_v} \qquad \text{II.43}$$

se : Numéro du sous-ensemble de validation.

- sélectionner le modèle dont le score de validation croisée est le plus faible ; si plusieurs modèles de complexités différentes peuvent prétendre à être choisis car leurs E_v sont petites, et du même ordre de grandeur, choisir celui dont la complexité est la plus faible en utilisant *AIC* ou *MDL*.

La méthode d'arrêt prématuré est surtout efficace pour les problèmes de régression. Cependant elle nécessite d'avoir suffisamment de données pour constituer trois bases à la fois représentatives et distinctes.

Par ailleurs, il a été prouvé théoriquement (Dreyfus, 2008) que l'arrêt prématuré est équivalent à l'introduction d'un terme de pénalisation dans la fonction de coût.

II.4.2. Régularisation par modération des poids (weight decay)

Cette méthode consiste à imposer des contraintes au modèle, donc à apporter une information supplémentaire, sur l'évolution des poids du réseau de neurones. Par exemple, on peut volontairement pénaliser les poids trop grands en utilisant l'équation (II.44) à la place de l'équation de coût classique (eq.II.35). L'apprentissage s'arrêtera quand le gradient d'erreur ∇E atteint une valeur de 10^{-6}.

$$MSEreg = \gamma.MSE + (1 - \gamma).MSW \qquad \text{II.44}$$

Avec :

$$MSW = \frac{1}{K} \left(\sum_{i=1}^{n} \sum_{j=1}^{r} w_{ij}^{I} + \sum_{j=1}^{r} \sum_{k=1}^{c} w_{jk}^{o} \right)^2 \qquad \text{II.45}$$

K représente le nombre des poids dans le RNA et qui est égal à $r.(n+c)$

γ compris entre [0 et 1] est un hyperparamètre (appelé aussi paramètre de régularisation) dont la valeur doit être déterminée par un compromis : si est trop petit, la minimisation tend à faire diminuer les valeurs des paramètres sans se préoccuper de l'erreur de modélisation ; à l'inverse, si γ est trop grand, le terme de régularisation a très peu d'effet sur l'apprentissage, donc le sur-ajustement risque d'apparaître.

Le choix de γ est une démarche heuristique, qui consiste à effectuer plusieurs apprentissages avec des valeurs différentes de γ, à tester les modèles obtenus sur un ensemble des données de validation, et à choisir le meilleur modèle. Dans cette étude γ est pris égal à 0.5 ce qui donne le même poids aux *mse* et *msw*.

II.5. Propriété et intérêt fondamental des réseaux de neurones artificiels : L'approximation parcimonieuse

Les réseaux de neurones artificiels, tels que nous les avons définis dans le présent chapitre, possèdent une propriété intéressante qui est à l'origine de leur intérêt pratique dans des domaines très divers : ce sont des approximateurs universels parcimonieux.

La propriété d'approximation universelle a été démontrée par (Cybenko, 1989) et (Funahashi, 1989) et peut s'énoncer de la manière suivante : toute fonction bornée suffisamment régulière peut être approchée avec une précision arbitraire, dans un domaine fini de l'espace de ses variables, par un réseau de neurones comportant une couche de neurones cachés en nombre fini, possédant tous la même fonction d'activation, et un neurone de sortie linéaire (Demartines, 1994).

Cette propriété justifie l'utilisation, dans la présente thèse, d'un RNA à une couche cachée. Comme le montre ce théorème, le nombre de neurones cachés doit être choisi convenablement pour obtenir la précision voulue.

Cette caractéristique d'approximation universelle n'est pas spécifique aux réseaux de neurones, la spécificité des RNA réside dans le caractère « parcimonieux » de l'approximation.

Lorsque l'on cherche à modéliser un processus à partir des données, on s'efforce toujours d'obtenir les résultats les plus satisfaisants possibles avec un nombre minimum de paramètres ajustables. Dans cette optique, (Hornik et al., 1994) ont montré que : Si le résultat de l'approximation (c'est-à-dire la sortie du réseau de neurones) est une fonction non linéaire des paramètres ajustables, elle est plus parcimonieuse que si elle est une fonction linéaire de ces paramètres. De plus, pour des réseaux de neurones à fonction d'activation sigmoïdale, l'erreur commise dans l'approximation varie comme l'inverse du nombre de neurones cachés, et elle est indépendante du nombre de variables de la fonction à approcher. Par conséquent, pour une précision donnée, donc pour un nombre de neurones cachés donné, le nombre de paramètres du réseau est proportionnel au nombre de variables de la fonction à approcher.

Donc à précision égale, les réseaux de neurones nécessitent moins de paramètres ajustables (les poids des connexions) que les approximateurs universels couramment utilisés (Hornik, et al., 1994) comme les polynômes.

La figure.II.12 montre l'évolution du nombre de paramètres d'un polynôme et du nombre de paramètres d'un réseau de neurones, en fonction du nombre de variables. En pratique, dès qu'un problème fait intervenir plus de deux variables, les réseaux de neurones sont, en général, préférables aux autres méthodes parce qu'ils nécessitent moins de variables.

Dans ce projet de recherche, nous n'utilisons pas les réseaux de neurones pour réaliser des approximations de fonctions connues. Le problème qui se pose à nous est le suivant : nous avons un ensemble de mesures de variables caractérisant le mouvement fort à la surface de la terre sur un site donné. Nous supposons qu'il existe une relation déterministe entre ces variables et ce résultat (PGA, PGV, PSA…), et on cherche une forme mathématique de cette relation, valable dans le domaine où les mesures ont été effectuées, sachant que (1) les mesures sont en nombre fini, que (2) elles sont certainement entachées de bruit, et que (3) toutes les variables qui déterminent du mouvement fort ne sont pas forcément mesurées. En d'autres termes, on cherche un modèle qui décrit ce mouvement vibratoire du sol, à partir des mesures dont on dispose, et d'elles seules : on dit qu'il effectue une modélisation "boîte noire". Sachant cependant que les paramètres d'entrées sont choisis sur des bases physiques pour ce caractère « boite noir ». Les données à partir desquelles on cherche à construire le modèle s'appellent des exemples.

La question qui ce pose est la suivante, en quoi la propriété d'approximation parcimonieuse peut-elle être utile pour résoudre ce genre de problèmes ? Ce qu'on cherche à obtenir à l'aide de son modèle, c'est la "vraie" fonction qui relie la grandeur y (par exemple le PGA, que l'on veut modéliser, aux variables {x} : magnitude, distances, fréquence de résonance du site…qui la déterminent. C'est à dire la fonction que l'on obtiendrait en faisant une infinité de mesures de y pour chaque valeur possible de {x}. En termes de statistiques, on cherche la fonction de régression de la grandeur à modéliser. Cette fonction est inconnue, mais on peut en chercher une approximation à partir des mesures disponibles : les réseaux de neurones sont donc utilisés si la fonction de régression cherchée est non linéaire. Cette approximation est obtenue en estimant les paramètres d'un réseau de neurones au cours d'une phase dite d'apprentissage tout en évitant le sur-ajustement.

C'est ici que la propriété d'approximation parcimonieuse des réseaux de neurones est précieuse : en effet, le nombre de mesures nécessaires pour estimer les paramètres de manière significative est d'autant plus grand que le nombre de paramètres est grand.

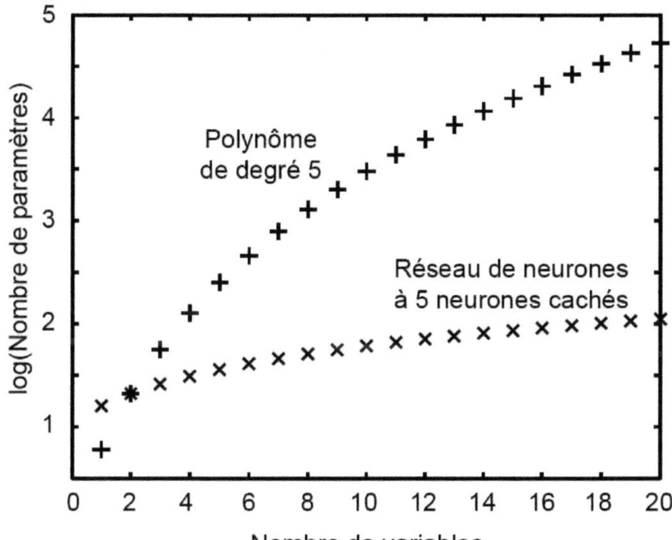

Figure.II. 12. Variation du nombre de paramètres (les poids) en fonction du nombre de variables pour un modèle polynomial et pour un réseau de neurones (Dreyfus, 2008). Pour les RNA les variables sont les variables d'entrée.

Ainsi, pour modéliser une grandeur avec une précision donnée à l'aide d'un réseau de neurones, il faut moins de données que pour la modéliser, avec une précision comparable, à l'aide d'une régression multiple ; de manière équivalente, un réseau de neurones permet, avec les mêmes données disponibles, de réaliser une approximation plus précise qu'une régression linéaire multiple (Dreyfus, 1998).

Ainsi, à la lumière de cette propriété fondamentale, les réseaux de neurones apparaissent comme une puissante méthode de régression non linéaire qui constitue une branche des statistiques appliquées. le tableau ci-dessous résume les équivalences entre le vocabulaire des statistiques et celui des réseaux de neurones.

Réseaux de neurones	Statistiques
Choix de l'architecture (bouclé ou non bouclé)	Choix de la famille de fonctions destinées à approcher la fonction de régression
Base de données (BD) pour l'apprentissage, la validation croisée et le test	Observations
Apprentissage avec la BD validation croisée ou avec une contrainte de régularisation	Estimation des paramètres de l'approximation de la fonction de régression
Généralisation avec la BD test	Interpolation, extrapolation
Nombre de paramètres : poids synaptiques	Nombre de paramètres : paramètres de régression

Tableau.II. 2. Equivalence de vocabulaire entre les réseaux de neurones et statistiques

Conclusion

Ce chapitre a permis de rappeler les propriétés principales des réseaux de neurones utilisés dans la suite de ce mémoire. L'algorithme d'apprentissage supervisé de la rétro-propagation du gradient dans ses différentes versions ont été exposé, en se basant sur les avantages et les inconvénients de chacune de ces versions. Les algorithmes de second ordre sont nettement mieux placés pour remplacer la rétro-propagation simple. Le choix de l'utilisation de la méthode d'apprentissage nécessite de comparer les résultats obtenus par chaque méthode. Cette comparaison est faite à l'aide des paramètres statistiques de performance (*MSE, R_c,...*) illustrés dans le présent chapitre.

La définition du sur-ajustement a été rappelée afin de fixer précisément la nature du problème, et sa spécificité dans le cas de l'approximation de fonctions et de lissage. Cette approximation par les RNA est parcimonieuse. Les réseaux de neurones nécessitent moins de paramètres ajustables que les approximateurs universels couramment utilisés. En outre, ce qui a été présenté illustre la nécessité d'ajouter un terme de régularisation par modération des poids à la fonction de coût usuelle pour éviter le problème de sur-apprentissage. Pour ce qui suit, nous optons pour une démarche hybride en utilisant à la fois la régularisation par modération des poids et la validation croisée et ce pour gagner en terme de nombre d'itération et par conséquence en temps de calcul.

En résumé, le principe, le concept et les outils d'analyse de cette méthode neuronale on été présentés dans ce chapitre Il reste maintenant –comme prochaine étape- à citer les travaux qui ont été effectués via cette méthode pour l'estimation des charges sismiques. C'est ce qui est présenté en détail dans le chapitre suivant.

Chapitre III :

Aperçu sur les travaux récents utilisant l'approche neuronale pour l'estimation des charges sismiques

Introduction

Le terme de réseaux de neurones 'formels' (ou 'artificiels') fait rêver certains, et fait peur à d'autres ; la réalité est à la fois plus prosaïque et rassurante. Les réseaux de neurones artificiels, présentés en détail dans le chapitre précédent, sont une technique de traitement de données et d'approximation parcimonieuse par apprentissage statique. Cette technique fera bientôt partie de la boite à outils de tout ingénieur préoccupé de tirer le maximum d'informations pertinentes des données qu'il possède : faire des prévisions, élaborer des modèles, reconnaître des formes ou des signaux, etc. Cette vérité est largement admise. De nombreuses applications sont opérationnelles à ce jour que ce soit dans le milieu de la recherche ou dans l'industrie.

Par ailleurs, l'intérêt que cette technique à susciter dans la communauté géophysique a notablement augmenté dans la dernière décennie. Le graphique de la figure III.1 montre le nombre d'études publiées en utilisant les réseaux de neurones avec des applications géophysiques entre 1989 et 1998 (Poulton., 2001).

Cet intérêt croissant est donné sur la figure.II.2. Le moteur de recherche : ISI web of knowledge est utilisé avec les mots clés « neural and earthquake ». Cette figure montre aussi l'augmentation en exponentiel des articles publiés entre 1993 et 2010 dans le domaine de l'Ingénierie sismique.

En outre, cette approche neuronale a été récemment l'objet de plusieurs études consacrées aux problèmes pratiques proches de notre thème de recherche. Les chercheurs veulent élaborer des modèles neuronaux d'approximation fiables, simples et moins coûteux et ce pour représenter le chargement sismique auquel les structures sont soumises. Ces études s'intéressent donc à l'estimation des valeurs pics (accélération, vitesse et déplacement) ainsi qu'à l'estimation des

55

spectres de réponse, et à la génération des accélérogrammes artificiels et ce avec la prise en compte des effets de site afin d'évaluer le risque du chargement sismique. Ces trois types d'estimation sont développés dans les trois sections principales de ce chapitre.

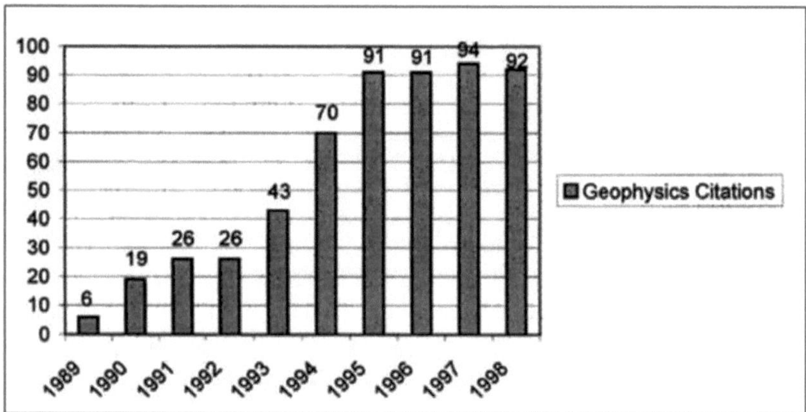

Figure.III. 1. Nombre d'articles de revues, de documents de conférence, de rapports et de thèses publiés en utilisant les réseaux de neurones appliqués à la géophysique. (Poulton., 2001)

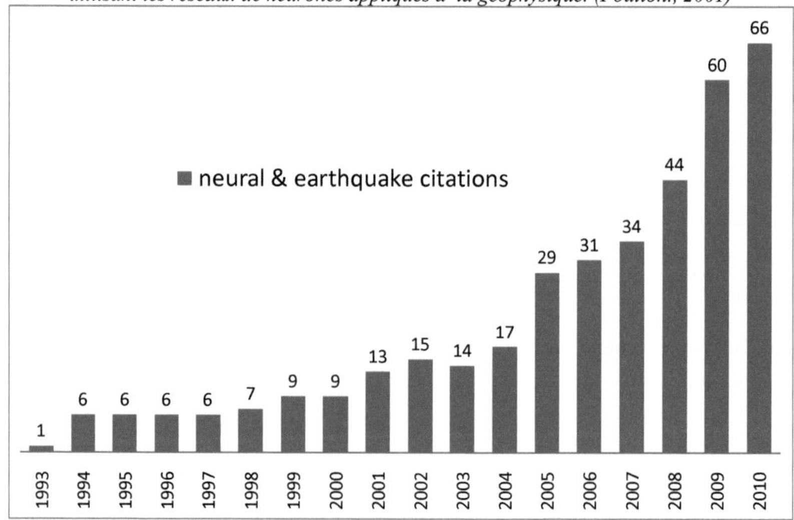

Figure.III. 2. Nombre d'articles et de documents de conférence publiés. (ISI web of knowledge, 2011)

III.1. Estimation des paramètres représentatifs du mouvement maximal fort du sol

III.1.1. Détermination des PGA dans les stations des trains à grande vitesse en Taiwan

Tienfuan and al (2005) ont utilisé la distance épicentrale (DIS), la profondeur focale (DEP) et la magnitude (MAG), pour estimer les PGA dans les trois directions (Nord-Sud : NS, Est-ouest : EW et Verticale : V) des 10 stations le long des rails du train à Taiwan (THSR). Pour ce faire, ils ont utilisé 30 accélérogrammes enregistrés sur les 10 stations du (THSR).

La figure.III.3 représente l'architecture des 3 RNA choisis (au départ) pour estimer le PGA. Une seule architecture parmi ces 3 est retenue à la fin, elle représentera le modèle neuronal final. Le Perceptron multicouche est le type de RNA utilisé (représenté dans le chapitre II).

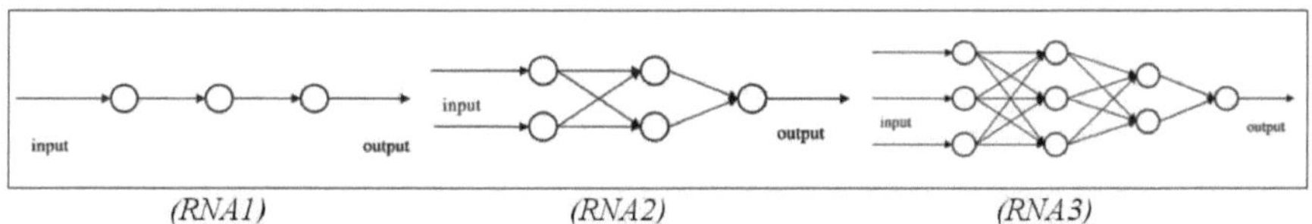

Figure.III. 3. Architecture des trois types de RNA sélectionnés au début

Ces 3 types de RNA sont utilisés pour tester l'influence de chaque paramètre d'entrée et l'influence de la combinaison de ces paramètres d'entrée sur le PGA. 21 RNA ont été élaboré, 7 pour chaque direction. Les coefficients de déterminations (R_c^2) pour chaque RNA sont calculés et sont représentés dans le tableau III.1.

Modèles	Inputs (entrées)	Directions		
		V	EW	NS
RNA1	DIS	0.234	0.177	0.200
	DEP	0.230	0.199	0.221
	MAG	0.280	0.269	0.324
RNA2	DIS et DEP	0.354	0.295	0.347
	DIS et MAG	0.548	0.436	0.492
	DEP et MAG	0.425	0.359	0.413
RNA3	DIS, MAG et DEP	0.876	0.855	0.837

Tableau.III. 1. Coefficient de détermination (R_c^2) pour les 7 RNA.

Le tableau III.1 montre que la combinaison des trois paramètres (DIS, MAG et DEP) donne le meilleur R_c^2 et est égal à 0.876 pour la direction verticale (V)

Le fit des PGA (V, EW, NS) estimés par le modèle neuronal et enregistrés sont représentées sur la figure III.4.

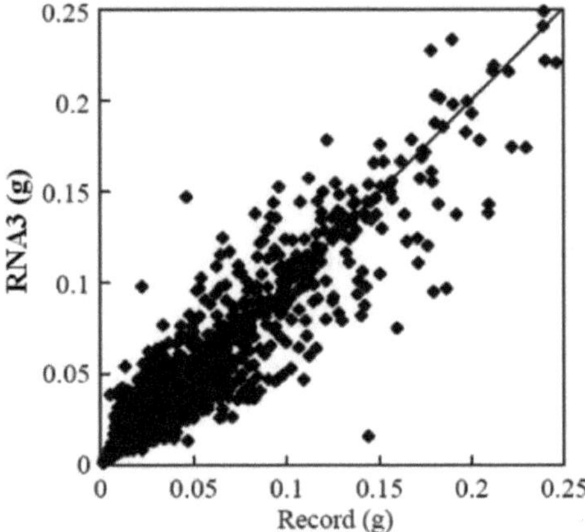

Figure.III. 4. R_c^2 calculé dans les trois directions.

Par la suite les auteurs ont comparé le PGA donnée par les RNA3 avec celui obtenu par mesure de bruit de fond et ce pour un événement donnée. Les résultats sont regroupés sur la figure.III.5.

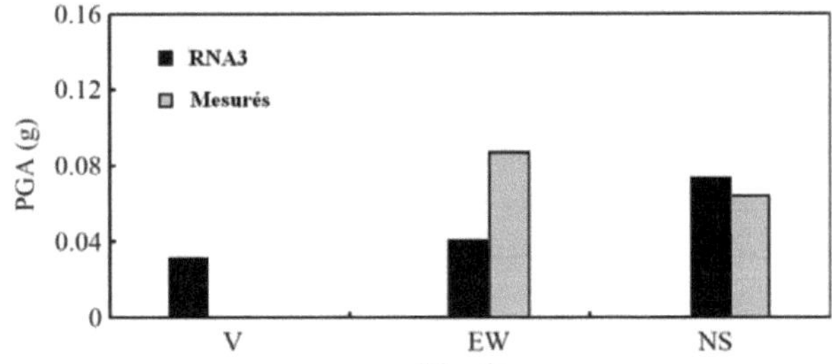

Figure.III. 5. Comparaison entre les Résultats donnés par les méthodes neuronaux et les mesures (station THSR001)

La figure III.5 montre que le PGA estimé par le RNA3 dans la direction NS converge vers celui déterminé par le bruit de fond. Par contre le PGA de la composante EW est sous-estimé par rapport à celui mesuré.

A la fin de l'article, les auteurs ont effectué une comparaison entre les PGA donnés par le RNA3 et ceux obtenus par le code parasismique en vigueur. Ce test est réalisé par un seul événement. La figure III.6 montre que les accélérations prédites dépassent les accélérations maximales reportées dans les codes réglementaires sauf pour la station THSR003.

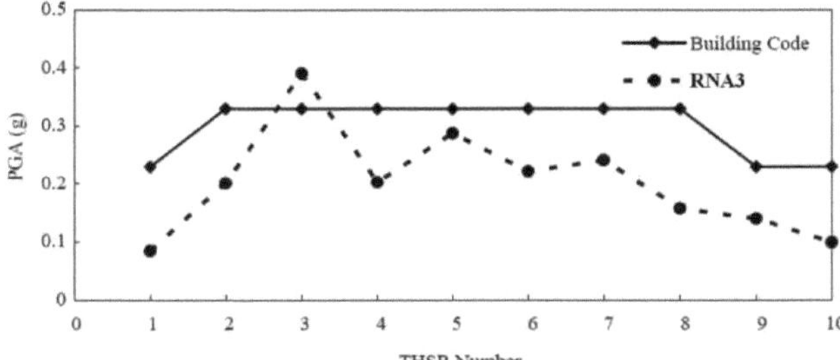

Figure.III. 6. Comparaison de l'accélération horizontale estimée par le RNA3 et l'exigence du code du bâtiment en fonction des stations de THSR.

Les résultats obtenus dans le cadre de ce travail pourraient être utiles si les auteurs ont pris en compte les conditions de site. La méthode d'apprentissage utilisé est très basique et donne des approximations limitées en comparaison avec les méthodes quasi-Newtoniennes (chapitre II). La validation du RNA3 par un seul événement (figure III.5 et III.6) est insuffisante. Une base de données plus large pour l'apprentissage est souhaitable pour tirer de telles conclusions.

III.1.2. Estimation de l'accélération maximale du sol dans la zone de subduction mexicaine

García et al (2007) ont établi un réseau de neurone pour estimer les PGA dans les 3 directions (h_1, h_2 et V) de la zone de subduction mexicaine. Le profil de sol utilisé est composé d'une couche mince ferme sur une roche altérée. Ce site est situé au Mexique dans une zone de subduction. Le travail expose le développement, l'apprentissage et le test du modèle neuronal en utilisant un minimum de données. Les paramètres d'entrée du RNA sont représentés par la magnitude du moment (M_w), la distance épicentrale (E_D) et la profondeur focale (F_D). L'approche neuronale a été utilisée à la place des GMPE.

Dans cette étude, les auteurs ont employé l'apprentissage par rétropropagation du gradient avec la technique d'optimisation «Quickprop : QP», encore appelée de second ordre proposée initialement par Fahlman (1988).

1058 enregistrements sur un site rocheux ont été utilisés durant les séismes qui ont secoué la zone de subduction mexicaine. 186 enregistrements ont été gardés pour la phase test.

Les résultats du test montre une forte corrélation entre les enregistrements et les estimations données par le modèle neuronal, comme résumé dans le tableau suivant :

R_c^2	Apprentissage	test
PGA_{h1}	0.99	0.85
PGA_{h2}	0.99	0.83
PGA_v	0.99	0.90

Tableau.III. 2. Coefficients de déterminations de la phase apprentisage et test

Par la suite, les auteurs ont comparé l'influence de chaque paramètre d'entrée, il en résute une grande influence de la magnitude, plus que la distance épicentrale, et une influence moins sensible de la profondeur focale (figure III.7). Cependant, les sites proches de l'épicentre sont influencés beaucoup plus par la distance épicentrale que la magnitude, plus particulièrement pour la composante verticale.

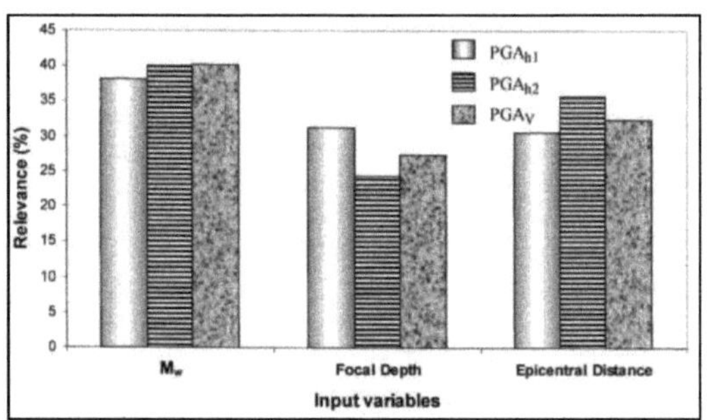

Figure.III. 7. Sensibilité des variables d'entrée observée au cours de la modélisation.

Par la suite, la capacité de prédiction du modèle neuronal et des modèles d'atténuation classique a été confrontée. Pour ce faire, les auteurs ont utilisé des événements qui n'appartiennent pas à la base initiale de données. Il s'agit d'un événement au Japon et un autre en Amérique du Nord. Les résultats montrent que le RNA donne des estimations non seulement bonnes que les méthodes conventionnelles, mais il extrapole les prédictions de la gamme des données disponibles, et ceci montre que le modèle tient en compte des mécanismes d'atténuation de la zone mexicaine de subduction et même des séismes continentaux profonds (figure III.8).

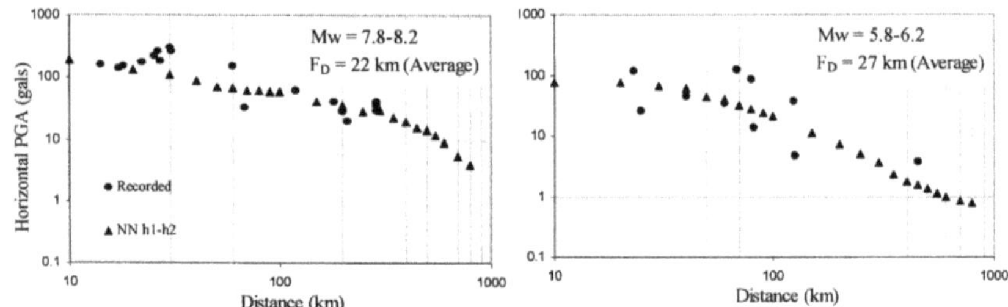

Figure.III. 8. Comparaison entre les cas réels et l'estimation donnée par le RNA.

Par la suite une comparaison a été faite entre les estimations données par le modèle d'atténuation développée par (Crouse et al., 1991) et celles données par le RNA. Pour effectuer ce test, deux événements ont été choisi. Le première est un événement majeur : Mexico 1985 (Mw=8.1) avec 7 enregistrements et le deuxième modéré (5 enregistrements), il s'agit d'un séisme de magnitude égale à 5.9. Les résultats sont mentionnés sur la figure III.9.

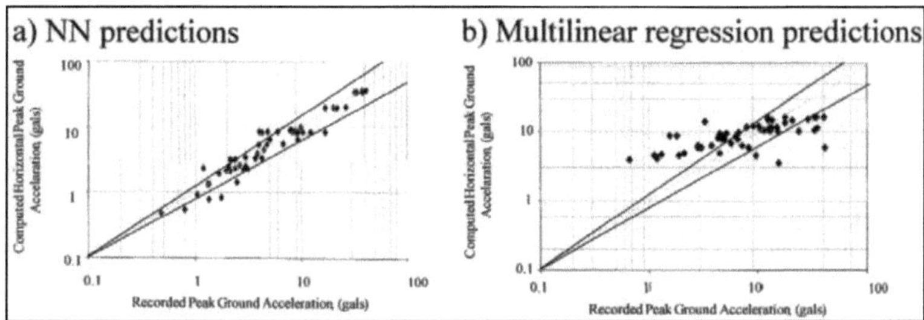

Figure.III. 9. Comparaison entre les prédiction données par le RNA et le modèle d'atténuation de Crouse et al., 1991

Il est intéressant à partir de cette comparaison de remarquer la puissante capacité de la prédiction neuronale en comparaison avec le modèle d'atténuation classique. Néanmoins, ce type de conclusions ne peut pas être diffusé en se basant seulement sur deux événements. En outre, R_c^2 obtenue pour l'apprentissage est très grand. Ce résultat était très intéressant s'il a été combiné avec la représentation des résidus [log(PGA_estimés)-log(PGA_enregistrés)] et la comparaison de la distribution de ces résidus avec la loi log normale. Cette distribution montre la présence des éventuels biais. Finalement, nous reprochons aux auteurs de ne pas avoir mentionnés les valeurs des poids synaptiques pour une utilisation plus large.

III.1.3. Prédiction des accélérations maximales du sol pour le nord-ouest de la Turquie

Trois types de RNA : le Perceptron multi-couches (MLP), la fonction radiale de base (RBF), et le réseau de neurones à régression généralisé (GRNN) ont été utilisé par Kemal et al., (2008) pour estimer l'accélération maximale du sol (PGA) de la région nord-ouest de la Turquie.

La RBF est introduite pour la première fois par Broomhead and Lowe (1988). Les RBF sont des modèles très utilisés pour la régression et la discrimination. Le réseau à Fonction Radiale de Base comporte deux couches de neurones. Les neurones de sortie effectuent une combinaison linéaire de fonctions de base non linéaires, fournies par les neurones de la couche cachée. Ces fonctions de base produisent une réponse différente de zéro seulement lorsque l'entrée se situe dans une petite région bien localisée de l'espace des variables. Bien que plusieurs modèles de fonctions de base existent, le plus courant est de type Gaussien (Gosselin, 1996). Les réseaux à bases radiales nécessitent beaucoup plus de neurones qu'un réseau MLP. Le GRNN est introduit en 1991 par Specht. Dans ce type de RNA, il y a un réseau à base radiale auquel on ajoute une couche de somation constituée d'une fonction d'activation linéaire. Ces réseaux sont aussi utilisés en tant qu'approximation de fonction, mais sont plus lourds d'utilisation que les perceptrons multicouches.

La base de données utilisée comporte 15 événements, 285 enregistrements (95 dans chacune des trois composantes) et 11 sites. Ces événements ont eu lieu dans le nord-ouest de la Turquie entre

1999 et 2001. La magnitude du moment, la distance épicentrale, la profondeur focale, et les conditions de site ont été utilisés comme des inputs pour estimer les PGA dans la direction verticale-UP, est-ouest-EW, et nord-sud-NS. L'indice (D) de la composante où le PGA est maximale est ajouté aux inputs du RNA. Cet indice égal à 1 pour la composante EW, 2 pour NS et 3 pour la composante UP.

Les conditions de site SC données dans le site Web du COSMOS ont été utilisées pour caractériser la roche SC = 1, le sol ferme SC = 3 et meuble SC = 5.

72 couples entrées-sortie ont été utilisés pour la phase apprentissage. Les 23 restants ont été conservé pour la phase teste.

Trois modèles on été construits. Un quatrième est ajouté pour la prise en compte de l'effet de la directivité. Les trois premières RNA dénommés (i) PGA-NS, (ii) PGA-EW et (iii) PGA-UP ont 4 entrées : la magnitude Mw, la distance épicentrale FD, la profondeur focale HD et la condition de site SC. Le quatrième réseau est utilisé pour la détermination des PGA dans chaque composante. Pour ce dernier RNA, Kemal et al., (2008) ont ajouté une cinquième entrée D qui représente la direction. Dans cette étude 12 RNA ont été élaboré : MLP[(i),(ii),(iii),(iv)], GRNN[(i),(ii),(iii),(iv)], RBF[(i),(ii),(iii),(iv)]. Pour le MLP une seule couchée cachée est utilisée.

Les paramètres statistiques de la phase apprentissage des 12 RNA sont mentionnés sur le tableau.III.3, R_c représente le coefficient de corrélation, RMSE est la racine de l'erreur quadratique moyenne et MAE est l'erreur absolue moyenne.

La lecture des quantités statistiques données par tableau.II.3 montre que pour les (i), (ii), (iii) et (iv) le MLP donne les meilleurs performances (en gras). Néanmoins, les valeurs exorbitantes de R_c (exemple 0.999) nous donnent l'impression que les auteurs n'ont pas pris en considération le phénomène de sur-apprentissage lors de l'élaboration des modèles neuronaux. Si c'est le cas, les modèles ne peuvent pas être utilisés dans la pratique pour la prédiction des PGA. Là aussi comme l'étude précédente, les poids synaptiques ne sont pas donnés.

Modèle	MLP			GRNN			RBF		
	R_c	RMSE cm/s²	MAE cm/s²	R_c	RMSE cm/s²	MAE cm/s²	R_c	RMSE cm/s²	MAE cm/s²
(i)	0.998	5.52	4.06	0.872	37.35	16.69	0.362	58.17	27.50
(ii)	0.950	18.69	8.08	0.891	22.91	10.22	0.481	43.61	16.99
(iii)	0.999	13.55	5.60	0.971	8.10	2.85	0.219	30.71	11.91
(iv)	0.992	18.61	10.89	0.895	41.57	17.79	0.550	50.48	27.21

Tableau.III. 3. Erreurs et coefficients de corrélation donnés par les 4 RNA et pour les trois techniques d'apprentissage

III.1.4. Evaluation de la vitesse maximale du sol pour la région ouest des USA.

Liu et al, 2006 ont essayé d'établir une relation d'atténuation par un RNA pour la région ouest des Etats-Unis d'Amériques, à partir de 472 PGV enregistrés dans les deux directions sur 236 stations USGS lors de 69 séismes. La magnitude, la distance épicentrale, l'intensité du site et les conditions de site représentent les entrées du réseau. La seule sortie est le PGV. Les auteurs ont utilisé un RNA de type MLP avec la rétropropagation du gradient pour l'apprentissage. L'approche bayesienne (AB) a été utilisée pour régler automatiquement le problème du sur-apprentissage. Cette approche a été appliquée ces dernières années aux réseaux de neurones par différents auteurs, récemment dans les travaux de Thodberg, (1996). Dans l'AB, tous les paramètres, notamment les poids du réseau, sont considérés comme des variables aléatoires issues d'une distribution de probabilité. L'apprentissage d'un réseau de neurones en utilisant l'AB consiste à déterminer la distribution de probabilité des poids connaissant les données d'apprentissage : on attribue aux poids une probabilité fixée a priori, et, une fois que les données d'apprentissage ont été observées, cette probabilité a priori est transformée en probabilité a posteriori. L'objectif principale de cette approche est de déterminer automatiquement le hyperparamètre γ de l'équation II.44.

Le réseau de neurones établi comporte 4 composantes à l'entrée, 20 neurones dans la couche cachée. Dans cette dernière la fonction d'activation de type logistique-sigmoïde a été choisie, dans le neurone de sortie cette fonction est linéaire. 4/5 de la base de données est utilisée pour la phase apprentissage et 1/5 pour la phase test.

La mesure des performances du modèle a été effectuée par le calcul des résidus (e) et sont égaux à la différence entre les PGA mesurés et ceux prédits par le RNA. Les résidus obtenus par le RNA et ceux donnés par l'équation de prédiction du mouvement sismique de Joyner-Boore (1981) sont confrontés (tableau III.4).

	$0<e<1$	$1<e<2$	$2<e<3$	$3<e$	*somme*
RNA	444	15	7	6	472
	94.1%	3.1%	1.5%	1.3%	100%
Joyner-Boore	195	248	15	14	472
	41.3%	52.5%	3.2%	3.0%	100%

Tableau.III. 4. Répartition des résidus du modèle neuronal et le modèle de Joyner-Boore

Les e d'apprentissage et de test du RNA sont mesurés en % et 94.1 % des e sont concentrés entre 0 et 1 et 3.1 % entre 1 et 2, alors qu'avec la relation de Joyner-Boore les résidus sont de l'ordre de 41.3 % entre 0 et 1 et 52.5 % dans la plage de e [1 à 2]. Cela indique que le modèle de RNA simule les données observées avec plutôt une meilleure approximation (un écart type faible) que celui de Joyner-Boore.

Les figure III.10 et 11 représentent les courbes d'atténuation du modèle neuronal et de Joyner-Boore pour une distance allant de 5 km à 200 km. Les courbes sont données pour les magnitudes 5.4, 5.9, 6.6 et 6.9 ainsi que pour des sols mou et rocheux.

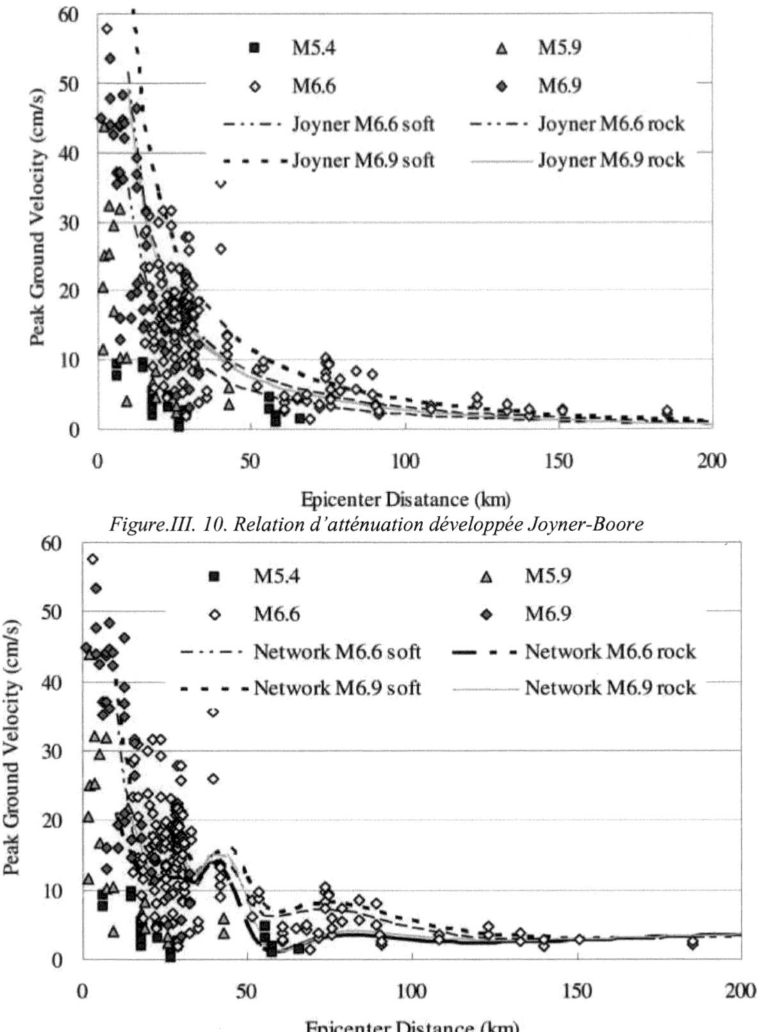

Figure.III. 10. Relation d'atténuation développée Joyner-Boore

Figure.III. 11. Relation d'atténuation estimée par RNA

La relation de prédiction donnée par la méthode de régression classique de Joyner-Boore donne une courbe d'atténuation lisse et celle donnée par le modèle neuronal représente des oscillations, cela peut expliquer la nature de l'atténuation complexe des PGV et par l'influence de la base de données d'apprentissage sur les prédictions. Ce qui veut dire que le problème de sur-apprentissage n'était pas totalement réglé par l'approche bayesienne.

Par ailleurs, et pour l'élaboration du modèle neuronal, les auteurs ont choisi de ne par utilisation le log(PGV). Son utilisation réduit significativement les valeurs de résidus parce que les enregistrements sont distribués de façon probabiliste selon une loi log-normale.

Là aussi, les poids synaptiques ne sont pas présentés pour une éventuelle utilisation.

III.1.5. Modèles neuronaux d'atténuation pour l'estimation des pics des mouvements forts en Europe

Irshad et al. (2008) ont développé 3 modèles neuronaaux de prédiction des trois paramètres caractérisant le maximum de la vibration du sol : l'accélération (PGA), la vitesse (PGV) et le déplacement (PGD). Les auteurs ont montré la capacité du RNA à saisir les principaux aspects physiques de l'atténuation des ondes sismiques et les caractéristiques spécifiques de la région et des tremblements de terre locaux. La base de données européenne des mouvements forts est utilisée (European Strong Motion data base). Les mêmes critères de sélection utilisés par Bommer and Elnashai (1999) sont réutilisés dans cette étude. Cette base contient 358 enregistrements des deux composantes horizontales tirées de 42 séismes proches et peu profonds de l'Europe. Les inputs du RNA sont la magnitude de surface M_s entre [5.5 et 7.9], la distance de rupture R comprise entre 3 et 260 km et le type de sol et ce pour tenir en compte de l'effet de site local. Les sites sont classés suivant (NEHRP) en trois catégories : sites rocheux, ferme et mou, en utilisant les vitesses des ondes de cisaillement mesurées sur 30 mètres de profondeur V_{s30}. Le RNA contient donc 3 entrées : Ms, log(R) et le type de site (1 pour sol rocheux, 0 pour un sol mou et 0.5 pour le sol ferme).

Les 3 RNA sont constitués d'une couche cachée avec 2 neurones et une couche de sortie avec 1 neurone soit log(PGA), log(PGV) ou log(PGD). Plusieurs raisons expliquent, l'utilisation de la valeur logarithmique des paramètres caractérisant le mouvement du sol :

- Le log est utilisé pour résoudre l'effet du comportement non linéaire de la variation des paramètres de sortie bien connu dans ce type de problème
- Pour la prise en compte de la non-linéarité restante inhérente au problème.
- La relation exponentielle entre le contenu énergétique et la magnitude d'un tremblement de terre
- PGA, PGV, PGD… et les ordonnées spectrales sont distribués de façon probabiliste selon une loi log-normale.

- L'utilisation des logarithmes empêche également les quelques valeurs élevées liées aux mouvements forts d'exercer une grande influence sur les coefficients de régression.

Dans cette étude trois RNA sont construits : ANNPGA, ANNPGV, ANNPGD. La fonction d'activation de la couche cachée est de type tangente-hyperbolique. L'algorithme de la rétro propagation du gradient de type Levenberg–Marquardt est utilisé pour l'apprentissage. Il est à noter que 75 % de la base de données a été réservée à l'apprentissage et 25 % à la phase test.

Une comparaison a été effectuée entre les 3 modèles d'atténuation obtenus par RNA et les modèles donnés par diverses régressions empiriques classiques. Celles d'Ambraseys et al (2005), Tromans et Bommer(2002), Boore et al (1993), et Sabetta et Pugliese (1987). Les prédictions données par ANNPGA s'avèrent globalement compatibles avec ces équations (figure.II.12).

A la lumière de cette étude et d'après les auteurs, les RNA donnent des modèles d'atténuation compatibles avec la physique des phénomènes contrôlant l'aptitude du mouvement du sol, tant la magnitude que la distance et l'amplification du site.

Le RNA peut donc être utilisé comme une méthode alternative aux techniques classiques de régression pour développer des modèles d'atténuation, en particulier pour les régions où les données sismiques sont limitées. Cependant, avec la disponibilité d'avantage des données, les performances du RNA peuvent être améliorées par l'incorporation d'autres paramètres d'entrée comme le mécanisme au foyer, la profondeur focale, la topographiques et les effets de la directivité, les caractéristiques explicites du site comme la vitesse des ondes de cisaillement, la fréquence de résonance et la profondeur des sédiments etc.

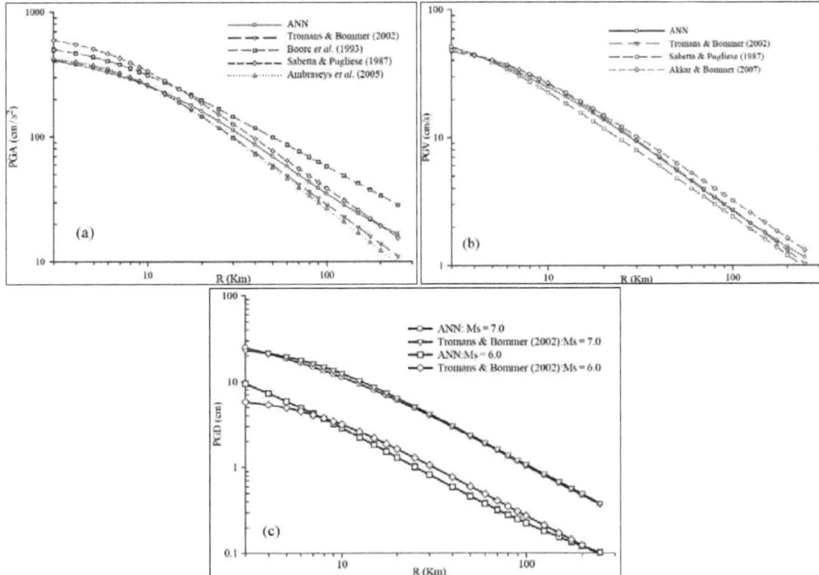

Figure.III. 12. Comparaison des courbes d'atténuation pour un sol mou.

III.2. Spectres de réponse en accélération

III.2.1. Estimation de l'amplification sismique de site à partir de spectres de réponse (surface libre/substratum rocheux)

Pour analyser l'amplification dynamique de site spécifique (figure III.13), Hurtado et al (2001) ont établi deux réseaux de neurones artificiels (RNA) de type Perceptron multicouche avec l'algorithme de rétro-propagation du gradient. Pour le premier les connections neuronales sont indépendantes du temps (Time-Independent TI), c'est un réseau non bouclé. A l'inverse les connections du deuxième réseau dépendent du temps (time-Dependent TD), c'est un réseau récurent ou bouclé. Ces deux RNA utilisent des spectres de réponses enregistrés sur un site de référence $S_r(T)$ pour générer un spectre de réponse en accélération $S_s(T)$ sur le site étudié, T représente la période.

Le réseau d'accélérographes homogène SMART-1 (Taiwan) figure.III.13 a été choisi pour prédire les S_s.

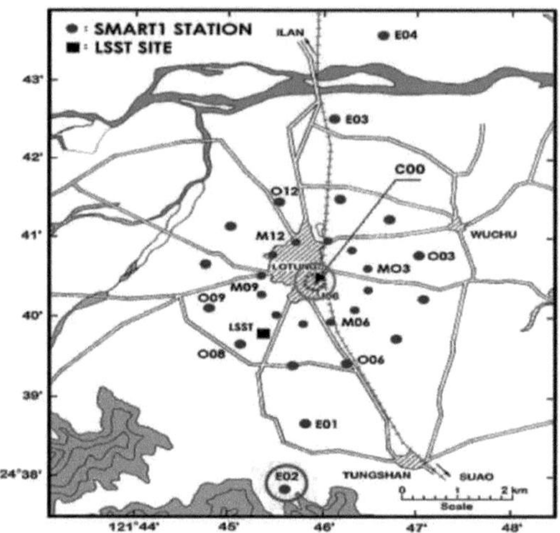

Figure.III. 13. Réseaux denses d'accélérographes SMART-1.

Les inputs du premier RNA sont la valeur de $S_r(T)$ donnée en logarithme népérien enregistrée sur le site de référence (E02) et la période T, tandis que l'output est le $\log(S_s(T))$ enregistré sur le site étudié (C00). Le réseau comporte deux couches cachées qui contiennent deux neurones chacune avec une fonction d'activation sigmoïde tangente-hyperbolique, et linéaire pour la couche de sortie (figure.III.14). L'apprentissage a été effectué avec le séisme l'enregistrement numéro 41 suivant la composante NS du réseau SMART-1. Le RNA a été testé avec deux autres enregistrements du même réseau 33 NS et 45 EW. Les résultats sont illustrés sur la figure III.15

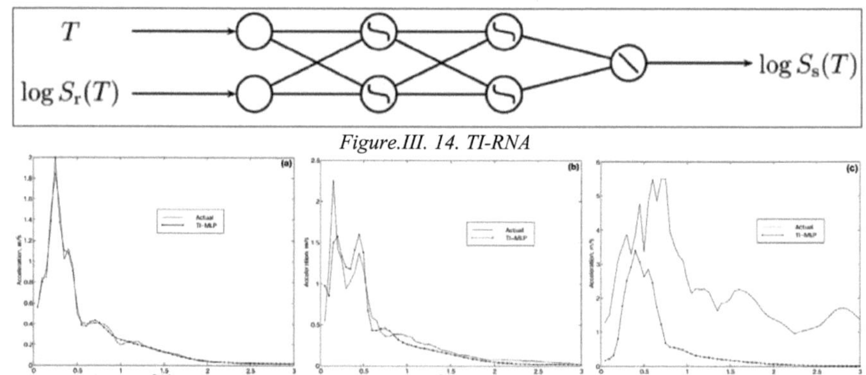

Figure.III. 14. TI-RNA

Figure.III. 15. Spectres de réponse : (a) Apprentissage avec l'enregistrement numéro 41 de la composante NS, (b) test avec 33 NS, (c) test avec 45 EW

A la lumière des résultats obtenus, on peut remarquer une sous-estimation aux niveaux des pics du spectre de réponses générées par le modèle (b) et une divergence dans le cas du (c). Cela est du au fait que le RNA est entrainé avec des niveaux de non-linéarité faible. Nous assistant donc à une dépendance entre la phase les données d'apprentissage et de test (l'aspect de régularisation n'est pas pris en considération dans cette étude).

III.2.2. Estimation de spectres de réponse en surface à partir de ceux en profondeur

Derras et al., (2010) ont élaboré un système de plusieurs RNA. Le but est de tester la capacité de la méthode neuronale à tracer le spectre de réponse à la surface libre de la terre à partir de celui enregistré en profondeur est présentée. Pour ce faire, les auteurs ont utilisé un sous ensemble de la base de donnée KiK-net (tableau III.5).

Classes	Code des Profils	V_{s30} (m/s)	H_T (m)	H_S (m)	F_0 (Hz)	Nombre total des enregistrements utilisés	Le nombre des enregistrements utilisé dans la phase d'apprentissage	Le nombre des enregistrements gardés pour le test
A1	KGWH02	180	200	54	1.09	22	21	1
B2	EHMNH04	254	200	64	1.41	14	13	1
	SMNH07	318	209	60	1.74	12	11	1
	EHMNH07	391	200	20	3.2	15	14	1
C3	SMNH03	445	101	34	3.35	12	11	1
	SMNH02	503	101	25	4.6	12	11	1
	KOCH03	668	100	32	5.30	16	15	1
	SMNH05	711	101	14	7.5	12	11	1
D4	EHMNH03	802	101	10	11.42	13	12	1
	KOCH05	1072	100	6	15.42	12	11	1

Tableau.III. 5. Informations sur les conditions de site et le nombre de spectre de réponse utilisé pour élaborer le système neuronal.

Les spectres de réponses en accélération (Sa) adoptés sont de l'ordre de 140 couples entrés/sorties [les deux composantes NS (nord-sud) et EW (est-ouest) sont utilisées] c'est-à-dire 140 (Sas) à la surface libre de la terre et 140 (Sar) enregistrés à une profondeur variant entre -100m à -200m. Le nombre des (Sa) réservés à l'apprentissage est de 130 et 10 (Sa) sont conservé à la phase test.

Le système neuronal est un ensemble de RNA. Chaque RNA est caractérisé par une classe de site (tableau III.6) et par la valeur maximale spectrale de référence. Un tel système surmonte les insuffisances du RNA de type TI-RNA (III.2.1). L'apprentissage est effectué avec la technique de la rétropropagation avec un pas constant (voir II.2.3.1.5).

Type de sol	Vitesse de cisaillement V_{s30} (m/s)	La fréquence de résonance f_0 (Hz)
A1 : très meuble	<200	<1.67
B2 : meuble	$200 \leq Vs_{30} < 400$	$1.67 \leq F_0 < 3.33$
C3 : Ferme	$400 \leq Vs_{30} < 800$	$3.33 \leq F_0 < 6.67$
D4 : rocheux	≥ 800	≥ 6.67

Tableau.III. 6.Classification de site utilisée dans le choix du RNA

Trois paramètres de site on été utilisé, il s'agit de V_{s30} (chapitre IV), H_{800} qui représente l'épaisseur jusqu'à une vitesse de cisaillement égale à 800 m/sec et la fréquence de résonance f_0 donnée par la relation suivante :

$$F_0 = \frac{V_m}{4 \times H_{800}}$$ III.1

V_m : Vitesse moyenne de cisaillement défini par la relation :

$$V_m = \frac{\sum_i^n h_i}{\sum_i^n \frac{h_i}{V_{si}}}$$ III.2

h_i : Épaisseur de la couche i. $\sum_i^n h_i = H_{800}$

V_{si} : Vitesse de cisaillement à travers la couche i

Les inputs de chaque RNA sont l'ordonnée spectrale en accélération et la période correspondante. La seule sortie est donnée par l'ordonnée spectrale en accélération à la surface libre. L'architecture du RNA est donnée sur la figure.III.16.

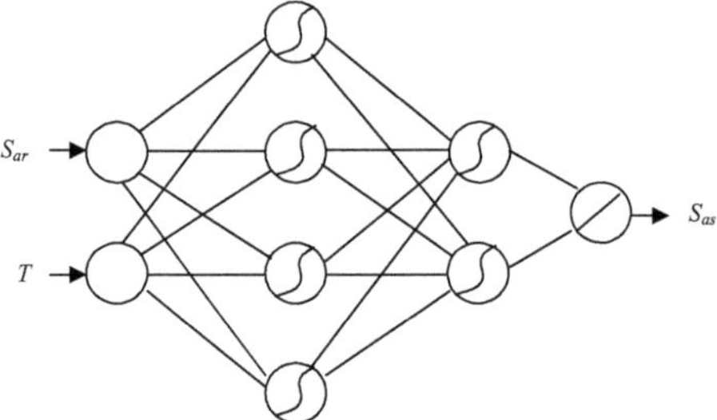

Figure.III. 16. Architecture du réseau de neurone

Les 10 spectres de réponse gardés pour la phase test ont été représentés conjointement avec ceux simulés par le système neuronal. On donne ici quatre exemples (figure III.17). Une lecture rapide de ces tracés montre la ressemblance entre les cas réels et les simulations. Le problème de l'estimation des pics spectraux persiste toujours : dépendance de la base de données initiale.

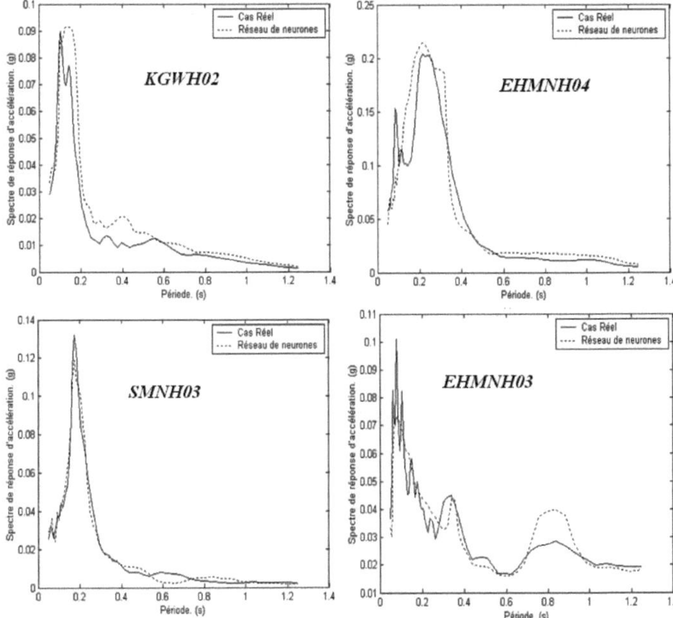

Figure.III. 17. Spectres de réponse d'accélération estimés par RNA et calculés à partir des enregistrements réels.

Dans cette étude les auteurs ont utilisée les mêmes sites que ceux de la phase apprentissage, et cela explique la ressemblance existante entre les enregistrements et les simulations.

Les manques observés dans le présent article sont aux niveaux de la méthode d'apprentissage, du non prise en compte du problème de sur-apprentissage et de la limitation dans la base de données utilisée pour l'apprentissage.

III.3. Accélérogrammes

III.3.1. Génération d'un accélérogramme à partir d'un spectre de réponse

Ghaboussi et al (1998) ont proposé une méthode pour générer un accélérogramme d'un tremblement de terre artificiel à partir d'un spectre de réponse. Cette méthode utilise la capacité d'apprentissage du RNA de type MLP avec pour connaitre le chemin inverse de la réponse spectrale vers l'accélérogramme sismique.

Dans la méthode proposée, les réseaux de neurones apprennent le chemin inverse directement à partir des spectres de réponse réels pour obtenir des accélérogrammes sismiques. Une approche en trois étapes a été utilisée.

71

Dans la première étape, deux réseaux de neurones ont été utilisés comme un outil de compression de données. Les deux parties réel $A_{r(\omega)}$ et imaginaire $A_{i(\omega)}$ d'un spectre de Fourier en vitesse (FVS) sont les deux vecteurs à comprimer. Ainsi les $A_{r(\omega)}$ et les $A_{i(\omega)}$ seront représentés par seulement deux vecteurs de 20 poids synaptiques chacun (deuxième couche cachée) au lieu d'un vecteur de 2049 valeurs (figure III.18). Afin de s'assurer que les accélérogramme à l'entrée et à la sortie des deux RNA sont identiques, une comparaison a été menée. Un exemple de cette comparaison est représenté sur la figure III.19. La figure montre que l'accélérogramme et le spectre de réponse en vitesse du séisme de Northridge 1994 au niveau de la couche d'entrée est pratiquement similaire à celui de la sortie.

Dans la deuxième étape, un 3ème RNA-MLP est construit. Les spectres de réponse en vitesse (Sv) représentent les 90 entrées du RNA. La sortie est caractérisée par les 40 valeurs de poids (20 de $A_{r(\omega)}$ et 20 de $A_{i(\omega)}$) déterminés à l'issue de la première partie (figure III.20(a) : RNA de dessous). Le but ici est de donner le chemin inverse : de Sv vers les données comprimées qui représente l'accélérogramme.

Dans la troisième étape, les 40 poids de la sortie de la 3ème RNA sont les entrées d'un 4ème RNA-MLP élaboré pour déterminer le FVS. Le calcul de l'accélérogramme passe par la transformé inverse rapide de la Fourier (figure III.20(a) :RNA de dessus).

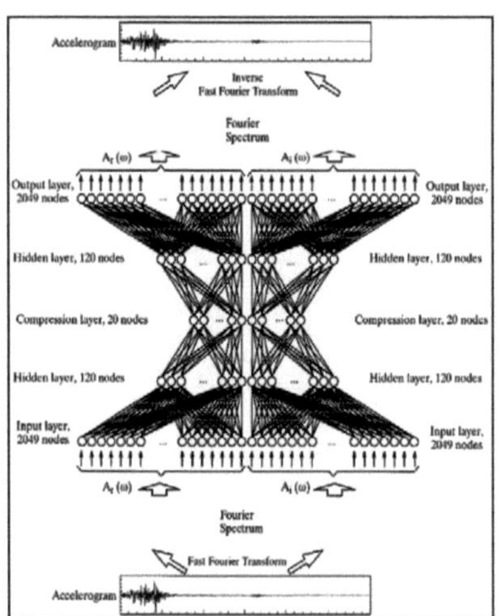

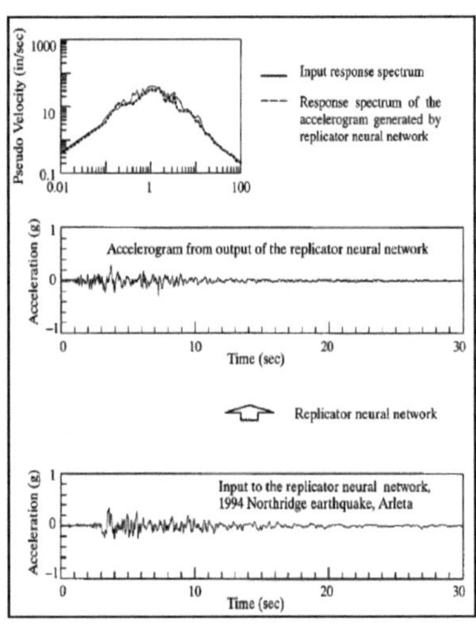

Figure.III. 18. RNA utilisé pour la compression de données de la transformée de Fourier	*Figure.III. 19. Test du RNA en utilisant un accélérogramme qui appartient à la base de données d'apprentissage*

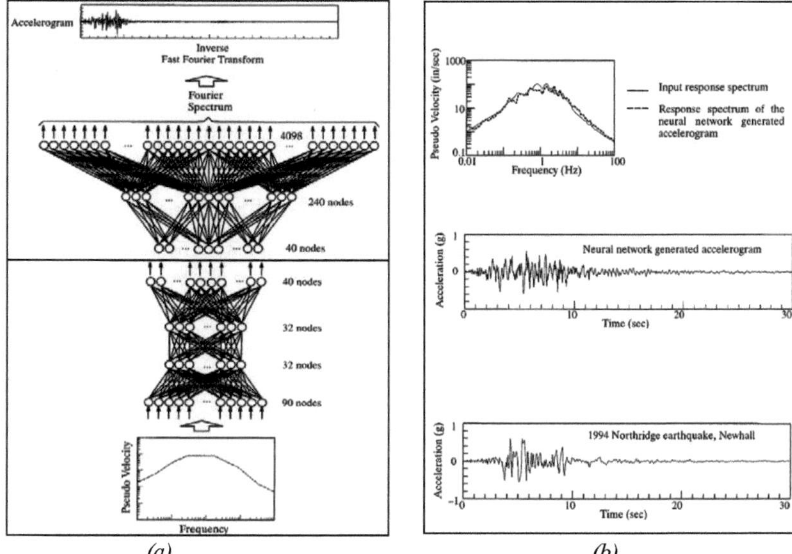

Figure.III. 20. (a) Au dessous : le 3ème RNA (Sv-poids), Au dessus le 4ème RNA qui donne les FVS à partir des poids générés par le 3ème RNA. (b) test du système neuronales final : génération d'accélérogramme à partir un spectre de réponse en vitesse

Sur la figure III.20 (b) un exemple de validation du modèle neuronal est donné. Les deux accélérogrammes réel (celui de Newhall-Northridge 1994) et généré par le système neuronal sont illustrés. Les deux spectres de réponse en vitesse de ces deux accélérogrammes sont représentés sur le même repère. Ces deux Sv se ressemblent. Par contre, la validation du modèle ne peut pas être effectuée sur seulement un exemple!. Un élargissement de la base de données pour la phase apprentissage et la phase test donne surement des résultats beaucoup plus satisfaisants. Cependant les deux parties de la FVS (réelle et imaginaire) ne sont pas indépendantes, et le faite de les séparer donne des estimations non précises.

Pour les travaux futurs, les auteurs proposent une approche dans laquelle on développe de multiples réseaux de neurones, et de faire apprendre au RNA en utilisant à chaque réseau un groupe d'accélérogrammes qui partage certaines propriétés, telles que la durée de phase significative du séisme, la distance station-source, les caractéristiques de la source et les caractéristiques du site.

III.3.2. Génération d'accélérogrammes artificiels et de spectre de réponse

Lee et Han (2002) ont proposé un système neuronal pour générer à la fois un accélérogramme et un spectre de réponse. Pour se faire, les auteurs ont proposé 5 RNA à la place des méthodes numériques classiques. Le premier sert à générer l'amplitude spectrale de Fourier. Le deuxième modèle neuronal est utilisé pour estimer les paramètres de la densité spectrale de puissance (DSP). Le 3ème modèle a pour objectif de déterminer la fonction d'intensité d'Arias. Tandis que le 4ème modèle est a pour objet l'estimation de spectre de réponse en accélération. Les paramètres d'identification du modèle du sol (magnitude, condition de site, distance épicentrale et profondeur focale) représentent les inputs des 4 RNA. Enfin, le rôle du 5ème réseau est l'inverse de celui du 4ème (figure III.21) de telle sorte qu'il peut être appliqué à la génération d'accélérogrammes synthétiques compatible avec un spectre de réponse en accélération en utilisant l'ANN-I avec un calcul classique de la transformé inverse de Fourier.

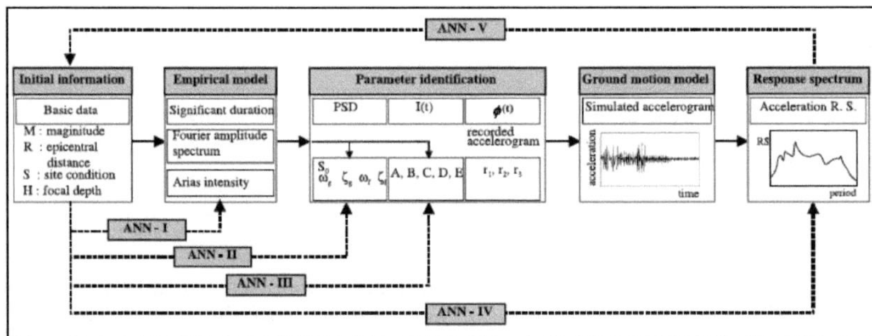

Figure.III. 21. Procédure traditionnelle et les modèles neuronaux individuels.

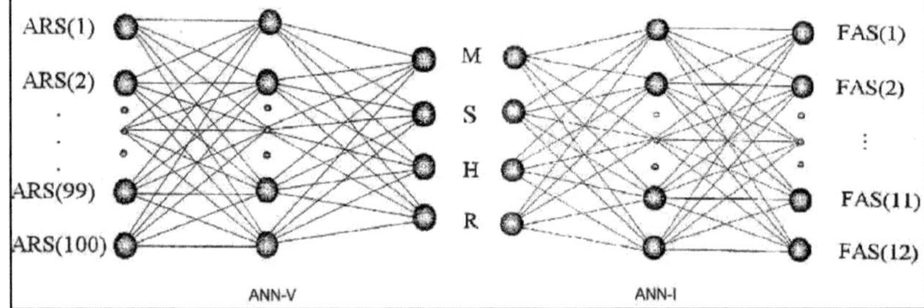

Figure.III. 22. Génération d'accélérogrammes (calcul de la transformé inverse de FAS) à partir des ordonnées spectrales en accélération (ARS)

La base de données d'apprentissage de l'ensemble des modèles neuronaux sont obtenus synthétiquement. La magnitude (M) est comprise entre 6 et 8, la distance épicentrale (R) entre 30 et 50 m, la profondeur focale (H) appartient à l'intervalle [1-30] m. Tandis que la classification de l'UBC (0, 1, 2) est utilisée. Cette base d'apprentissage contient 25 couples entrée/sortie. Dans touts les modèles, les auteurs ont utilisé une seule couche cachée. Le nombre de neurones dans cette couche est égal à la somme des neurones de la couche d'entrée et de sortie. Les conclusions tirées de cette étude sont les suivantes :

-   ANN-I dispose d'un avantage par rapport au modèle empirique car il peut faire le réapprentissage des nouvelles données enregistrées et s'adapter à ces données actualisées. De ce fait, ANN-I pourrait entièrement remplacer le modèle empirique pour générer le spectre d'amplitude de Fourier.

- Pour l'identification des paramètres (PSD), ANN-II a produit de grandes erreurs, l'ANN II génère de fonction DSP fortement non linéaire avec une bonne précision dans d'ensemble du contenu fréquentiel.

- ANN-III peut être utilisé pour remplacer la méthode non linéaire des moindres carrés pour l'estimation de la fonction d'intensité d'Arias.

- Les résultats des tests d'ANN-IV pourraient être meilleurs en considérant la réponse spectrale moyenne plutôt qu'un spectre de réponse.

- L'utilisation combinée de ANN-V et ANN-I (figure III.22) pourrait générer plusieurs accélérogrammes compatibles avec une valeur spécifiée de spectre de réponse même si cette tendance a besoin d'études supplémentaire.

La plupart des simulations ont montré des résultats satisfaisants. Néanmoins, les modèles neuronaux ont besoin d'une base de données d'apprentissages réelles et plus vaste.

III.4. Evaluation de l'effet de site 2D

Giacinto et al (1997) présentent les résultats de l'application des différents algorithmes de reconnaissance pour l'évaluation de l'effet de site 2D dans les structures géologiques réelles. La zone d'étude utilisée pour les expériences est liée à des structures géologiques bien connues représentant une vallée de forme triangulaire sur une assise rocheuse (figure III.23). Les performances obtenues par deux réseaux de neurones artificiels et deux classificateurs statistiques (Gausien et K-NN) sont comparées. Les avantages prévus par l'utilisation de ces méthodes qui permettent la combinaison de plusieurs classificateurs sont également discutées.

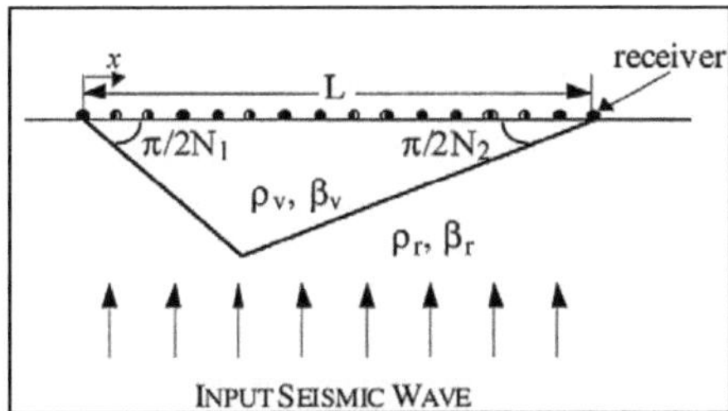

Figure.III. 23. Structure géologique qui représente une vallée triangulaire sur une formation rocheuse Les principaux paramètres susceptibles de donner une évaluation de l'effet de site 2D sur une vallée triangulaire sont : la géométrie de la vallée, la nature et les propriétés physiques et mécaniques du bassin sédimentaire et du substratum rocheux, l'amplitude maximale du signal sismique incident, son contenu fréquentiel et la position du site à étudier. Le degré de risque est classé en trois catégories : haut risque, moyen et faible risque. Pour ce faire, deux classificateurs statistiques sont utilisés à savoir K-NN : K-Nearest Neighbor et Gaussian (Fukunaga., 1990) ; ainsi que deux types de RNA PMC : Perceptron MultiCouche et le Réseau de Neurone Propabiliste PNN. Les données d'apprentissages sont générées numériquement.

Les PNN sont généralement utilisés pour des problèmes de classification. La première couche qui est un réseau à base radiale, donne une information sur la ressemblance entre la donnée d'entrée et le jeu de données utilisé lors de l'apprentissage. La deuxième couche produit comme sortie un vecteur de probabilité. Finalement, une fonction d'activation à la couche de sortie produit 1 ou 0.L'architecteur de ce type de RNA est illustrés sur les figures III.24.

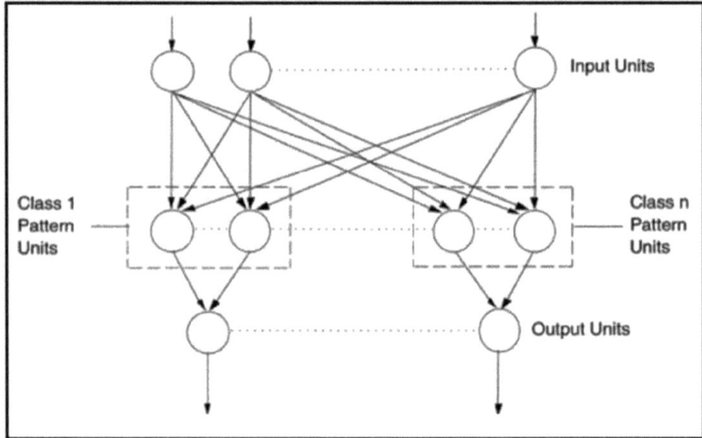

Figure.III. 24. Architecture d'un réseau de neurones probabiliste (PNN)

Les entrées des réseaux sont la position du récepteur x/L, N_1 et N_2 qui caractérisent les angles des deux extrémités, et la longueur d'onde normalisée λ/L, ($\lambda= \beta_v/f_0$), β_v est la vitesse de cisaillement moyenne dans les sédiments et f_0 la fréquence caractéristique de site. La sortie du réseau est caractérisée par le degré de risque (haut, moyen, faible). Le degré de risque est donné par l'utilisation combiné du PGA et I_a (les auteurs ne précisent par les seuils de la classification de risque !). La figure III.25 représente la précision d'apprentissage de chaque modèle.

Cette étude montre que le PMC représente le taux de précision le plus élevé pour les problèmes de classification et que ce taux ne dépend pas trop de la base de données initiale.

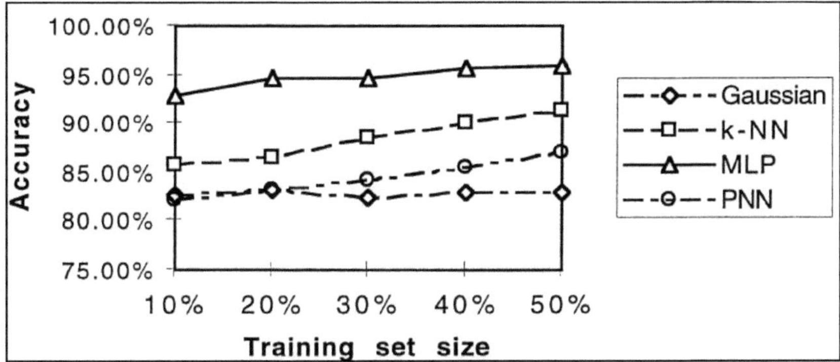

Figure.III. 25. Évolution de la précision de la classification en fonction de l'ensemble d'apprentissage de taille pour les algorithmes de classification pris en considération.

Conclusions

A la lumière des travaux cités dans ce chapitre, on peut conclure que les réseaux de neurones artificiels peuvent être utilisés pour estimer les paramètres caractérisant les mouvements sismiques et ce à la place des méthodes conventionnelles. L'utilisation de la technique neuronale s'avère intéressante quand le nombre des variables prises en compte est élevé et quand la base de données est petite par rapport au domaine d'investigation (ex : KiK-Net par rapport a la surface du Japon). Les comparaisons effectuées entre les méthodes de régressions classiques et les RNA, par les différents auteurs, révèlent que ces dernières peuvent donner des approximations prometteuses.

Suivant les études évoquées dans ce chapitre, les RNA de type MLP (qui sont faciles à mettre en œuvre) estiment bien les paramètres caractérisant le mouvement fort du sol (PGA, PGV, Sa,…paramètres de nocivité…etc). Ces quantités peuvent être prédites à partir des paramètres initiaux simples à déterminer tels que la magnitude, la distance épicentrale et les conditions de sites. Il est à préciser aussi que l'utilisation du logarithmique de la distance épicentrale et du chargement sismique à la sortie peut améliorer la convergence du modèle.

Au point de vue technique, et à l'issue de ces études antérieures, on peut conclure qu'une seule couche cachée peut être suffisante, ainsi que la fonction d'activation de type sigmoïde peut donner des meilleurs résultats. Dans le choix du nombre de neurones par couche cachée il n'y a pas de règle universelle sauf des techniques empiriques (Lee et Han., 2002). Une étape très importante lors de l'élaboration de n'importe quel modèle neuronal est la prise en compte du problème de sur-apprentissage et d'assurer que le modèle élaboré est stable (converge vers la même solution) quelque soit les valeurs initiales des poids synaptiques et des biais. Ces deux points ne sont pas vérifiés par la majorité des études évoquées dans le présent chapitre. Les recommandations données par les auteurs vont être prise en compte dans la suite de ce document. De ce fait, on va utiliser un RNA de type feed-forward (MLP) avec une couche cachée et une fonction d'activation sigmoïde. L'algorithme de la rétro-propagation du gradient est à préconiser pour l'apprentissage.

L'approche neuronale va être utilisée dans les chapitres suivants pour prédire les différents paramètres décrivant le mouvement sismique. Par le bais d'un sous-ensemble de la base de données du réseau dense KiK-Net. Des formes fonctionnelles (f.f) vont être élaborées en vérifiant qu'elles dépendent peu de la base de données initiale.

Les performances de ces f.f vont être évaluées par le calcul des SIGMAs, par la représentation graphique des résidus et par la vérification que ces résidus suivent une loi log normale.

Ces formes fonctionelles peuvent être utilisées par l'ingénieur. Pour atteindre cet objectif les f.f vont être données sous forme d'équations fonction des poids et des biais. La validation de ces équations va être effectuée en vérifiant que les modèles physiques sous-jacent es soient en concordance avec le comportement linéaire et non linéaire du sol lors d'une secousse sismique.

L'un des principaux objectifs de ce projet de recherche est de déceler le paramètre d'entrée qui contrôle le mieux le mouvement du sol. Deux paramètres peu utilisé dans les équations de prédiction du mouvement sismique vont être mise en évidence. Il s'agit de la fréquence de résonance du site et de la profondeur focale. La dernière étape de la validation de ces f.f est de les confronter avec d'autres f.f classiques trouvées dans la littérature.

Dans le chapitre suivant, on va élaborer le premier modèle neuronal qui va être consacré à l'estimation du taux de l'amplification sismique spectrale entre la surface et la profondeur.

Chapitre IV :

Prédiction du rapport spectral de puits pour quantifier l'amplification sismique locale

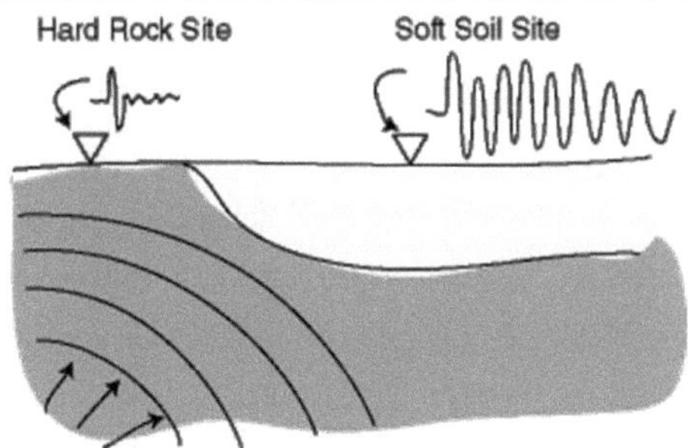

Introduction

Étant donné l'étendue des dégâts observés influencés par les effets de site (REF), ces derniers ne sont pas négligeables dans l'estimation du risque sismique. On parle d'effets de site lorsqu'il y a une différence du mouvement sismique entre un site de référence au rocher et un site à la surface libre souvent sur une géologie particulière. Ces effets se traduisent par une amplification de l'amplitude du mouvement sismique, par une modification du contenu fréquentiel et par une augmentation significative de la durée de l'excitation.

L'estimation des effets de site peut se faire de manière empirique (Borcherdt, 1970) en enregistrant des séismes à la fois sur une station de référence au rocher et sur une station au site à étudier. Le rapport spectral entre le spectre de réponse en surface et le site de référence donne la quantité de l'amplification pour chaque fréquence. Pour éviter des effets liés aux sources (types, azimuth…) une moyenne des rapports spectraux sur un ensemble de plusieurs événements permet de donner une estimation de l'effet de site. Cette moyenne, appelée aussi fonction de transfert, permet d'estimer la fréquence fondamentale du site.

Mais cette méthode empirique, malgré son efficacité, est loin d'être généralisée. En effet, d'une part elle nécessite d'être mise en place dans une région suffisamment active pour avoir des enregistrements et d'autre part son coût peut être relativement élevé surtout pour les pays en voie de développement. Cette situation a motivé d'autres approches : des approches numériques et le développement de modèles simples, basés sur des observations. Les approches numériques demandent une connaissance détaillée des caractéristiques géophysiques du site. Cette exigence est difficilement réalisable dans le cas d'étude à grande échelle, c'est pourquoi la plupart des codes parasismiques ont opté pour des modèles simples. Ces modèles donnent une estimation de l'effet de site principalement à partir de la vitesse moyenne des ondes de cisaillement sur les 30 premiers mètres, V_{s30}. Cependant, ce paramètre est très fortement critiqué par sa non représentativité de l'effet de site en particulièrement parce qu'il ne contient pas d'information à grande profondeur.

Face à cette critique, de nouvelles approches se développent pour donner une estimation de l'effet de site à partir de différents paramètres physiques du sol.

Des méthodes utilisant la régression empirique pour l'évaluation de fonctions de transfert sont de plus en plus utilisées étant donnée la disponibilité des données sismiques. On trouve dans la littérature l'équation de régression élaborée par (Cadet, 2007). Cette dernière propose une estimation de l'effet de site SAPE (pour Site Effect Estimation Prediction) à partir des paramètres physiques du site : V_{s30} combinée avec la fréquence fondamentale de résonance. La construction de la SAPE est basée sur les rapports de puits calculés sur les données du réseau japonnais accélérométrique KiK-Net. Le rapport de puits étant le rapport du spectre de réponse en surface sur celui au rocher en profondeur. Le rapport final de chaque site est défini par la moyenne logarithmique de tous les rapports spectraux de chaque événement, appelé BoreHole Response Spectral Ratio BHRSR.

Ces rapports spectraux ont été préalablement corrigés de l'effet de la profondeur (référence à la surface libre) et normalisés pour avoir une même impédance de vitesse (référence à 800 m/s).

Des hypothèses ont été utilisées pour la construction des SAPE, comme par exemple le pas d'échantillonnage en fréquence, la sélection des sites, la méthode de correction-normalisation. On se propose ici de donner une nouvelle estimation des effets de site (donc du BHRSR) à partir de paramètres physiques de site en utilisant une approche neuronale qui exploite les données de manière différente qu'une approche statistique classique.

L'objectif principal de ce chapitre est de quantifier –par les RNA- l'amplification sismique en estimant le spectre complet de la BHRSR à partir des paramètres dynamiques mesurés in-situ tel que la fréquence caractéristique de site f_0, les vitesses moyennes des ondes de cisaillement mesurées sur les premiers mètres V_{sz} à savoir V_{s5}, V_{s10}, V_{s20} et V_{s30} ainsi que la vitesse des ondes de cisaillement mesurée au fond du forage V_{zbh} et la profondeur du forage D_{bh}.

Le deuxième objectif de cette étude est de déterminer la sensibilité de chaque paramètre sur la BHRSR et de préciser quel est le paramètre ou le couple de paramètres qui représente le mieux cette amplification.

IV.I. Description de la base de données

Dans le cadre de l'élaboration des BHRSR, on a utilisé les données récoltées entre février 1998 et octobre 2004 (pousse et al., 2006), (Cotton et al., 2008) et (Cadet et al., 2010). Seules les données avec une magnitude M_w supérieure à 3.5, une profondeur focale inférieure à 25 km et une distance épicentrale R inférieur à 343 km sont utilisées.

Les distributions des magnitudes, des PGA enregistrés en surface et des distances épicentrales sont représentées sur la Figure.VI.1. La base de données utilisée représente donc une large gamme de distance, magnitude et PGA (Cadet, 2007).

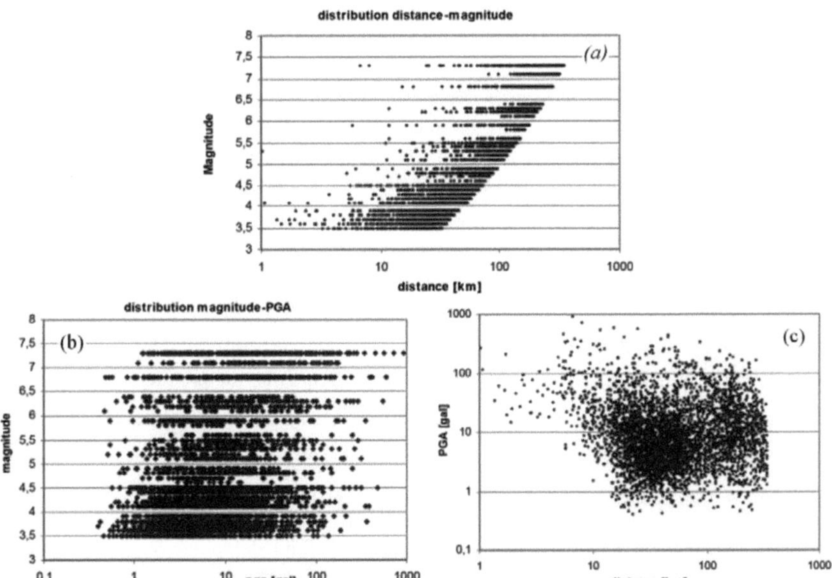

Figure.IV. 1. (a) Distribution de la magnitude en fonction de la distance ; (b) magnitude en fonction du PGA suivant les 3 directions (NS, EW et UP); (c) distribution de la PGA en fonction de la distance (Figures extraites de Cadet., 2007)

Le grand avantage de cette base de données est la disponibilité des profils de vitesse S et P pour chaque site. Ces profils de vitesse sont déterminés par la méthode down-hole. Cette méthode consiste à mesurer des temps de parcours entre une source en surface et un capteur à différentes profondeurs du forage. La détermination des temps de propagation des ondes P et S entre l'émission et la réception permet de calculer les vitesses moyennes des ondes P et S, connaissant les distances séparant les points d'émission et de réception. Cela représente un intérêt puisque nous allons principalement travailler sur des vitesses moyennes. Différents paramètres physiques des sites sont définis dans l'étude de Cadet (2007). Parmi eux la profondeur du fond de forage D_{BH}, la vitesse au niveau du fond de forage V_{zbh}, les moyennes des vitesses de cisaillement sur 100m, 50m, 30m, 20m, 10m et 5m de profondeur notées V_{s100}, V_{s50}, V_{s30}, V_{s20}, V_{s10}, V_{s5} respectivement.

Les V_{sz}, utilisées dans cette étude sont donné par la formule suivante :

$$V_{sz} = \frac{z}{\sum_{i}^{n} \frac{h_i}{V_{si}}} \qquad (IV.1)$$

Où :

Z représente la profondeur où la vitesse moyenne est calculée, h_i est l'épaisseur de la couche numéro i et V_{si} est la vitesse des ondes de cisaillement mesurée dans la couche i.

n : nombre de couches situées entre la surface et la profondeur Z.

La fréquence caractéristique (fréquence de résonance fondamentale) du site f_0, fut aussi déterminée comme nous allons le voir ci-après.

Par ailleurs et afin d'éliminer les sites dont les vitesses étant incorrectement estimées Cadet, 2007 a réalisé une sélection des sites. Pour cela, la fréquence fondamentale empirique f_{0e} est comparée à la fréquence de résonance fondamentale f_{0m} définie par la réponse numérique 1D estimée avec le profil de vitesse. La détermination de la fréquence fondamentale empirique f_{0e} a été sujet d'un soin particulier puisqu'elle est caractéristique de l'effet de site. En effet la bande de fréquence amplifiée commence à cette fréquence. f_{0e} est définie comme la fréquence du premier pic notable sur le rapport spectral de puits utilisant les spectres de Fourier. Des critères de similarités entre f_{0e} et f_{0m} permettent d'éliminer certains sites. A l'issue de cette étude 495 sites ont été conservés, sur lesquels les vitesses moyennes sont déterminées comme paramètres caractéristiques du site.

D'autre part, la valeur de f_{0e} est réaliste si le capteur en fond de forage se trouve bien sur le substratum rocheux. Dans le cas contraire, alors le rapport de puits n'est pas un bon outil pour déterminer la fréquence de résonance. Pour éviter cette erreur d'interprétation Cadet (2007) a utilisé un autre type de rapport : le rapport moyen des composantes horizontales sur la composante verticale des spectres de Fourier en surface, aussi appelé fonction récepteur, noté « H_F/V_F », F pour le spectre de Fourier. En pratique ce rapport moyen donne la fréquence fondamentale du site f_{0HV}. Seuls les sites montrant une similarité entre f_{0e} et f_{0HV} sont conservés. Avec ces conditions de sélections de site, Cadet, (2007) sélectionne 370 sites avec 3914 enregistrements, soient 23484 si on comptabilise les trois composantes des deux capteurs, en surface et en profondeur. Les accélérations maximales du sol sont comprissent entre 0.4 cm/s² et 927 cm/s². La bande passante des enregistrements est filtrées entre 0.25 (4 sec) et 25 Hz (0.04 sec).

Les rapports de puits font référence à un rocher en profondeur dont la vitesse varie d'un site à l'autre. Il n'y a donc pas de référence au rocher commune sur l'ensemble des BHRSR , c'est pour cela que les paramètres décrivant le site en profondeur sont introduits dans le modèle. Notons que parmi ces 370 il y en a 23 sur lesquels on ne dispose que d'un unique enregistrement (figure.IV.2).

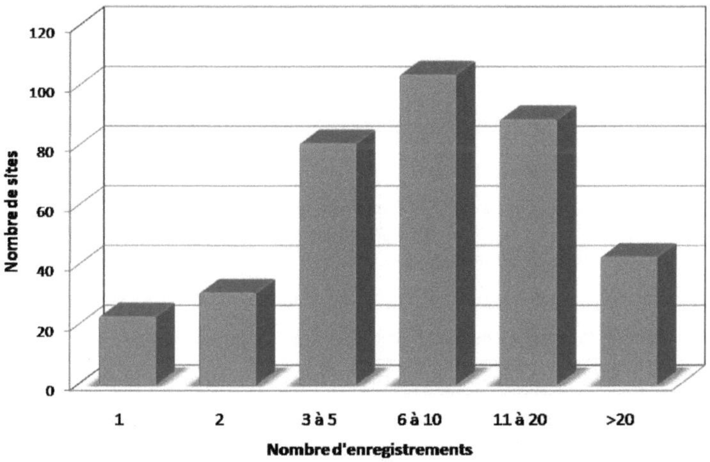

Figure.IV. 2. Distribution du nombre d'enregistrement par site

Dans les codes parasismiques l'effet de site est pris en considération par l'introduction des catégories de sols basées principalement sur V_{s30}, comme dans les codes de bâtiments UBC97 «Uniform Building Code, 1997 » et Eurocode 8 « normes européennes ». La figure IV.3 représente les 370 *BHRSR* pour différentes classes de V_{s30} sur la gamme de comprise entre 0.01 et 5 sec. Les courbes moyennes et ± l'écart type (σ) sont données pour chaque type de site. Dans cette figure les sites sont divisés en 4 classes suivant les bornes indiquées au dessous de chaque figure. On a modifié de peu la classification indiquée par l'Eurocode 8 et ce pour avoir plus de représentativité par rapport aux sols très mous et mous. Par exemple les sites où V_{s30} est inférieure à 180 m/s sont seulement au nombre de 7. Ce seuil est donc décalé vers V_{s30} = 200 m/s pour avoir un nombre de sites égal à 13 figure IV.3(d). Pour les sites considérés comme des sites mous on à 147 sites figure IV.3(c), 179 sites pour le sol ferme figure IV.3(b) et pour le sol rocheux on à 31 sites figure IV.3(a).

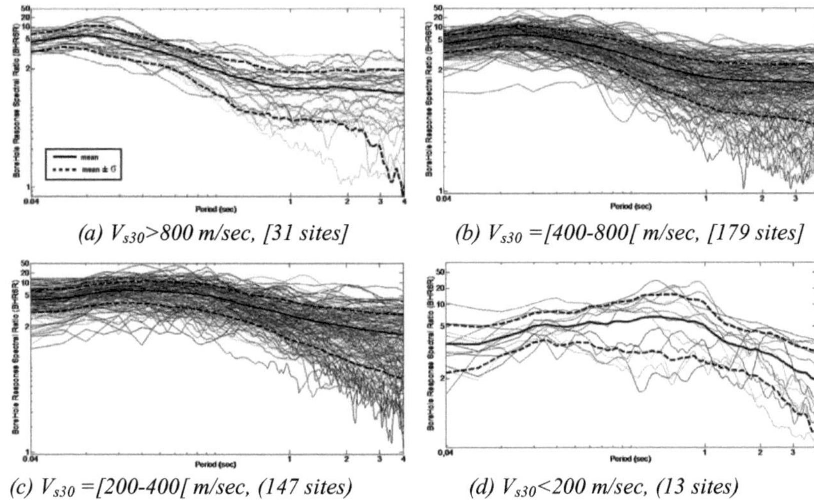

(a) V_{s30}>800 m/sec, [31 sites]   *(b) V_{s30} =[400-800[m/sec, [179 sites]*

(c) V_{s30} =[200-400[m/sec, (147 sites)   *(d) V_{s30}<200 m/sec, (13 sites)*

Figure.IV. 3. Présentation graphique des BHRSR en fonction de la période suivant V_{s30} ainsi que la moyenne de BHRSR ± écart type (σ)

A partir de cette figure on peut remarquer que, pour les quatre classes, il y a des sites qui amplifient le signal sismique plus que les autres et ce quel que soit le type de sol. A titre indicatif l'amplification maximale pour l'ensemble des sites très mous (d) voisine le 29,68 et est égale à 44,19 pour les sites mous (c), tandis que ce pic vaut 45,86 pour les sites fermes (b) et 21.68 (a) pour le site rocheux. Ces pics d'amplification en revanche sont localisés autour d'une gamme de fréquences autour de la fréquence d'amplification théorique. La bande de fréquence amplifiée est plus large s'il s'agit d'un site très mou ou mou. Cette bande de fréquence diminue au fur et à mesure que la rigidité du sol augmente.

Pour mieux voir là où l'amplification est plus significative on a opté pour une présentation 3D dans laquelle les BHRSR sont en fonction de V_{s30} et de la période (figure.IV.4).

A la lumière de cette analyse menée sur les données KIK-net, 7 paramètres d'entrée ont été sélectionnés, à savoir la fréquence caractéristique du site f_0, la profondeur du fond de forage D_{BH}, la vitesse au niveau du downhole V_{zbh}, les moyennes des vitesses de cisaillement V_{s30}, V_{s20}, V_{s10}, V_{s5}.

IV.2. Procédure d'élaboration du modèle neuronal ANN1

Nous avons vu dans le chapitre II que la méthode neuronale est parcimonieuse si le nombre de variables dépasse 2 et c'est bien le cas ici. Cependant l'utilisation d'une telle méthode pour l'approximation de la fonction (BHRSR) nécessite la vérification des points suivants :

1.   Choisir la méthode d'ajustement et de régularisation pour éviter le problème de sur-apprentissage. La méthode utilisée est une méthode hybride. En combinant la méthode de régularisation par pénalisation et celle de l'arrêt prématuré (chapitre II).

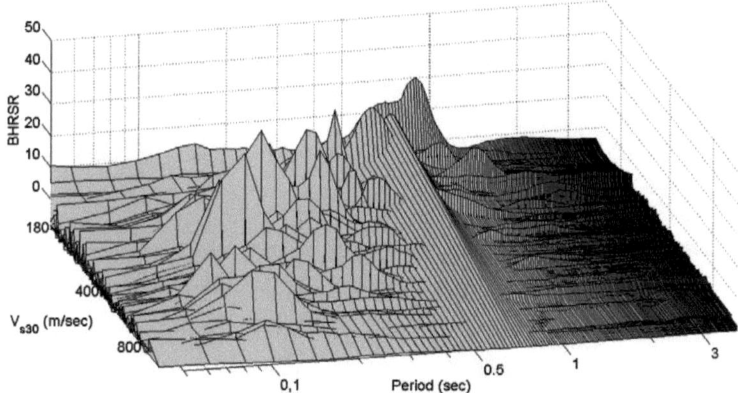

Figure.IV. 4. BHRSR en fonction de la V_{s30} et la période

2.   Choisir une architecture, des fonctions d'activation et un algorithme d'apprentissage préliminaires. Dans ce contexte un RNA à une seule couche cachée avec un nombre de neurones égal à 20 ainsi qu'une fonction tangente hyperbolique dans la couche cachée et de sortie sont adoptés. L'algorithme d'apprentissage utilisé est la rétro-propagation du gradient à pas (chapitre II).

3.   Mener des tests de l'influence des paramètres de site sur le BHRSR, afin de sélectionner les paramètres indépendants pertinents à conserver.

4.   Faire une étude critique sur les différentes fonctions d'activation usuelles,

5.   Utiliser la méthode d'apprentissage adéquate pour une convergence rapide et stable du modèle.

6.   Choisir le nombre de neurones optimal au niveau de la couche cachée,

IV.2.1. Méthode hybride (validation croisée et régularisation)

Un problème qui apparaît lors d'un apprentissage est le problème du sur apprentissage. Des méthodes existent pour optimiser la phase d'apprentissage afin que le phénomène de sur-apprentissage disparaisse (chapitre II). Dans le présent modèle neuronal, ce problème est pris en compte par la méthode de régularisation par modération des poids :

$$MSEREG = \gamma.MSE + (1 - \gamma).MSW \tag{IV.2}$$

$$MSW = \frac{1}{m}(\sum_{i=1}^{N}\sum_{j=1}^{H}W_{ij}^{h} + \sum_{i=1}^{H}\sum_{k=1}^{M}W_{jk}^{o})^2 \qquad\qquad (IV.3)$$

m est le nombre des poids synaptique dans le RNA. m=$H(N+M)$

N : représente les paramètres d'entrée, H le nombre de neurones dans la couche cachée et M les neurones dans la couche de sortie. W_{ij}^{h} représente le poids synaptique dans la couche cachée (h) entre le neurone i et j. tandis que W_{jk}^{o} est le poids synaptique dans la couche de sortie (o) entre le neurone j et k

Dans l'équation IV.2 γ est appelé paramètre de régularisation. Dans cette étude γ est pris égale à 0.5 est ce après plusieurs test. Ce qui donne le même poids aux MSE et MSW.

Par ailleurs, pour avoir une convergence plus rapide du modèle, on a combiné la technique de régularisation éq.IV.2 à celle de l'arrêt prématuré. Cette dernière consiste à diviser la base de données disponible en trois lots distincts. Le premier lot qui contient 70 % de la base de données initiale sert à entraîner le réseau de neurone. Le second lot (de 15 % de la BD de départ) sert à la validation du réseau (les deux lots sont choisi aléatoirement). La MSEREG de validation doit normalement diminuer au cours du processus d'apprentissage (la variance diminue). Mais quand le réseau commence à apprendre par cœur (le biais augmente, alors l'erreur de validation recommence à croître), on arrête alors la phase d'apprentissage. Le troisième lot de test (15% des données initiales) sert à vérifier que la généralisation est correcte.

La distribution des données gardées pour le test sont choisis de telle façon qu'elles représentent toute la gamme V_{s30} (Figure.IV.5).

La figure.IV.6 donne un exemple de l'évolution des performances (diminution de la fonction de coût) d'apprentissage, de la validation croisée effectué sous Matlab. L'apprentissage est interrompu lorsque l'erreur (MSEREG) de la validation croisée augmente de manière continue dans 6 époques successives (de l'époque 33 à 39).

Après avoir choisi la méthode de régularisation, l'étape suivante sera la quantification de l'influence des paramètres de site sur la BHRSR.

IV.2.2. Influence des paramètres d'entrée sur la performance du modèle

Pour mener à bien ce test, les paramètres de site : f_0, V_{s30}, V_{s20}, V_{s10}, V_{s5}, V_{zbh} et D_{BH} sont combinés et présentés au RNA, pour obtenir à la fin 8 RNA. Les outputs regroupent 199 neurones, correspondant aux 199 valeurs spectrales pour 199 périodes répartis d'une façon logarithmique entre 0.04 s et 4 s. Ces valeurs spectrales sont données en $\log_{10}$(BHRSR). On utilise le $\log_{10}$ afin de réduire la non linéarité dans le modèle et également eux on a affaire ayant une distribution log normale. Les tests sont effectués avec 20 neurones, en utilisant le même type de fonction : tangente hyperbolique pour la couche cachée et la couche de sortie. La mise à jour des poids synaptiques est réalisée par paquets (chapitre II). La toolbox « Neural networks » de Matlab est utilisée pour l'élaboration de ce modèle.

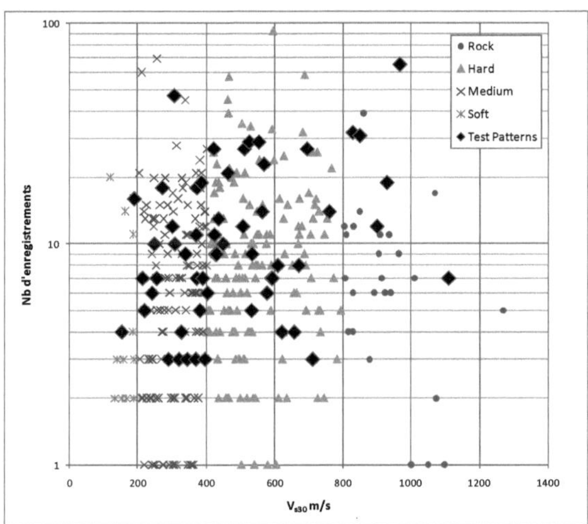

Figure.IV. 5. Répartition de la base de données suivant V_{s30}

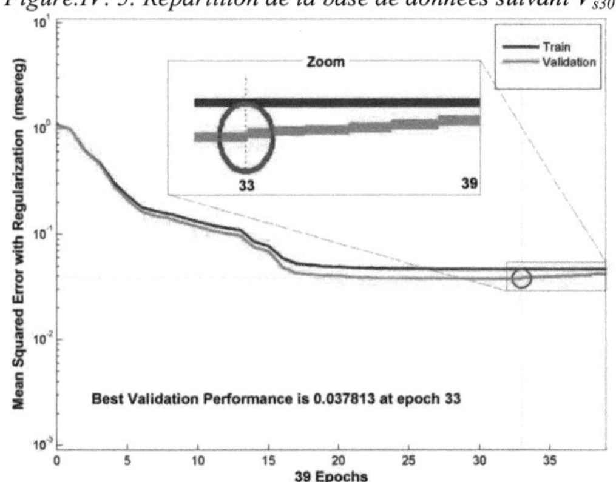

Figure.IV. 6. Exemple de l'évolution de la MSEREG d'apprentissage (rouge) de validation croisée (vert) et de la partie test (rouge)

Il est à noter que La normalisation et la dénormalisation sont effecuées en utilisant les équations II.24, II.25 et II.26.

Afin de déceler les paramètres qui contrôlent le mieux la BHRSR, deux outils statistiques de mesure de performance sont utilisés. A savoir le coefficient de corrélation (R_c) eq.II.38 et l'écart type (SIGMA=$\sqrt{MSEREG}$) eq.II.36.

Les valeurs de ces deux coefficients sont représentées sur le tableau.IV.1.

	Validation croisée		Test	
	SIGMA	R_c	SIGMA	R_c
$f_0 + V_{zbh}$	0.163	0.694	0.179	0.598
$f_0 + V_{s30}$	0.160	0.705	0.180	0.613
$f_0 + D_{BH}$	0.157	0.718	0.178	0.621
$f_0 + D_{bh} + V_{s30}$	0.155	0.728	0.177	0.621
$f_0 + D_{bh} + V_{zbh} + V_{s30}$	0.148	0.754	0.177	0.622
$f_0 + D_{bh} + V_{zbh} + V_{s30} + V_{s20}$	0.148	0.755	0.177	0.628
$f_0 + D_{bh} + V_{zbh} + V_{s30} + V_{s20} + V_{s10}$	0.148	0.755	0.177	0.633
$f_0 + D_{bh} + V_{zbh} + V_{s30} + V_{s20} + V_{s10} + V_{s5}$	0.147	0.760	0.176	0.648

Tableau.IV. 1. Influence des combinaisons de paramètres sur la fiabilité du modèle

Le tableau.IV.1 montre que les V_{s20}, V_{s10} n'ont pas vraiment une contribution significative sur la diminution de l'écart type et l'augmentation du coefficient de corrélation. Pour la validation croisée le SIGMA reste constant autour d'une valeur égale à 0.149, et 0.75 pour le R_c. Même remarque pour la phase test. En outre, la vitesse des ondes de cisaillement sur 5 mètres de profondeur V_{s5} peut être écartée ; car sur cette profondeur on n'a pas vraiment un sol naturel mais généralement du remblai ce qui engendre des incertitudes sur la mesure de la vitesse moyenne.

A la lumière de ce résultat les $f_0 + D_{bh} + V_{zbh} + V_{s30}$ vont être les entrées du modèle neuronal BHRSR.

IV.2.3. Choix de la fonction d'activation

Le choix de la fonction d'activation est une étape importante dans l'élaboration d'un modèle neuronal, puisque c'est cette fonction généralement non linéaire qui traite la base de données et donne la forme fonctionnelle au modèle physique final.

Dans cette étude un RNA à une couche cachée est adopté. Le choix de la fonction d'activation se fait pour la couche cachée et la couche de sortie.

Pour ce faire 4 RNA ont été construits en utilisant différentes fonctions d'activation en gardant les mêmes paramètres d'entrée jugés nécessaire au contrôle de la BHRSR, à savoir : f_0, D_{bh}, V_{zbh}, V_{s30}. Les résultats des tests sont illustrés dans le tableau.IV.2.

Fonction d'activation		Validation croisée		Test	
Couche cachée	Couche de sortie	SIGMA	R_c	SIGMA	R_c
Sigmoïde	Sigmoïde	0.290	0.503	0.231	0.536
Sigmoïde	Linéaire	0.153	0.740	0.177	0.616
Tangente hyperbolique	Tangente hyperbolique	0.149	0.755	0.178	0.624
Tangente hyperbolique	Linéaire	0.148	0.754	0.177	0.622

Tableau.IV. 2. Etude comparative sur l'influence de la fonction d'activation sur les BHRSR

La fonction Tangente hyperbolique dans la couche cachée et linéaire dans la couche de sortie semble la combinaison la plus adaptée pour le calcul de la BHRSR parmi l'ensemble présenté sur le tableau.IV.2 (si nous considérons la simplicité et la rapidité de convergence que représente la fonction linéaire par rapports aux fonctions sigmoïdes). En plus cette dernière convergence plus rapide.

IV.2.4. Choix du type de l'algorithme de la rétro-propagation du gradient

Dans cette section on a essayé de voir l'influence de la méthode de la rétropropagation de gradient d'erreur (RB) sous plusieurs versions pour l'estimation de la BHRSR et sur la complexité du RNA en calculant l'AIC (eq.II.40) et avec la prise en considération du temps de convergence.

Le tableau.IV.3 représente la performance les algorithmes de (RB) les plus usuels (chapitre II) ainsi que le calcul de SIGMA, R_c et de l'AIC pour la validation croisée et le test.

Le tableu.IV.3 montre que le 'trainscg' est l'algrithme qui est le plus adapté à l'estimation du BHRSR. Il donne un SIGMA plus petit que les autres algorithmes avec un temps de calcul de l'ordre de 34 sec et d'un AIC plus faible. Cet algorithme a prouvé son efficacité pour les RNA de grande taille et peut remplacer le célèbre algorithme trainlm qui demande un espace mémoire considérable. Malgré l'utilisation du serveur d'ISTerre l'algorithme trainlm diverge et affiche un message d'erreur : Out of memory error. Pour qui est de l'autre algorithme de deuxième ordre trainbfg, le temps de convergence est considérable (plus de 3 heures) et le SIGMA est plus grand que le trainscg

Par ailleurs, Beale, et al (2010) montrent que les algorithmes de gradient conjugué, en particulier le trainscg, semblent fonctionner pour les réseaux avec un grand nombre de poids. L'algorithme trainscg est presque aussi rapide que l'algorithme LM sur des problèmes d'approximation de fonction (plus rapide pour de grands réseaux). La performance de trainscg ne se dégrade pas aussi rapidement comme la performance de trainrp. Les algorithmes de gradient conjugué ont des exigences relativement modestes en mémoire.

Notation	Algorithme	Appellation	SIGMA		Nombre d'époque	Temps d'apprentissage (min)	Criètre d'AIC
			Validation croisée	test			
LM	trainlm	Levenberg-Marquardt	Out of memory error (mémoire insuffisante)				
BFG	trainbfg	BFGS Quasi-Newton	0.167	0.213	70	3 heures 23 mn	7252.1
OOS	trainoss	One-step secant Backpropagation	0.151	0.185	113	50 sec	7208.2
RP	trainrp	Resilient Backpropagation	0.148	0.178	294	56 sec	7198.5
SCG	trainscg	Rétropropagation du gradient conjugué	0.148	0.177	91	34 sec	7198.1
GDX	traingdx	Apprentissage à pas variable	0.158	0.197	211	38 sec	7224.5

Tableau.IV. 3. Sensibilité des Différents algorithmes de RB à l'estimation du BHRSR

A la lumière de ce test, on peut utiliser l'algorithme de la rétropropagtion de gradient conjugué comme une méthode alternative à celles de l'algorithme de Levenberg-Marquardt et de BFGS Quasi-Newton. Le trainscg va être utilisé comme une méthode d'apprentissage et d'approximation de la fonction BHRSR. Les poids synaptiques obtenus vont servir à l'évaluation de l'influence de chaque paramètre de site sur le rapport spectral surface/profondeur.

IV.2.5. Choix du nombre de neurone

La dernière étape avant de prononcer le modèle neuronal final est celle du choix du nombre de neurones dans la couche cachée. Le but du présent modèle est de le faire converger vers la fonction BHRSR enregistrée sur un site donné en minimisant le nombre de degrés de liberté dans le RNA représenté par le poids synaptiques. Donc c'est un compromis entre la précision de l'approximation et la complexité du modèle. A cet égard, le SIGMA pour la validation croisée (VC) et le test et les deux critères d'AIC et de MDL (chapitre II) sont utilisés.

Les figures IV.7 et IV.8 représentent respectivement les valeurs des SIGMA calculées pour un RNA à 5, 10, 20, 40, 60, 100 et 200 neurones. La raison pour laquelle nous avons calculé le SIGMA même pour la phase test est de s'assurer que le modèle neuronal garde l'aspect de généralisation des résultats, donc de vérifier que l'écart entre l'erreur de la VC et le test n'est pas trop important. A cet effet, le RNA sélectionné est celui qui présente un faible écart entre la VC et le test. Cela correspond à un nombre de neurone égal à 5 (Figure.IV.7).

C'est ce même réseau de neurones qui donne un AIC = 1050 et un MDL = 1830 (figure.IV.8), sont les valeurs les plus petites. Le nombre de poids synaptiques (K) pour ce RNA est égal à 1015, soit : $K_1 = (4+199) \times H$. contre un $K_2 = 40600$ si on utilise un RNA avec un H = 200. Soit un $K_2/K_1 = 40$.

La figure.IV.8 nous montre aussi que l'AIC est plus faible que le MDL. Et que l'AIC et MDL donnent les mêmes types d'informations. Donc dans la suite de cette thèse seul l'AIC va être utilisé.

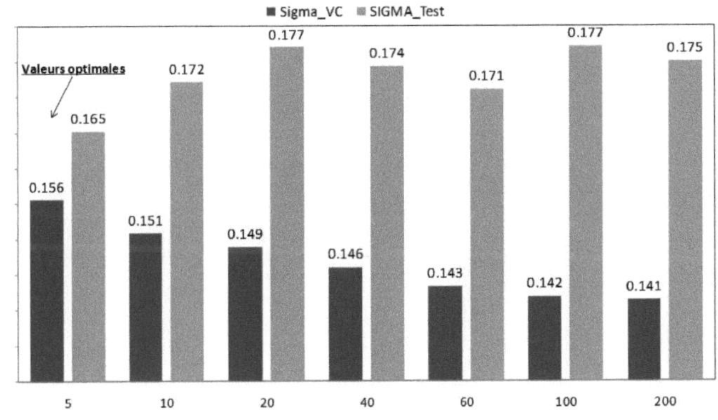

Figure.IV. 7. SIGMA de la VC et du test en fonction de H : nombre de neurones

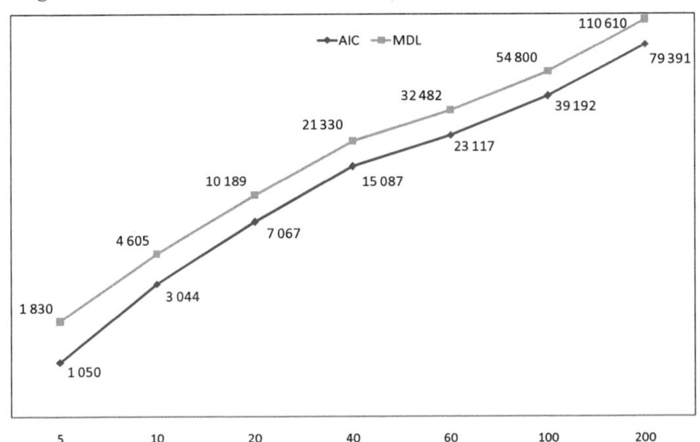

Figure.IV. 8. Critères d'AIC et de MDL vis-à-vis au nombre de neurones (H)

Au terme de ces 5 étapes, qui nous ont permis de choisir le modèle neuronal, on peut décrire les caractéristiques du RNA utilisé pour l'estimation de la BHRSR. La topologie du RNA est illustrée sur la figure.IV.9. C'est un RNA de type Perceptron multicouche qui contient 4 paramètres d'entrée censés caractérisés l'effet de site à savoir : f_0, D_{bh}, V_{zbh} et V_{S30}. Nous avons testé les performances du modèle avec le $\log_{10}$ des variables d'entrée, cela n'améliore pas significativement les performances, donc les valeurs sans $\log_{10}$ sont conservées. 5 neurones dans la couche cachée, 199 neurones dans la couche de sortie représentent les 199 valeurs de la BHRSRS en prenant un intervalle de période compris entre 0.04 à 4 sec. La fonction d'activation de type sigmoïde tangente hyperbolique est utilisée pour la couche cachée et la fonction linéaire pour la couche de sortie. L'algorithme d'apprentissage adopté est la rétropropagation du gradient conjugué.

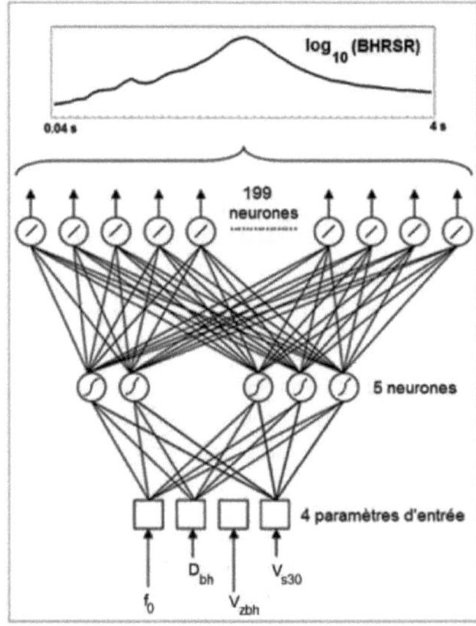

Figure.IV. 9. Modèle neuronal adopté pour l'estimation de la BHRSR

IV.3. Discussions des résultats

Le SIGMA total qui est égal à 0.156 donne une idée de l'erreur totale entre les valeurs BHRSR estimées et celles enregistrées. La détermination de la distribution et de la variation des erreurs (résidus) en fonction des paramètres de sites est primordiale avant de pouvoir utiliser le modèle neuronal. Il faut s'assurer donc de la stationnarité du modèle, et que l'estimation de la BHRSR est non biaisée au moins au cœur du modèle, c'est-à-dire là où on a suffisamment de données.

Le résidu e est défini comme suit :

$$e = \log_{10}(\frac{BHRSR_{RNA}}{BHRSR_{enregistré}})$$

(IV.4)

La représentation graphique de « e » en fonction des paramètres de site (toutes périodes confondues) est donnée sur la figure.IV.10.

La plupart des résidus sont compris entre -0.8 et 0.6. On voit également que le processus est stationnaire et qu'il y a présence de biais faible aux limites du modèle, dans ce domaine les données sont limitées.

Par ailleurs, il sera intéressant de vérifier que le simulateur neuronal suit une loi log normale. Dans ce contexte la distribution normale est réalisée pour les périodes suivantes : 0.06, 0.1, 0.2, 0.5, 1.0 ,2.0 sec. Pour ces périodes l'intervalle de validité du modèle est représenté. Cet intervalle est compris entre -3×SIGMA et 3×SIGMA.

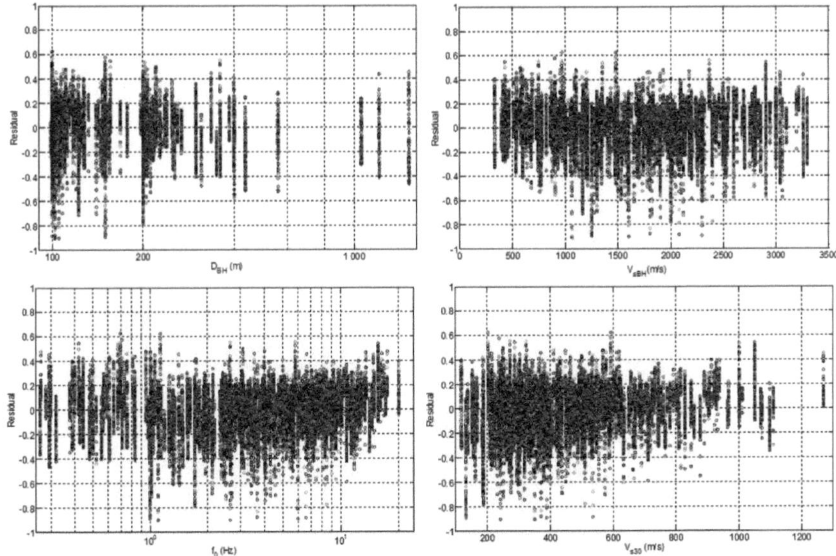

Figure.IV. 10. Résidus en fonction des paramètres de site

La représentation cumulée de la loi normale est illustrée sur la figure.IV.11.

Les résidus correspondent à la période 0.06 sec semblent suivre presque totalement une loi log normale hormis au niveau des deux queues du modèles ce qui est normales vue le manque de données. La même remarque reste valable pour une période égale à 0.1 sec. L'intervalle de confiance de la loi log normale se rétrécit avec l'augmentation de la période. On voit ça pour une période égale à 0.5, et 1 sec. Puis ce niveau de confiance augmente en allant vers les grandes périodes, par exemple pour une période = 2 sec.

La vérification que le modèle suit une distribution normale est suivie généralement par le calcul des deux coefficients d'asymétrie Skewness S(T) et d'aplatissement Kurtosis K(T), définis comme suit :

$$S(T) = \frac{\dfrac{1}{n}\displaystyle\sum_{i=1}^{n}(e_i - \bar{e})^3}{\left(\sqrt{\dfrac{1}{n}\displaystyle\sum_{i=1}^{n}(e_i - \bar{e})^2}\right)^3} \qquad\qquad \text{IV.4}$$

$$K(T) = \frac{\dfrac{1}{n}\sum_{i=1}^{n}(e_i - \bar{e})^4}{\left(\sqrt{\dfrac{1}{n}\sum_{i=1}^{n}(e_i - \bar{e})^2}\right)^4} \qquad\qquad \text{IV.5}$$

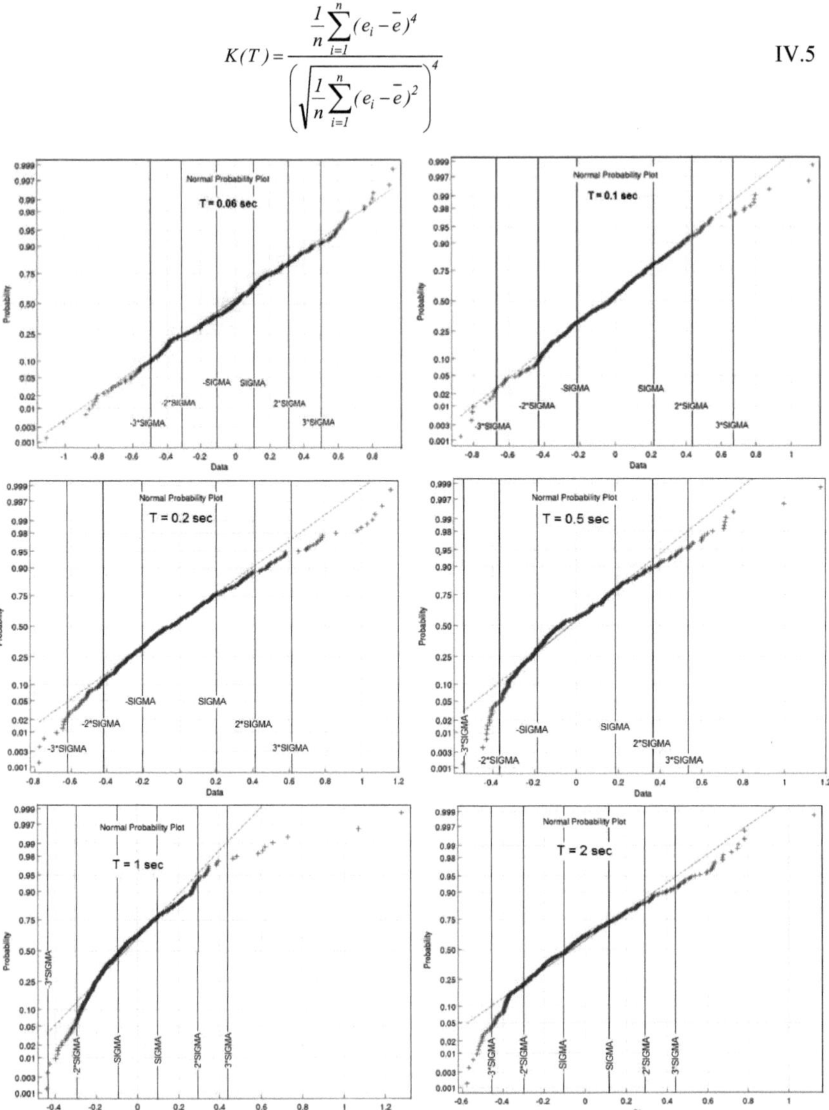

Figure.IV. 11. Distribution normale idéale en trait rouge et celle du modèle en point bleus.

e_i est le résidu au site i allant de [1 à n] et $\bar{e}$ la moyenne de l'ensemble des résidus pour une période T donnée.

Les valeurs de ces deux coefficients sont représentées dans le tableau.IV.4.

Période (sec)	Skewness (S) S idéal = 0	Kurtosis (K) S idéal = 3	SIGMA
0.06	-0.047	2.752	0.166
0.1	0.292	3.318	0.219
0.2	0.599	3.328	0.209
0.5	0.852	3.719	0.178
1	0.978	4.401	0.143
2	0.722	3.179	0.139

Tableau.IV. 4. Coefficients de S et K

Une lecture rapide du tableau.IV.4 montre que les deux coefficients S et K convergent vers les valeurs théoriques pour les basses et les hautes périodes. Tandis qu'ils divergent de ces valeurs optimales pour des périodes qui avoisinent 1 sec. C'est dans cet intervalle de périodes qu'on trouve l'amplification maximale de BHRSR.

IV.4. Test du modèle neuronal sur une base de données KIK-net indépendante (BD test)

IV.4.1. Représentation graphique des BHRSR

Pour voir les simulations en vraie grandeur, les courbes du rapport de spectre de réponse BHRSR (enregistrés et estimés) pour chaque site de la base de données test enregistrées et estimées sont tracées sur le même graphisme. Il en sort 56 graphes de BHRSR en fonction de la période (figure.IV.12).

La figure.IV.12 montre que les BHRSR estimés, dans la majorité des cas convergent vers les BHRSR enregistrés. On cite comme exemple les sites : 30, 39 et 52. Pour lesquelles les fonctions estimées sont proches de celles observées. La convergence ou la divergence du modèle neuronal dépendent essentiellement de la ressemblance existante entre la base d'apprentissage et celle de test. Les BHRSR sont donc sous estimés ou surestimés dans la plupart des cas mais l'estimation du contenu fréquentiel est acceptable, hormis pour quelques sites. Le coefficient de détermination « R_c^2 » de son coté est suffisamment grand pour valider le modèle. Le SIGMA est faible dans la plupart des cas ce qui augmente le niveau de confiance vis-à-vis de l'utilisation de RNA. Les paramètres de mesure de performance statistique (SIGMA et r^2) obtenus à l'issu de ce test montre que les valeurs spectrales générées par le RNA est en accord avec les enregistrements. Néanmoins il est à préciser que cet accord diminue en allant vers les pics de BHRSR.

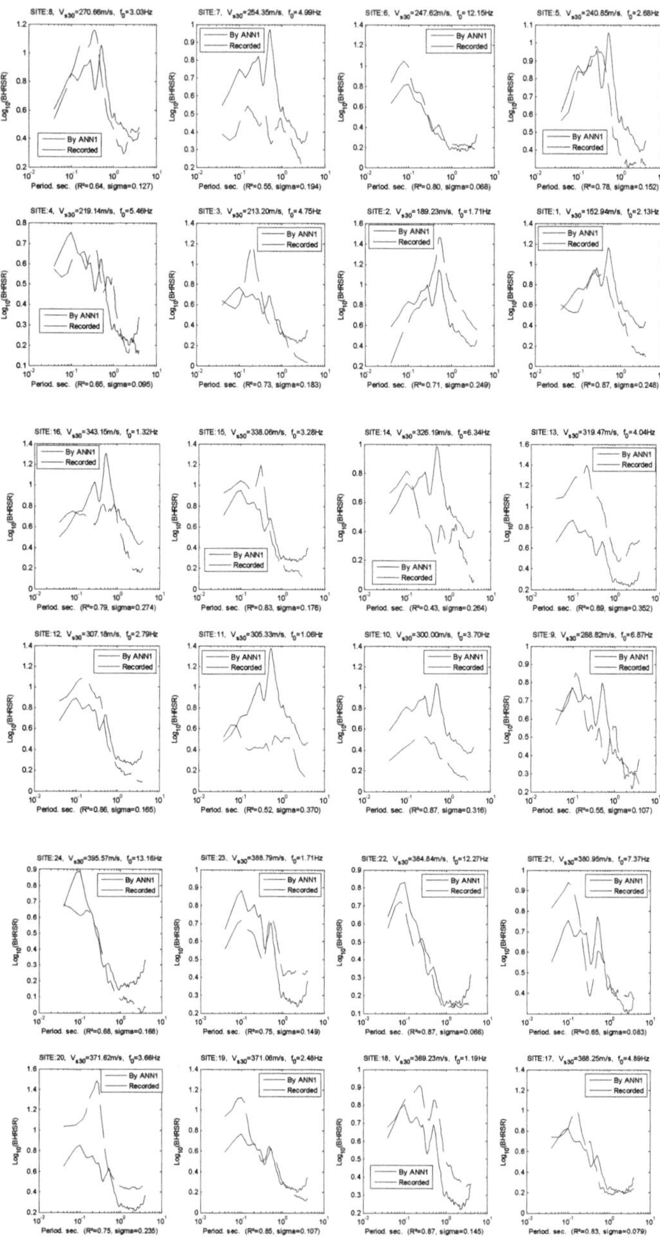

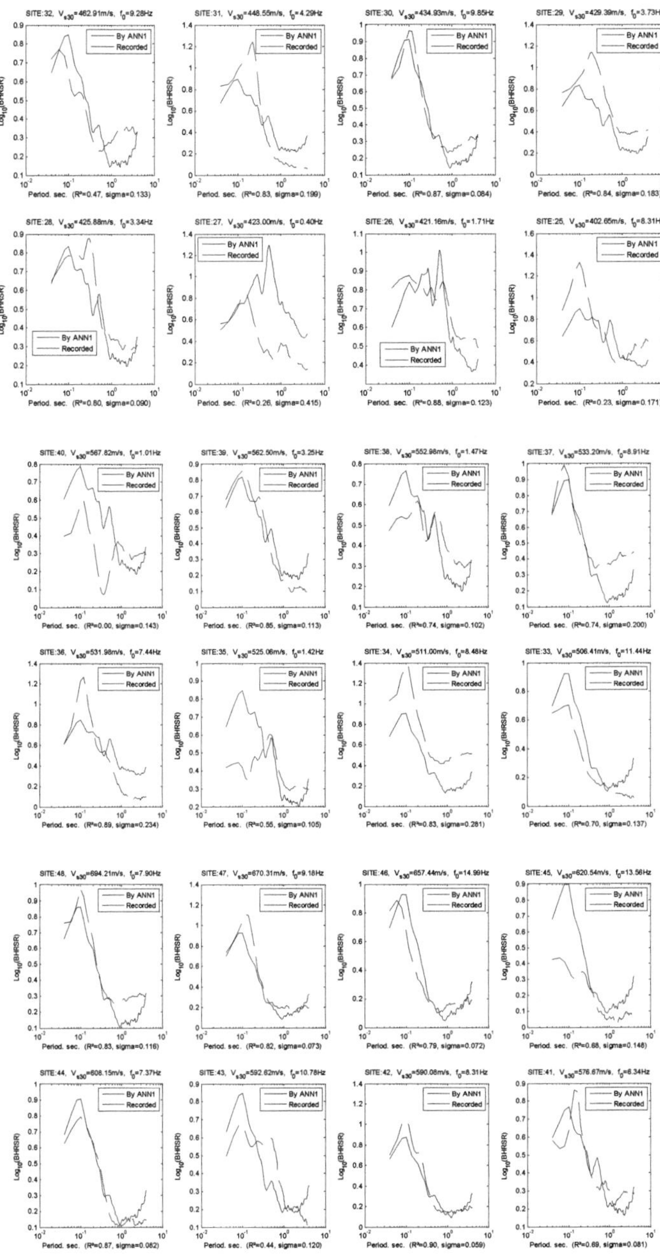

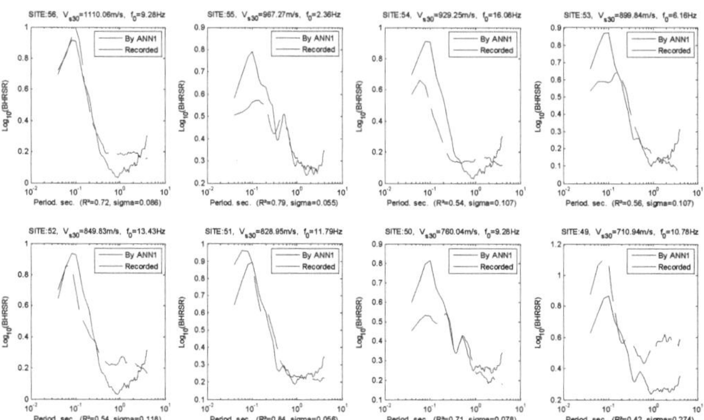

Figure.IV. 12. Courbes des rapports spectraux enregistrées et générées par le modèle neuronal

Par ailleurs il nous semble utile de comparer les courbes spectrales par classe de site, puisque c'est ce que l'on trouve dans les règles parasismiques en vigueur. Pour ce faire, on prend quatre sites : (a) rocheux, (b) ferme, (c) meuble, et (d) très meuble en suivant les mêmes bornes de V_{s30} données sur la figure.IV.3.

La figure.IV.13 montre les BHRSR générés et mesurés en fonction de la période. On rappelle que le type (a) contient 5 sites, 27 pour le type (b), 22 concernant le type (c) et 2 pour le (d)

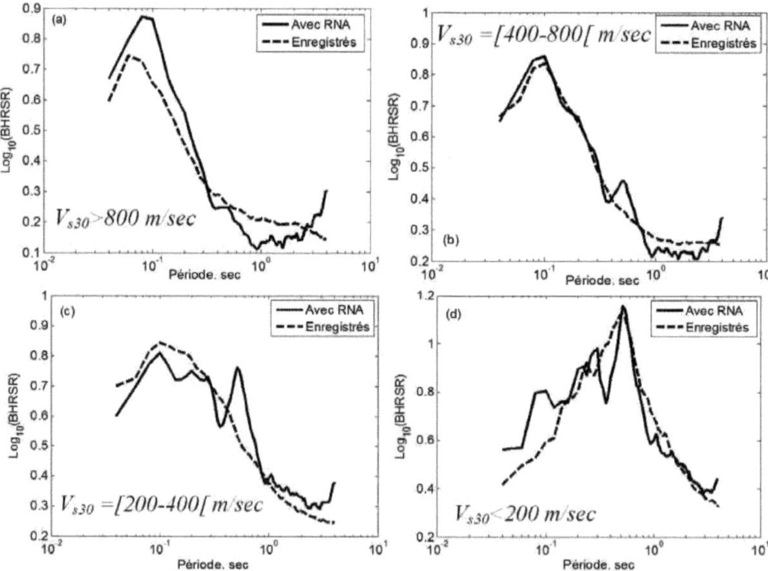

Figure.IV. 13. BHRSR moyennes enregistrées et générées pour les 4 classes de site en fonction de la période.

La figure.IV.13 exhibe le fait que les BHRSR moyennes pour une classification de site suivant V_{s30} simulés par RNA convergent vers ceux enregistrés. Le tracé est correct ainsi que le contenu fréquentiel. L'approximation des courbes spectrales par le modèle neuronal marche bien si on considère la moyenne des BHRSR pour une catégorie de site donnée. Ce résultat trouve son intérêt dans les règles parasismiques. Puisque ces dernières utilisent les sites dans ses classes (généralement suivant V_{s30}).

Mais il n'y a pas que ce paramètre de site qui contrôle le BHRSR on a aussi la fréquence de résonance f_0, D_{bh} et V_{zbh}.

IV.5. Exploitation du modèle neuronal

IV.5.1. Taux d'influence des paramètres de site sur les valeurs spectrales (BHRSR)

Après la phase d'apprentissage on obtient une matrice des poids de dimension $[Inp,H]$. Inp représente le nombre de paramètres d'entrée, Inp égal à 4. Tandis que le H est le nombre de neurones dans la couche cachée qui est égal à 5.

Les poids synaptiques qui relient les entrées et la couche cachée du réseau sont utilisés pour mesurer le taux d'influence en pourcentage de chaque paramètre et ce en calculant le taux synaptique de chaque paramètres P_i définie par :

$$P_i = \frac{\sum_{j=1}^{N_h} \left| w_{ij}^h \right|}{\sum_{i=1}^{N} \sum_{j=1}^{N_h} \left| w_{ij}^h \right|} \ (\%) \qquad\qquad IV.6$$

$w(i,j)$ représente le poids synaptique de connexion entre le i^{ème} neurone de la couche d'entrée et le j^{ème} neurone de la couche cachée.

La représentation graphique des résultats de ce calcul est indiquée sur la figure.IV.14.

Une lecture rapide de cette figure montre, que le facteur qui influe le plus sur les BHRSR est bien la distance verticale qui sépare le spectre de réponse en surface et celui en profondeur D_{bh}, $P_i(D_{bh}) =$ 39.99 %. Suivi respectivement par la vitesse moyenne sur 30 m de profondeur V_{s30} avec un P_i =28.42 % et la fréquence de résonance de site obtenue par la méthode H/V dont $Pi = 22.97$ %. Tandis que V_{zbh} donne un pourcentage faible égal à 8.61 %.

La profondeur minimale du capteur est de 100 m, donc en point de vu pratique l'utilisation de D_{bh} revient très couteuse. La meilleure solution est l'utilisation combinée de V_{s30} et de f_0. Avec ces deux paramètres l'effet de site et l'effet de la profondeur sont prisent en compte à 51.39 %.

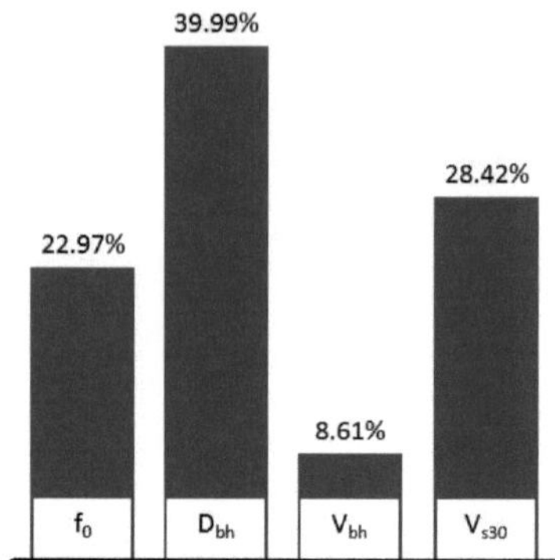

Figure.IV. 14. Sensibilité de BHRSR aux paramètres d'entrée, P_i est en (%)

IV.5.2. Effet de la profondeur et de site

Les Rapports spectraux classiquement utilisés pour la prise en compte de l'effet de site sont les rapports en surface (site/référence). Pour les sites de KiK-Net la référence est en profondeur (fond de forage). Ce n'est pas exactement le même rapport de spectres usuels. Le mouvement au rocher en profondeur n'est pas le même qu'au rocher en surface. Le premier contient en plus de l'effet de site l'effet de la surface libre. En effet avec des données réelles il est difficile de séparer les effets de surface libre des éventuels effets de site. Cadet et al., (2010), ont conclu que les rapports de spectres en forage montrent souvent des amplitudes plus élevées à partir d'une certaine fréquence.

De ce fait, le BHRSR calculé dans ce chapitre contient deux effets : de site et l'effet de profondeur. En utilisant le présent modèle neuronal, deux BHRSR sont générés, le premier est caractérisé par une f_0 = 2 Hz et une V_{s30} = 200 m/s ce qui représente un site meuble en surface. Le deuxième par une f_0 = 12 Hz et une V_{s30} = 800 m/s pour un rocher de référence en surface. D_{bh} = 100 m et V_{zbh} = 1500 m/s pour les deux sites. Pour éliminer l'effet de la profondeur et conservé l'effet de site, on divise BHRSR(2,200)/BHRSR(12,800). Le résultat de ce calcul est représenté sur la figure.IV.15.

La figure.IV.15 montre que le modèle neuronal prend en compte l'influence des conditions locales de site tel que f_0 et V_{s30} sur le mouvement sismique. En termes d'amplitude, on voit clairement que le BHRSR(2,200) amplifié plus que BHRSR(12,800) dans la plage des basses fréquences. Et inversement le BHRSR(8,800) amplifie plus s'il s'agit des hautes fréquences. Le BHRSR(2,200) maximal égale à 6.95 et est vaut 6.8 pour BHRSR(12,800). En plus, le contenu fréquentiel pour BHRSR(2,200) est beaucoup plus large que celui de BHRSR(12,800). Le premier pic du BHRSR(2,200) correspond à la fréquence de résonance du site, égale à 1.9 Hz. Tandis que la valeur spectrale maximale du BHRSR(12,800) est liée à la fréquence de résonance du site (12 Hz) et voisine le 12.5 Hz.

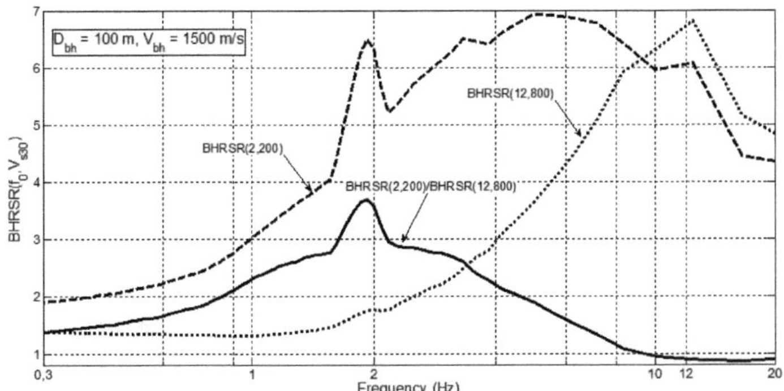

Figure.IV. 15. Amplification sismique et contenu fréquentiel donnée par le modèle neuronal

Ce résultat montre que le modèle neuronal prend en compte l'aspect physique de l'influence des conditions de site sur le mouvement sismique en surface.

Le rapport $\dfrac{BHRSR(2,200)}{BHRSR(12,800)}$ de son coté donne seulement l'effet de site (sans l'effet de la profondeur). Ce rapport trouve son maximum à une fréquence égale à 1.9 Hz pour une valeur égale à 3.7.

L'influence de la profondeur du capteur et la vitesse au niveau de ce dernier est analysée sur les graphes de la figure.IV.16. Premièrement, nous avons pris 4 valeurs de D_{bh} : 50m, 100m, 200m et 500m en gardant V_{zbh} constante 1500 m/s. Deuxièmement, nous avons varié V_{zbh} en utilisant 3 valeurs 800 m/s, 1500 m/s et 3000 m/s avec une profondeur constante égale à 200 m.

L'effet de la profondeur du capteur est présent sur la figure.IV.16. L'amplification de BHRSR(2,200) à 2 Hz est passée de 5 pour une profondeur égale à 50 m à 8 pour une D_{bh} = 500 m. Le site de référence (12,800) représente une sensible déamplification à la fréquence 12 allant de 7 pour une D_{bh} = 50m à 6.5 pour une D_{bh} = 500 m.

Nous pouvons voir l'influence de la vitesse au niveau du capteur sur l'amplification du site. Considérons la BHRSR(2,200), la réponse du site pour la fréquence de résonance 2 Hz est égale à 5.5 pour une V_{zbh} = 800 m/sec et à 8 pour une V_{zbh} = 3000 m/sec. Même remarque pour le site de référence (12,800), l'amplification a augmentée de 5.9 (V_{zbh} = 800 m/sec) à 9 pour une V_{zbh} = 3000 m/sec. Ces différences (de 5.9 à 8) sont dues à l'augmentation du contraste d'impédance.

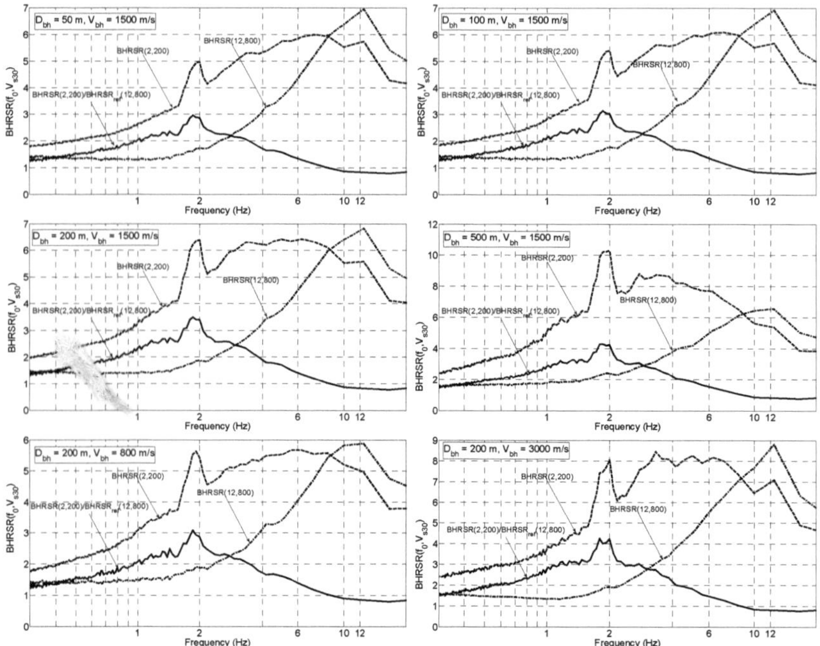

Figure.IV. 16. Effet de la profondeur et de la vitesse au niveau du capteur sur l'amplification sismique

Pour voir l'effet de ces deux paramètres sur Le rapport $\dfrac{BHRSR(2,200)}{BHRSR(12,800)}$, nous avons représenté ce dernier en utilisant la même échelle (figure.IV.17).

La première remarque en lisant la figure.IV.17 est que la valeur maximale du rapport est située au niveau de la fréquence de résonance 2 Hz. Deuxièmement, la différence du rapport entre 50 m et 100 m est petite, par contre elle est remarquable entre 200m et 500m, elle passe de 3.5 à 4.25. Troisièmement, la vitesse au niveau du capteur influe, là aussi, au tour de la fréquence de la résonance du site (2 Hz). Elle passe de 3.1 pour $V_{zbh} = 800$ m/sec à une valeur égale à 4.25 pour une $V_{zbh} = 3000$ m/ses ce qui indique la présence un effet du contraste.

A 2 Hz l'écart (en $\log_{10}$) entre la valeur maximale et minimale est égale 0.097. Cette valeur rentre dans le domaine d'incertitude du modèle neuronale dont le SIGMA = 0.156. Donc on peut dire que la profondeur du capteur D_{bh} et la vitesse de cisaillement au niveau du capteur V_{zbh} n'ont pas un effet considérable sur le site.

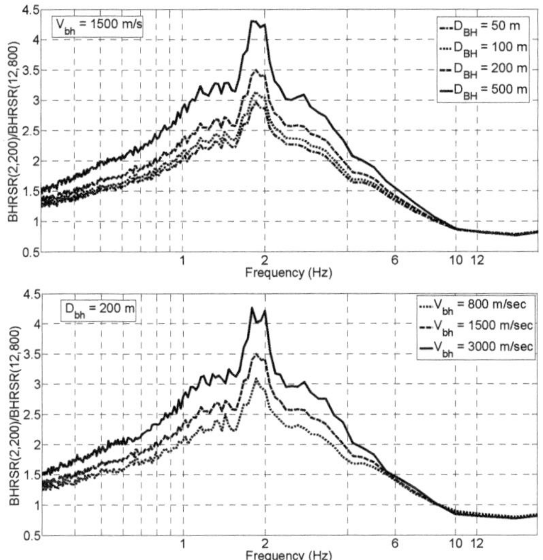

Figure.IV. 17. Influence de D_{bh} et V_{zbh} sur le rapport spectrale (surface /référence)

Conclusion

La nature géologique des terrains soumis aux séismes influe de façon capitale le mouvement sismique. Les séismes de Mexico, de Kobé, ont régulièrement rappelé l'importance des effets de site ; ceux de d'Agadir (1959), San Salvador (1986), d'Italie centrale (1997), d'Athènes (1999) nous ont aussi montré à quel point des séismes modérés (magnitude inférieure à 6) survenant en zone urbaine peuvent engendrer des dommages très importants.

Pour mesurer cet effet d'une manière précise, des accélérographes peuvent être installés en surface et sur un rocher. Le rapport entre les deux nous renseigne sur le taux d'amplification de site et son contenu fréquentiel. L'un des réseaux accélérométriques les plus performants : ses sites sont dotés d'une station à la surface et d'une autre au rocher en profondeur (le KiK-Net). Les caractéristiques géotechniques et géologiques de chaque profil (surface/profondeur) de ce réseau sont par ailleurs connues grâce à des mesures Down-Hole.

Or ce type d'installation se révèle très coûteux surtout pour les pays en voie de développement. Dans ces régions la reconnaissance de site est quasi-inexistante. Cette situation nous a motivé à simuler une fonction spectrale « BHRSR » qui caractérise l'effet de site en utilisant la méthode de réseau de neurones artificiels déjà présentée au chapitre II.

Le modèle neuronal élaboré nous donne le tracé complet du rapport spectral et ce à partir seulement des paramètres de site classiquement connus. Aucune forme fonctionnelle n'est exigée. Le RNA est capable de le déduire à partir de ces fonctions d'activation non linéaires et par le concept d'apprentissage, même si le nombre de données est limité.

Cette méthode donne une approximation acceptable de la fonction BHRSR, à condition de respecter les 5 étapes données en IV.2. L'un des problèmes connu lors de la construction du modèle neuronal, auquel il faut faire attention, est le sur apprentissage, lié au critère d'arrêt de l'apprentissage et au choix de nombre de neurones dans la couche cachée. Une méthode hybride qui combine la technique de l'arrêt prématuré et de régularisation est utilisée. Le SIGMA et les deux critères d'AIC et de MDL nous ont permis d'obtenir le nombre de neurones optimal qui est trouvé égal à 5. Le modèle neuronal élaboré dans le présent chapitre est caractérisé par ces 4 entrées : f_0, D_{bh}, V_{zbh}, V_{s30}. Ce modèle présente un SIGMA faible de l'ordre de 0.15. Le processus est stationnaire et le modèle suit une loi normale.

Le modèle neuronal construit dans le présent travail nous a permis de :

- Générer et tracer les rapports spectraux en tenant en compte de l'influence des conditions locales de site,
- Déterminer les paramètres pertinents qui caractérisent le mieux et le comportement du sol. Les 4 paramètres proposés « f_0, D_{bh}, V_{zbh}, V_{s30} » ont été testé par la méthode neuronale en calculant le taux synaptique (en %) de chaque paramètre. Il en résulte que le P_i du couple f_0 et V_{s30} -qui sont des paramètres utilisés dans les règles parasismiques en vigueur- représente plus de 51 %.
- Le modèle tient compte à la fois de l'amplitude des BHRSR et de son contenu fréquentiel. La figure.IV.15 montre l'influence de f_0 et V_{s30}.

En tenant compte de l'aspect pratique et de l'influence que représente f_0 et V_{s30} sur BHRSR, nous allons les utilisés dans la suite de cette thèse pour l'élaboration des modèles de la prédiction du mouvement du sol à la surface libre.

Les paramètres scalaires les plus utilisés pour présenter la réponse du sol sont le PGA et le PGV (chapitre I). Dans le chapitre suivant ces deux paramètres vont êtres déterminés et étudiés conjointement toujours en utilisant la méthode de réseau de neurones artificiels.

Chapitre V :

Prédiction des paramètres scalaires d'ingénierie caractérisant le mouvement vibratoire du sol

Introduction

La réduction du risque sismique sur les constructions passe par une meilleure estimation des paramètres du mouvement de sol. Les paramètres scalaires les plus utilisés dans les codes modernes de construction sont l'accélération maximale du sol (peak ground accélération-PGA) et la vitesse maximale du sol (peak ground velocity-PGV).

Le présent chapitre a pour objectif premier de déterminer ces deux quantités PGA et PGV ainsi que d'autres paramètres de nocivités nécessaires à la bonne prise en compte du chargement sismique.

Dans cette étude, la méthode des réseaux de neurones artificiels (RNA) est utilisée pour l'élaboration des modèles de prédiction du mouvement du sol représenté par les PGA, PGV...et les autres paramètres de nocivité. Les entrées des RNA élaborés sont le moment sismique de magnitude (M_w), la profondeur focale (D), la distance épicentrale (R) et les paramètres qui représentent les conditions de site. Ces derniers sont la fréquence de résonance (f_0) et la vitesse moyenne des ondes de cisaillement sur les trente premiers mètres de profondeur (V_{s30}) (chapitre IV). Les sorties de ce réseau sont quant à elles constituées des paramètres scalaires du chargement sismique (PGA, PGV). Ces réseaux de neurones sont testés sur des données sismiques et métadonnées (Sites, séismes) et de sites du réseau d'accélérographe dense KiK-Net (chapitre I).

Le deuxième objectif de ce chapitre est de mettre en évidence l'influence de la profondeur focale (D) et de la fréquence de résonance (f_0) sur le mouvement du sol. Il s'agit ainsi de quantifier l'importance relative de chaque paramètre d'entrée sur les paramètres caractérisant le mouvement du sol à la sortie.

Nous montrons aussi dans ce chapitre que les RNA peuvent, de par leur propriété de parcimonie et sous certaines conditions, remplacer les méthodes polynomiales classiques dans le domaine de la prédiction du mouvement sismique.

L'application de cette méthode nécessite la vérification et le contrôle de certains points. (i) Premièrement, il faut améliorer la capacité de généralisation des données inconnues, autrement dit éviter le problème de sur- apprentissage (Saito and Nakano, 2000; Wu and Zhang, 2002) et (ii) deuxièmement vérifier que le RNA dépend peu de la base de données de départ. Le sur-apprentissage est lié au critère d'arrêt de l'apprentissage et au nombre de degré de liberté (poids synaptiques) dans le modèle neuronal. Ce problème est pris en compte dans le présent modèle neuronal par la méthode dite « weight decay » citée plus loin dans ce papier. Cette méthode de régularisation a permis d'obtenir une courbe d'atténuation du mouvement sismique régulière qui ne dépend pas trop de la base de données de départ. Un test a donc été effectué en prenant seulement 25 % de cette base de données initiale. Ce test montre des résultats similaires à ceux obtenus avec l'ensemble de la base de données. De ce fait les réseaux de neurones artificiels sont applicables et avantageux pour les régions où les données sismiques sont relativement peu nombreuses.

V.1. Sélection de la base de données KiK-Net

Le réseau accélérométrique Japonais KIK-net est constitué de 622 stations, comprenant chacune deux accélérographes à 3 composantes (NS, EW et V) le premier en surface et le deuxième en profondeur. L'instrument en profondeur est installé entre 99 m et 3500 m avec une valeur moyenne de 222 m. Les caractéristiques des instruments sont décrites en détail dans Fujiwara et al.(2004). Les signaux sont échantillonnés à 200 Hz avec une résolution de 10^{-3} cm/s². Le niveau de saturation de l'instrument est de 2000 cm/s². Le système de déclenchement de l'enregistreur est contrôlé par le signal de fond de l'accélérographe. L'enregistrement commence dès que le signal dépasse le seuil de 0,2 cm/s² et se termine 30 sec après la dernière occurrence de la valeur 0,1 cm/s2. La durée d'enregistrement minimum est de 120 s. La réponse fréquentielle globale des instruments Kik-Net présente un plateau entre 0 et 30 Hz. La réponse de l'instrument pour les fréquences supérieures à 30 Hz est approchée par les caractéristiques d'un filtre de Butterworth à trois pôles avec une fréquence de coupure égale à 30 Hz.

Pour cette étude, une sélection d'événements enregistrés entre Février 1998 et Octobre 2004, précédemment utilisée pour établir des équations de prédiction des mouvements du sol (Cotton et al., 2008) a été ré-utilisée. Seuls les événements avec une magnitude de moment M_w supérieure à 3,5 et une profondeur de moins de 25 km ont été considérés.

3891 enregistrements sur 398 stations (figure.V.1) ont ainsi été sélectionnés. La gamme des distances épicentrales est comprise entre 0.8 km et 343 km et la magnitude entre 3.5 et 7.3. Les distributions des magnitudes de moments sismiques M_w en fonction de la distance épicentrale et de la profondeur focale sont représentées dans les figures.V.2 et V.3 respectivement. Les PGA enregistrés sont situés dans l'intervalle 0.4 - 972 cm/s². Les enregistrements ont été filtrés entre 0.25 et 25 Hz pour assurer un bon rapport signal/bruit.

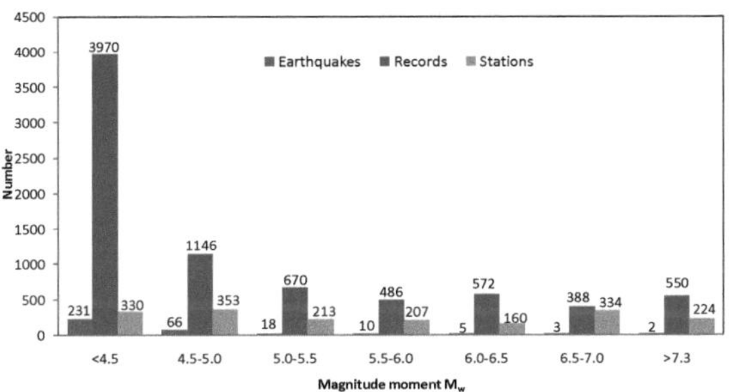

Figure.V. 1. Nombre de séismes, d'enregistrements et de stations utilisés pour le modèle de prédiction du PGA.

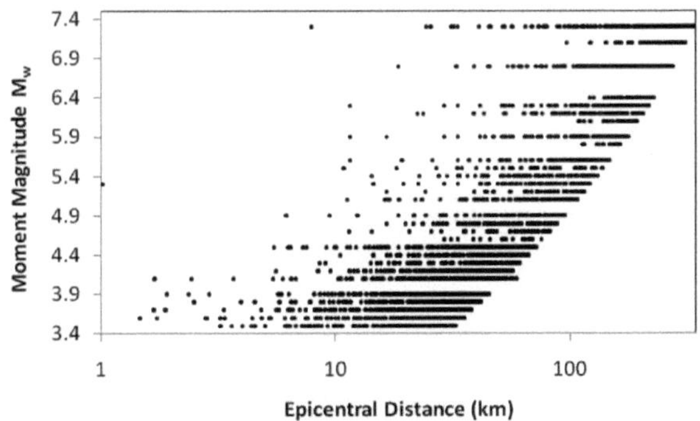

Figure.V. 2. Magnitude en fonction de la profondeur focale de l'ensemble des donnéesaccélérométriques

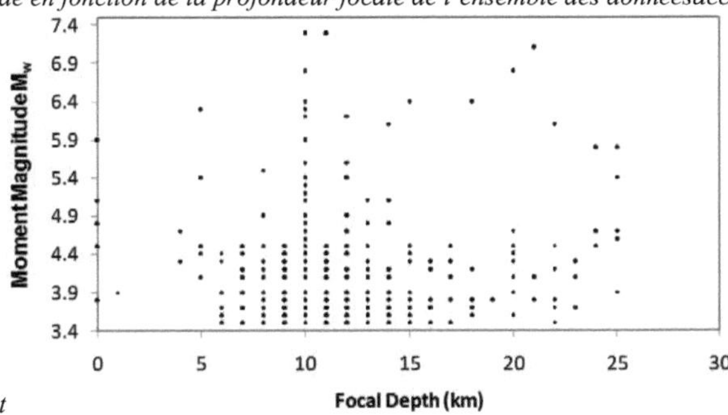

Figure.V. 3. Magnitude en fonction de la profondeur focale de l'ensemble des données accélérométriques KIK-net

Cette base de données est utilisée dans le présent chapitre dans la phase d'apprentissage de l'ensemble des modèles neuronaux.

V.2. Paramètres d'entrées des modèles neuronaux

Les paramètres d'entrée du réseau de neurones artificiels utilisé pour générer les paramètres de nocivité sont schématiquement représentés sur la figure.V.4. Ces paramètres caractérisent l'événement sismique et l'effet des conditions locales du site. Il est communément admis que ces paramètres contrôlent fortement le mouvement sismique.

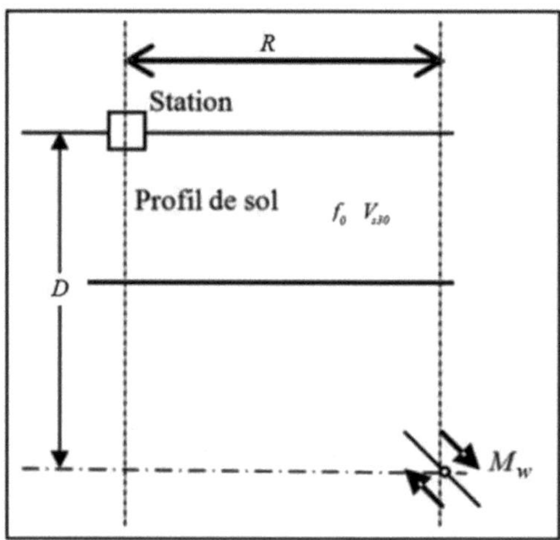

Figure.V. 4. Paramètres sismiques et de site.

V.3. Elaboration du modèle neuronal

Pour construire les modèles neuronaux de prédiction du mouvement sismique à la surface libre nous allons suivre la même démarche déjà développée auparavant en IV.2. La procédure d'élaboration du modèle consiste en premier lieu à choisir la méthode de régularisation qui vise à privilégier les modèles les plus stables. Ceci part d'un constat simple : le sur-ajustement se traduit le plus souvent par un modèle dont la sortie possède, aux endroits où celui-ci s'est ajusté au bruit, une courbure élevée. Le but de cette étape est donc d'obtenir un modèle stable et lissé de sorte que la courbe d'atténuation représente effectivement le modèle physique sous-jacent. La technique de régularisation utilisée dans ce chapitre est celle de la régularisation par modération des poids (weight decay) présentée en II.4.2. Dans ce contexte, l'équation de coût MSE (eq.II.35) est remplacée par celle de MSEREG (eq.IV.2) que l'on cherche à minimiser. Le jeu de paramètres optimal sera donc celui qui assurera un compromis entre une bonne qualité de modélisation des données d'apprentissage (minimisation du coût empirique) et une bonne simplicité (minimisation de la pénalité). On appelle « coût régularisé de l'algorithme » la somme de des deux coûts (eq.IV.2).

Dans le chapitre précédent nous avons choisi une méthode hybride (arrêt précoce et modération des poids) et ce dans un souci de minimiser le temps de convergence, car le modèle ANN1 pour l'estimation de BHRSR contient 199 sorties. Ce n'est pas le cas pour les modèles neuronaux élaborés dans cette partie de chapitre dont le nombre de sorties vaut 1 (paramètres scalaires). C'est pourquoi la régularisation par modération des poids suffit.

La minimisation de la fonction de coût est obtenue par l'algorithme d'apprentissage de la rétropropagation du gradient de deuxième ordre : quasi-Newton (BFGS) (voir *II.2.3.1.8*). Cette technique est moins consommatrice d'espace mémoire et de temps de calcul que la méthode de Levenberg-Marquardt (LM). En outre, BFGS donne une courbe d'atténuation unique quels que soient les poids initiaux. Ce résultat est obtenu après avoir effectué plusieurs comparaisons entre les deux techniques avec le modèle ANN_PGA.

Le problème à résoudre est celui du compromis entre une variance faible et un biais minimal. Ceci signifie que lors de cette deuxième étape d'élaboration du RNA, le choix du nombre de neurones dans la couche cachée est crucial afin d'obtenir un modèle à la fois fiable (biais/variance) et simple (un minimum de neurones).

La troisième étape consiste à choisir la fonction d'activation à utiliser dans la couche cachée et la couche de sortie afin de prendre en compte la non-linéarité du modèle.

Par ailleurs pour augmenter les performances du modèle, on préfère généralement utiliser les données d'apprentissage (entrées/sortie) normalisées. Cette étape est fortement recommandée pour éviter la saturation des fonctions d'activation utilisées (*II.2.3.1.3*). La méthode utilisée dans cette étude est dite de normalisation par le minimum et le maximum dans l'intervalle [-1 et 1]. Les équations qui assurent la procédure de normalisation sont (eq.II.24, eq.II.25) et eq.II.26 pour la dénormalisation. Le choix de cette méthode parmi d'autres est basé sur sa simplicité de mise en œuvre.

Ce chapitre se divise en trois parties. La première est consacrée à la génération du PGA à la surface libre, la deuxième à l'estimation du PGV, et la dernière a l'objet de l'élaboration de plusieurs modèles neuronaux de prédiction des paramètres de nocivité présentés dans le chapitre I.

V.4. Modèle neuronal de prédiction de l'accélération maximale du sol ANN2

Interest of the neural network approach for PGA prediction: an example based on the KiK-Net data

Boumédiène Derras[1][2][3], Pierre-Yves Bard[1], Fabrice Cotton[1] and Abdelmalek Bekkouche[2]

1) Institut des Sciences de la Terre (ISTerre) - BP 53 -38041- Université Joseph Fourier, CNRS, IFSTTAR, Grenoble, France.

2) Risk Assessment and Management laboratory (RISAM). Faculty of Technology - BP 230 -13000- Chetouane, Abou Bekr Belkaïd University,Tlemcen, Algeria.

3) Department of Civil Engineering, Moulay Tahar University, Saïda, Algeria.

Soumis pour publication à la revue : Bulletin of Seismological Society of America (Derras et al., 2011). L'article est traduit en Français et adapté.

Un paramètre important pour l'estimation du risque sismique en un lieu donné est l'accélération maximale du sol ou l'accélération de pointe, PGA (Peak Ground Acceleration). Ce paramètre se révèle important pour l'élaboration des cartes de zonage sismique quantifiant le niveau sismique à prendre en compte pour l'application des règles de constructions parasismiques.

La détermination de la valeur exacte du PGA d'un site donné, nécessite le déploiement d'accélérographes et d'un certain nombre d'essais in-situ pour la caractérisation mécanique du site. Ceci représente un lourd investissement, surtout pour les pays en voie de développement. Pour contourner cet inconvénient, des équations empiriques ont été élaborées pour prédire le PGA. Ces dernières sont basées sur une analyse par régression, de valeurs tirées des accalérogrammes temporels en utilisant des équations préétablis (chapitre I). Ces équations (nommées aussi modèles d'atténuation) permettent de rendre compte de la combinaison des trois effets (source, propagation, site) et ce à l'aide d'un modèle physique donné.

Outre l'introduction des paramètres d'entrée (source, propagartion, site), l'élaboration de ces modèles nécessite la détermination d'une forme fonctionnelle ainsi que le choix de la méthode de régression utilisée pour la détermination des coefficients multiplicateurs. Cette situation mène à une multitude de modèles, caractérisés par une diversité dans les paramètres d'entrées, les effets à prendre en compte, le domaine d'application et le lieu de validation. Dans ce sens, (Douglas J, 2003) a effectué une analyse des équations de prédiction (GMPE) antérieures. Cette étude montre qu'il n'existe pas de consensus autour d'un GMPE au cours des 30 dernières années, car chaque formule a été élaborée à partir d'une base de données différente qui varie grandement avec les régions géographiques. Ceci rend ces modèles fortement liés à la base de données initiale.

Les RNA ont connu ces dernières années un intérêt croissant par la communauté scientifique dans le domaine du génie sismique (chapitre III). L'objectif principal de la présente étude est d'établir un modèle simple capable d'estimer les PGA en champ libre par le biais de la méthode des réseaux de neurones artificiels, et ce à partir de la magnitude M_w, la profondeur focale D (Km), la distance épicentrale R (Km), la fréquence de résonance f_0 (Hz) et la V_{s30}. Les données du réseau accélérométrique dense KiK-Net sont utilisées pour la mise en place du RNA (chapitre I).

Cette base de données est également utilisée pour quantifier l'importance relative des paramètres de vibration du sol et pour discuter le comportement non linéaire de site et l'effet de la profondeur sur les courbes d'atténuation.

Les résultats obtenus par RNA sont comparés avec ceux de Zhao et al. (2006), Cotton et al. (2008) et Kanno et al. (2006). Ces équations de prédiction du mouvement sismique ont été choisies car elles utilisent la même base de données KIK-net que le modèle neuronal élaboré dans cette étude.

V.4.1. Paramètres d'entrée du modèle neuronal

L'accélérogramme peut être décrit comme la convolution (*) de l'effet de source et de deux filtres, les effets de parcours et de site. La valeur maximale de l'accélération PGA dépend donc de ces trois effets. Au cours de cette étude les paramètres de source, de parcours et de site facilement mesurables ont été choisis. La magnitude M_w caractérise la source. En plus de l'influence de l'énergie dissipée au niveau du foyer, la distance épicentrale (R) et la profondeur focale (D) participent à la modification de la valeur d'accélération enregistrée à la surface libre. Cet effet est caractérisé par une atténuation de l'intensité sismique en s'éloignant de l'hypocentre.

Par ailleurs, les effets de site sont pris en considération dans les codes parasismiques par l'introduction de catégories de sols basées sur des paramètres géotechniques. Les paramètres géotechniques les plus utilisés sont la vitesse de cisaillement et la fréquence de résonance du site. Dans le code de bâtiments UBC97 « Uniform Building Code, 1997 » (Klimis et al., 1998) V_{s30} est utilisée. Elle représente un meilleur niveau de confiance sur la classification du site pour une structure peu profonde. En revanche, une structure géologique plus profonde telle que les bassins sédimentaires peut avoir une forte influence sur le signal sismique (Lussou, 2001). Cette influence est prise en compte dans le présent travail par une classification multiple basée sur deux paramètres : la fréquence de résonance du site f_0 déterminée par la méthode H/V (Nakamura, 1989), (Haghshenas et al, 2008) et V_{s30} définie par l'eq. V.1:

$$V_{s30} = \frac{30}{\sum_{i=1}^{n} \frac{h_i}{V_{si}}} \qquad\qquad \text{V.1}$$

où h_i représente l'épaisseur de la couche i et V_{si} sa vitesse de cisaillement et n les ensembles des couches présentées dans les 30 premiers mètres de sol

Le RNA permet d'obtenir en sortie le PGA. Cette valeur représente la moyenne géométrique des deux composantes horizontales NS et EW (Beyer and Bommer, 2006). La figure.V.5 illustre la distribution de l'ensemble de la base de données (magnitude, PGA).

Le modèle neuronal est élaboré en utilisant la toolbox sous Matlab (R2009b) neural networks version 6.0.3 (Demuth et al., 2009) disponible au laboratoire ISTerre.

Une architecture initiale est adoptée afin de mener plusieurs tests. Ces tests ont pour but de choisir les paramètres d'entrée, le nombre de neurones, l'hyper-paramètre de régularisation et le type de la fonction d'activation. Une couche cachée est choisie en se basant sur les recommandations données par (Lee and Han, 2002). Le nombre de neurones est égal dans cette couche cachée à 20 (valeur par défaut donnée par Matlab) avec une fonction d'activation tangente hyperbolique. Le même type de fonction a été choisi pour la couche de sortie. L'apprentissage par BFGS s'arrête quand la fonction de coût MSEREG donne un gradient d'erreur égal à 10^{-6}. L' hyper-paramètre (γ) par défaut a été choisi égal à 0.5 pour le MSEREG. La mise à jour des poids se fait par paquets.

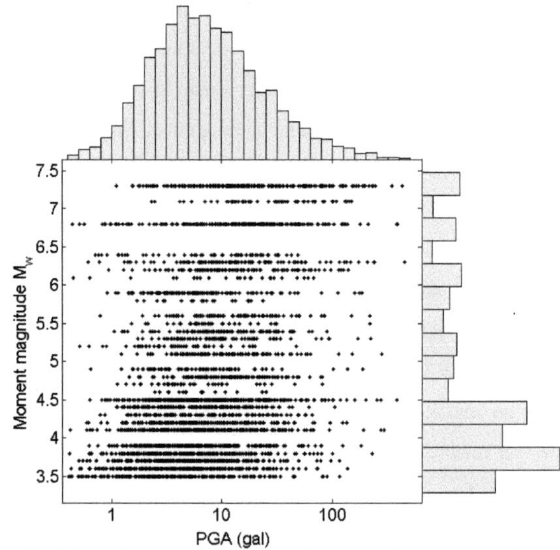

Figure.V. 5. Distribution de la base de données sélectionnée en Mw et PGA

Un premier test est effectué afin d'estimer l'influence des paramètres d'entrée sur le PGA. Ce test consiste à présenter les paramètres suivants : M_w, $\log(R)$, D, f_0 et V_{s30} à l'entrée en calculant le SIGMA donné par l'eq.II.36. Le résultat de ce test est présenté sur la figure.V.6. Il faut noter que les paramètres R et PGA sont exprimés en logarithme décimal ($\log_{10}$) afin de réduire la non linéarité dans le modèle (Irshad et al., 2008). Par contre l'utilisation de $\log_{10}(f_0)$ et $\log_{10}(V_{s30})$ ne diminue pas le SIGMA.

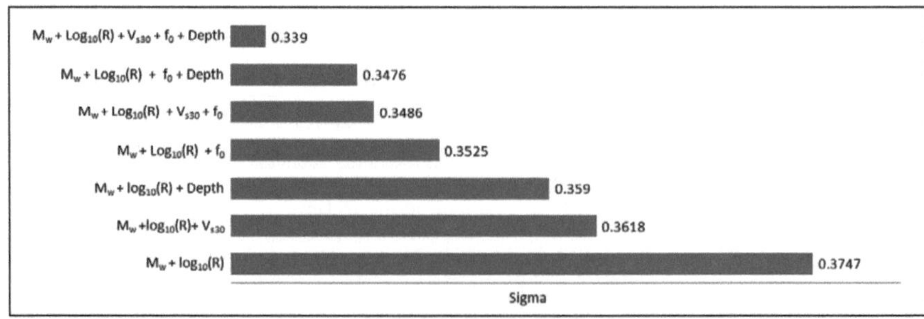

Figure.V. 6. Influence des paramètres d'entrée sur la performance du modèle ANN2

La lecture de la figure.V.6 montre que l'utilisation des 5 paramètres en entrées réduit le SIGMA à 0.339. Cette valeur reflète la contribution de ces paramètres à l'augmentation des performances du modèle neuronal. Dans la suite, f_0, V_{s30}, M_w, $Log_{10}(R)$, D sont tous utilisés à l'entrée du réseau.

La valeur de l'hyper-paramètre γ (eq.IV.2), est comprise entre [0.1 et 0.9]. La valeur optimale de γ est choisie après plusieurs test. Le résultat de ce test est montré sur la figure.V.7. Il en résulte un γ = 0.5.

Le choix du nombre de neurones optimal dans la couche cachée est crucial pour la prise en compte du compromis entre la performance et la simplicité. Dans ce contexte, un troisième test a été effectué en faisant varier le nombre de neurones H de façon à optimiser SIGMA et le critère d'Akaike AIC eq.II.40. Les résultats de ce test sont représentés dans la figure.V.8.

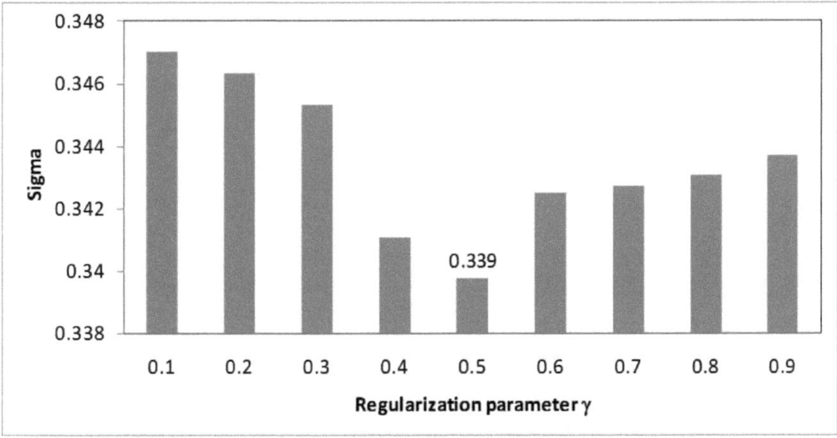

Figure.V. 7. Valeur optimale de l'hyperparamètre de régularisation

Le critère d'information d'Akaike AIC a été introduit il y a 30 ans par Akaike. Il permet d'identifier le modèle optimal parmi plusieurs classes de modèles concurrents. L'AIC appartient à l'approche indirecte car il pénalise la complexité du modèle. Pour une régression par moindres carrés classiques avec des erreurs normalement distribuées, on peut calculer l'AIC par la formule donnée par l' eq.II.40.

La figure.V.8 montre que la valeur de SIGMA diminue avec l'augmentation de H jusqu'à une valeur égale à 0,339 pour un H = 20. Cette valeur reste plus ou moins invariable au-delà de H= 20. De son coté, l'optimum de l'AIC, obtenu pour un H = 20 est égale à -8120. Après cet essai, la valeur de H adoptée est celle qui donne à la fois un SIGMA et un AIC minimum et un H égal à 20.

La nature de la fonction d'activation pour la couche cachée et la couche de sortie a une grande influence sur l'aspect physique du modèle sous-jacent et son comportement non linéaire. Afin de choisir ces fonctions, le test suivant est établi. 6 RNA avec des fonctions d'activation différentes sont établis. Pour chacun de ces RNA, l'écart type (SIGMA) entre les PGA mesurés et ceux générés par les RNA est calculé. Le RNA qui donne un SIGMA minimal est conservé. Les formules et les représentations graphiques des ces fonctions sont illustrées dans le tableau II.1. Les trois types de fonctions log sigmoide, tanh-sigmoide et linéaire (Demuth et al., 2009) sont les plus usuellement utilisées. Les résultats de ces 6 tests sont représentés dans le tableau.V.1.

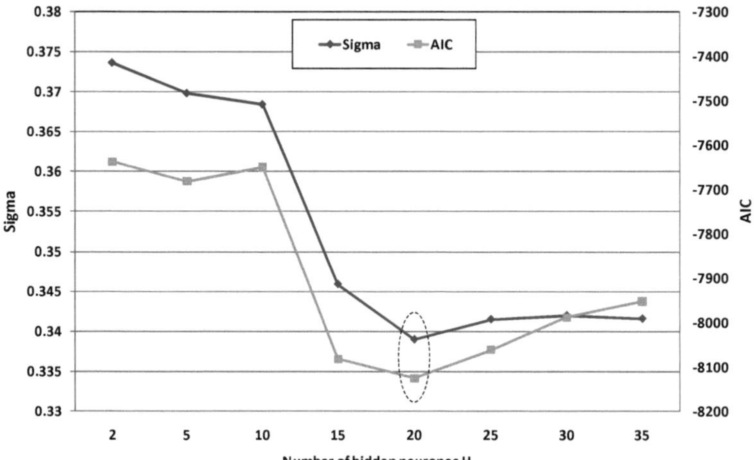

Figure.V. 8. Valeur de SIGMA et AIC pour différentes valeurs de H. les cinq paramètres sont utilisés à l'entrée.

.Fonction d'activation pour les neurones de la couche cachée	Fonction d'activation pour les neurones de la couche de sortie	SIGMA
Log-sigmoide	Log-sigmoide	0.656
Log-sigmoide	Tanh -Sigmoide	0.370
Log-sigmoide	Linéaire	0.352
Tanh-sigmoide	Tanh-sigmoide	0.339
Tanh-sigmoide	Log-sigmoide	0.589
Tanh-sigmoide	Linéaire	0.343

Tableau.V. 1. Valeurs de SIGMA calculés à partir de RNA avec différentes fonctions d'activation

Une lecture rapide du tableau.V.I montre que le RNA avec une fonction d'activation de type Tanh-sigmoide à la fois pour la couche cachée et la couche de sortie donne le SIGMA le plus faible. Cela signifie que ce RNA est celui qui assure la meilleure approximation de $\log_{10}(PGA)$. Le SIGMA trouvé par ce RNA est égal à 0.339.

Ainsi suite à ces différents tests, l'architecture du modèle neuronal est établie. Ce RNA de type feed-forward backpropagation (FFBP) contient 5 entrées représentées par f_0, V_{s30}, M_w, $\log_{10}(R)$ et D. 20 neurones sont sélectionnés pour la couche cachée et un neurone pour la couche de sortie représenté par le $\log_{10}(PGA)$. La fonction Tanh-sigmoïde est utilisée dans les neurones de la couche cachée et la couche de sortie. La topologie du modèle neuronale d'ANN2 est illustrée dans la figure.V.9.

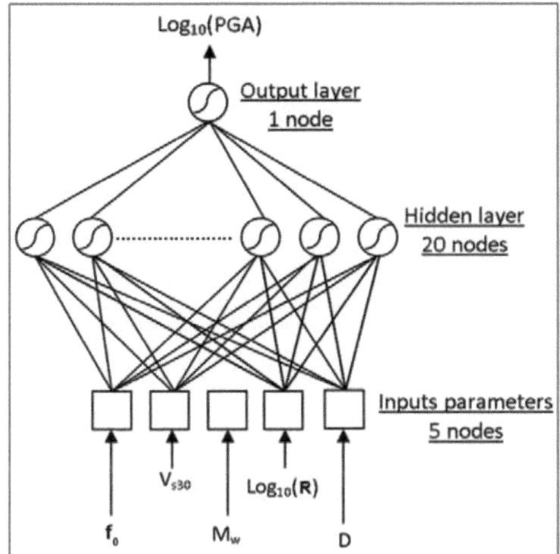

Figure.V. 9. Topologie du réseau de neurones artificiels élaboré pour la génération de PGA

V.4.2. Equation matricielle d'atténuation de l'accélération maximale du sol

Le modèle neuronal élaboré dans la section précédente a pour but l'estimation du PGA. La méthode de réseau de neurones artificiels qui est une méthode d'apprentissage statistique a pour mission l'obtention des matrices de poids et des biais (Annexe.I).

On veut maintenant élaborer une équation matricielle de prédiction de l'accélération maximale du sol qui ne dépend pas de la toolbox « neural networks » de Matlab et facilement utilisable en pratique.

On donne dans cette section l'équation de base qui représente le *log₁₀(PGA)* normalisé entre [-1 et 1]. Cette dernière est donnée par la relation suivante :

$$T_n=\text{Tanh}(\{b_2\}+[w_2].\text{Tanh}(\{b_1\}+[w_1].\{P_n\})) \qquad \text{V.2}$$

T_n est la valeur de $log_{10}(PGA)$ normalisée entre [-1 et 1]. Tanh : Tanh-sigmoide, b_1 et b_2 représentent les matrices de biais de la couche cachée et de la couche de sortie respectivement. w_1 et w_2 sont les matrices des poids synaptiques de la couche cachée et la couche de sortie respectivement. P_n est la matrice qui contient les vecteurs des paramètres d'entrée donnée par l'eq.II.24.

La dénormalisation T_n est obtenue par :

$$log_{10}(PGA)=\frac{1}{2}(T_n+1).(T_{max}-T_{min})+T_{min} \qquad \text{V.3}$$

T_{max} et T_{min} représente la valeur maximale et minimale de T_n.

Pour calculer le PGA, toutefois, on a besoin des valeurs minimales et maximales des paramètres d'entrée et de sortie. Ces valeurs sont mentionnées dans le tableau.V.2. Par exemple pour T_{min} = -0.470 gal et T_{max} = 2.772 gal.

	f_0 (Hz)	V_{s30} (m/sec)	M_w	$Log_{10}(R)$ (km)	D (km)	$Log_{10}(PGA)$ (cm/sec^2)
Min	0.264	120.000	3.500	-0.081	0.000	-0.470
Max	20.034	1269.398	7.300	2.536	25.000	2.772

Tableau.V. 2. Valeur minimale et maximale des paramètres d'entrée et de sortie

V.4.3. Mesure des performances et validation du modèle

L'équation V.3 représente le modèle final utilisé pour prédire l'accélération maximale du sol. Pour évaluer le comportement du modèle, nous avons réinjecté dans l'équation V.3 les 3891 exemples utilisés au moment de l'apprentissage, ce test a donné un SIGMA de l'ordre de 0.339, le même que celui obtenu dans la phase apprentissage. Cette valeur de SIGMA donne l'erreur globale entre les enregistrements et les observations.

Il est à présent intéressant de calculer les résidus pour chaque exemple (3891) et de les comparer à la loi normale. Le résidu de l'exemple i est égale à :

$$e_i = log_{10}\left(\frac{obs_i}{pre_i}\right) \qquad \text{V.4}$$

obs_i et pre_i représentent le PGA enregistré et simulé pour l'exemple i respectivement.

La figure.V.10 représente les résidus qui suivent la courbe de la probabilité cumulée de la loi normale.

Suivant la figure.V.10 les résidus obtenus pour chaque simulation sont compris entre -1 et 1 hormis pour quelques résidus qui fluctuent autour de la courbe de la loi normale et qui peuvent atteindre un seuil de e_i 1.5.

En lisant la figure.V.10 on peut remarquer que la distribution des résidus ressemble grandement à la distribution normale et les rares fluctuations statistiques sont concentrées aux limites du modèle.

Pour voir si la distribution est symétrique on a calculé le Skewness (coefficient d'asymétrie), défini par :

$$S = \frac{\dfrac{1}{n}\displaystyle\sum_{i=1}^{n}(e_i - \bar{e})^3}{\left(\sqrt{\dfrac{1}{n}\displaystyle\sum_{i=1}^{n}(e_i - \bar{e})^2}\right)^3} \qquad\qquad \text{V.5}$$

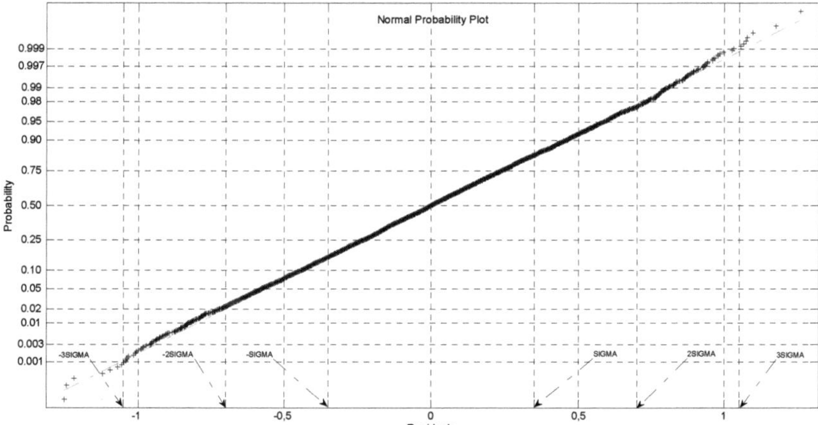

Figure.V. 10. Distribution suivant la loi normale du modèle

Où e_i est le résidu au point i et $\bar{e}$ est la moyenne de l'ensemble des résidus qui est égale à 0.0097. n représente le nombre d'exemple (3891). Pour la présente étude, S est égal à 0.0122. Cette valeur est proche de zero, ce qui signifie que la distribution normale du modèle est symétrique.

En outre, pour estimer le degré d'aplatissement de la loi normale, le coefficient de Kurtosis est calculé. Il est représenté par la relation suivante :

$$K = \frac{\dfrac{1}{n}\displaystyle\sum_{i=1}^{n}(e_i - \bar{e})^4}{\left(\sqrt{\dfrac{1}{n}\displaystyle\sum_{i=1}^{n}(e_i - \bar{e})^2}\right)^2} \qquad\qquad \text{V.6}$$

Le Kurtosis (encore appelé le coefficient d'aplatissement) est égal à 2.966. K est donc proche de la valeur idéale 3, ce qui signifie que la distribution normale n'a pas d'aplatissement.

Par ailleurs, et pour voir si le processus du modèle est stationnaire et s'il n'y a pas de biais, on trace les résidus (eq.V.4) avec leurs moyennes en fonctions des 5 paramètres (figure.V.10) à savoir : $\log_{10}(R)$, D, M_w, f_0 et le V_{s30}. La figure.V.11 montre donc, la distribution des résidus en fonction des ces 5 paramètres d'entrée.

Les 5 graphes montrent d'une façon générale que le processus est stationnaire pour l'ensemble des paramètres (il n'y a pas des biais significatifs à signaler). En outre, les résidus sont symétriques et l'ensemble de ces résidus sont compris entre (-1 et +1). Néanmoins, on remarque que les fluctuations sont plus grandes si on considère les paramètres de sites (f_0 et V_{s30}). D'autre part, on peut aussi remarquer que les résidus en fonction de M_w, R et D suivent une ligne horizontale qui caractérise la stationnarité du modèle.

La question qui ce pose à présent est de savoir quel est le paramètre qui influe le plus sur la valeur des PGA. Pour répondre à cette question on calcule le pourcentage P_i du poids synaptique de chacun de ces 5 paramètres et ce par la relations suivante :

$$P_i = \frac{\sum_{j=1}^{H} |w_{ij}|}{\sum_{i=1}^{N} \sum_{j=1}^{H} |w_{ij}|} (\%) \qquad\qquad V.7$$

w_{ij} représente le poids synaptique entre le $i^{\text{ème}}$ neurone de la couche d'entrée et le $j^{\text{ème}}$ neurone de la couche cachée. N est le nombre de paramètres dans la couche d'entrée (égal à 5). La représentation graphique des résultats de ce calcul est montrée sur la figure.V.11.

A partir de ce coefficient P_i, on peut remarquer que le paramètre le plus important est la distance épicentrale (29.53%) suivie directement par la magnitude (26.07%). Il faut également préciser dans ce contexte l'influence de la fréquence de résonance (19.21%) et de la profondeur focale (16.08%). Le paramètre le moins significatif parmi ces 5 est la V_{S30} avec un $P_i = 9.11$. A cet égard, il faut donner plus d'importance à la fréquence de résonance pour classer un site et à la prise en compte de la profondeur focale dans les GMPEs.

V.4.4. Interprétation des courbes d'atténuation

Les courbes de prédiction de l'accélération maximale du sol en fonction de la distance épicentrale (1-343 km) et les magnitudes (4, 5, 6 et 7) sont représentées sur les figures.V.13. V.14. et V.15. Ces figures prennent en compte respectivement de l'influence de la quantité de données utilisées pour établir le modèle, de l'influence de la profondeur focale pour les séismes crustaux ainsi que de l'influence de la fréquence de résonance et de la vitesse des ondes de cisaillement sur 30 m de profondeur.

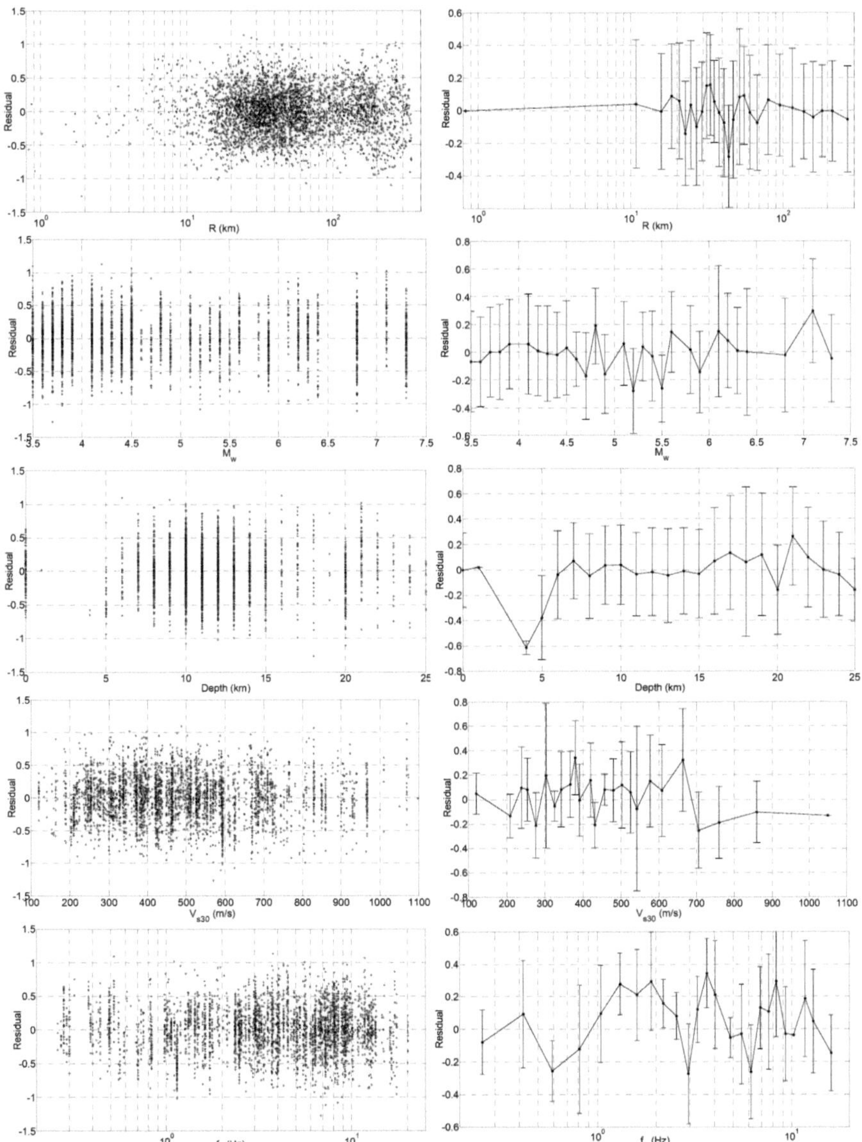

Figure.V. 11. Valeurs des résidus entre le $\log_{10}$ PGA observés et le modèle de prédiction PGA en fonction respectivement de R, M_w, D, V_{s30} et f_0 (à gauche). Moyenne et la moyennes ± écarts types des résidus (à gauche).

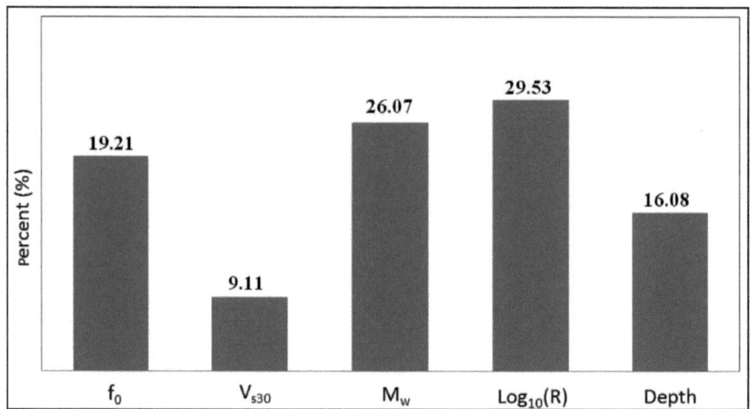

Figure.V. 12. Importance en Pourcentage des poids de chaque paramètre d'entrée.

La figure.V.13 confirme le fait que la décroissance du mouvement sismique avec la distance dépend de la magnitude et que cette dépendance est plus significative en champ proche avec un effet d'échelle. Ainsi l'écart d'amplitude du PGA entre les grandes magnitudes (6 et 7 par exemple) est moins significatif que celui des PGA entre des faibles magnitudes (entre 4 et 5 par exemple). L'écart de PGA entre $M_w = 6$ et $M_w = 7$ est de l'ordre de 90 gal, tandis que pour $M_w = 4$ et $M_w = 5$ est égal à 200 gal pour une distance égale à 1 km.

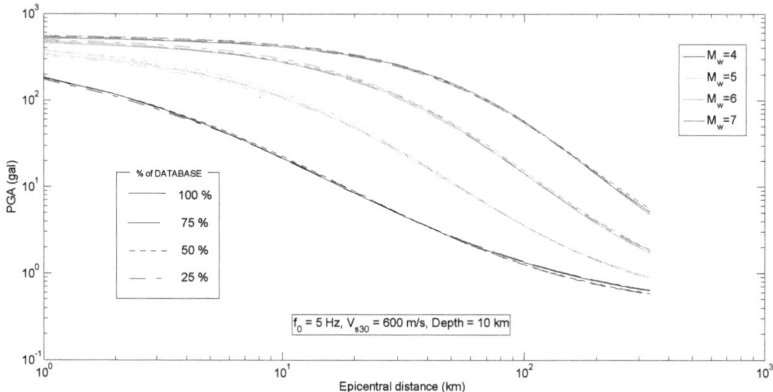

Figure.V. 13. Influence de la quantité des données sur le modèle neuronal de prédiction de PGA

Intéressons nous à présent au GMPE pour $M_w = 4$, on remarque que la décroissance des PGA est linéaire entre une distance comprise entre 1 et 100 km (comportement linéaire). Pour une $M_w = 7$ le comportement des PGA en fonction de la distance devient non-linéaire. On remarque ainsi que le taux de diminution de l'amplitude des PGA augmente avec la distance. Les valeurs de PGA restent presque constantes en champs proches et diminuent rapidement en champ lointain. On peut donc dire que les séismes de grande magnitude ont une fonction d'atténuation qui diminue moins rapidement avec la distance que les séismes de faibles magnitudes. Ces mêmes remarques, sont obtenues par les autres modèles d'atténuations qui se basent sur la fonction de Green's (Anderson., 2000).

Jusqu'à présent nous avons utilisé la totalité de la base de données soit 3891 exemples. Pour voir l'influence de la quantité d'enregistrements utilisés sur le modèle d'atténuation neuronal, les courbes d'atténuation utilisant 100, 75, 50 et 25 % de la totalité de la base de données (BD) sont comparés (figure.V.13). On remarque que l'utilisation des 25 % de BD soit 973 point d'enregistrement donne les même courbes d'atténuation que celle obtenues avec 100 % de la BD. Ce résultat est intéressant pour les zones où on dispose de peu de données accélérométriques. Ceci montre aussi que le modèle neuronal dépend peu de la base de données d'apprentissage.

L'un des intérêts de l'utilisation découplée de la distance épicentrale et de la profondeur focale dans le modèle neuronal est de voir de quelle manière influe D sur le mouvement sismique. La figure.V.14 représente les courbes d'atténuation pour différents magnitudes de 4 à 7 et pour deux valeurs de D 5 et 25 km avec $f_0 = 5$ Hz et $V_{s30} = 600$ m/sec. L'influence de D est significative sur les séismes de faibles magnitudes et pratiquement négligeable pour les séismes forts, sauf en champ lointain où l'amplitude du PGA pour D = 5 km et plus grande que celle pour 25 km. Pour une magnitude égale à 6 la profondeur focale ne représente aucune influence sur la valeur du PGA. Considérons à présent un séisme de magnitude 4, dans ce cas là, et pour une R inférieur à 8 km on peut remarquer que les PGA des séismes superficiels (5 km) sont plus grands que ceux des séismes plus profonds (25 km). Au-delà de R = 8, l'amplitude du PGA augmente avec la profondeur focale. Cette remarque est valable aussi pour les séismes de $M_w = 5$. Pour les séismes de $M_w = 6$ et $M_w = 7$, l'effet de la profondeur est négligeable en champ proche. Cette conclusion sur les sites japonais est cohérente avec les résultats de Gibert et al., (1995) et ce pour une $M_{jma} = 7$ et pour des séismes de la zone de subduction.

Le site a lui aussi son influence sur le mouvement du sol. Ce dernier est caractérisé par une classification couplée continue (V_{s30}, f_0). La figure.V.14 illustre les courbes d'atténuation pour différents magnitude [4 à 7] et pour différents profils de sol (V_{S30}, f_0)= (200,1), (200,5), (600,1) et (600,5).

La figure.V.15 montre que pour une même magnitude, distance et V_{s30} le PGA augmente avec l'augmentation de la fréquence de résonance. Par exemple pour une distance égale à 10 km et $M_w = 5$ le PGA pour ($V_{S30}=200$, $f_0=1$) vaut 90 gal et 175 gal pour ($V_{S30}=200$, $f_0=5$). Cette influence de la fréquence de résonance diminue avec l'augmentation de la magnitude. D'autre part le PGA augmente lorsque V_{S30} diminue et ce pour des magnitudes, distances et f_0 constantes. A titre d'exemple, si on prend une distance égale à 10 km et $M_w = 5$ le PGA (V_{S30}=600, f_0=5) vaut 100 gal et 160 gal pour (V_{S30}=200, f_0=5). Cette dépendance des PGA avec la V_{s30} diminue avec la M_w.

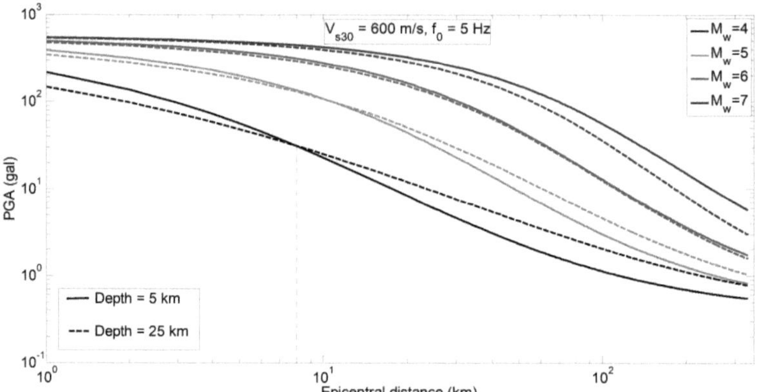

Figure.V. 14. Influence de la profondeur focale sur la valeur du PGA

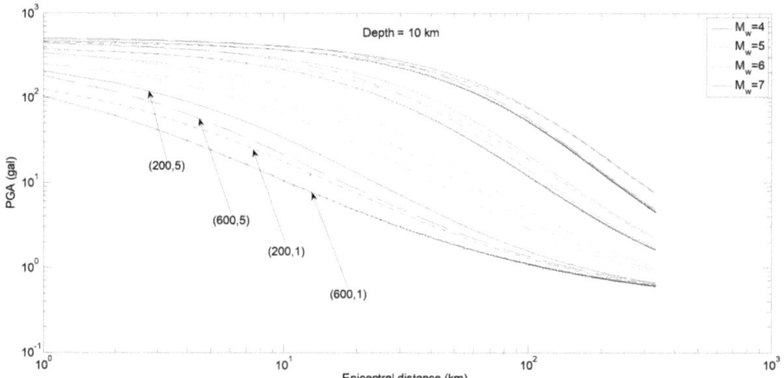

Figure.V. 15. Influence de V_{S30} et f_0 sur le PGA

Par ailleurs, pour voir l'effet de l'amplification du site sur les valeurs des PGA ainsi que l'effet du comportement dynamique non linéaire du sol sur le mouvement sismique, on trace les PGA(200,5) au sol1 en fonction des PGA(800,6) au sol rocheux et les PGA(400,5) au sol 2 en fonction des PGA(800,6) et ce pour différentes magnitude et une Deph = 10 km (voir figure.V.16). La distance épicentrale est comprise entre 1 et 343 km. Le facteur de PGA (rapport entre un sol meuble et un sol rocheux) augmente avec la distance. Les deux figure.V.16 (a) et (b) montrent, en général, qu'il y a un effet d'amplification pour le sol 1 quelque soit la valeur de la magnitude. On remarque cependant une légère déamplification pour une amplitude supérieur à 500 gal et ce pour une magnitude égale à 6 et 7. Pour le sol 2 on remarque une déamplification pour une $M_w = 4$ et 5 et pour des mouvements forts (PGA supérieur à 500 gal). D'autre part, l'effet de site est non linéaire quelque soit la valeur de la magnitude pour le sol 1 et linéaire dans le cas où le sol 2 est soumis à un séisme de magnitude 4 et 5. Néanmoins, cette amplification est plus significative pour le sol1 dont la V_{s30} vaut 200 m/sec. Cela montre que le modèle neuronale prend en compte l'effet des conditions de site (V_{s30}) sur le mouvement sismique à la surface libre.

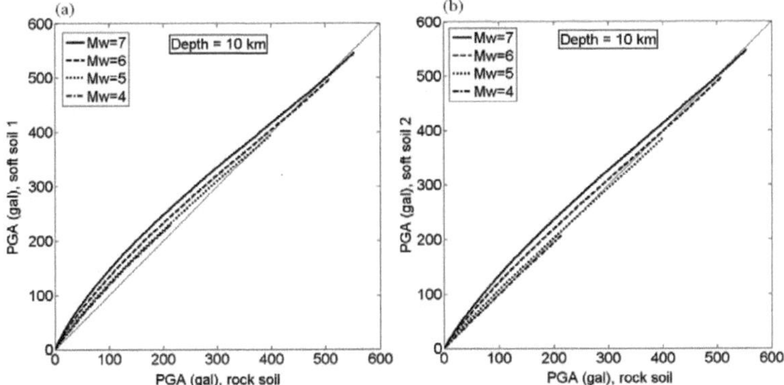

Figure.V. 16. Effet des conditions locales de site sur le comportement dynamique non linéaire des sols.
Après avoir élaboré le modèle de prédiction de l'accélération maximale du sol utilisant la technique statistique par apprentissage, il reste maintenant à estimer sa robustesse et son efficacité par rapport aux autres modèles d'atténuation élaborés via la régression empirique.

Pour ce faire une étude comparative a été menée en utilisant trois équations de prédiction sismique, à savoir celles de Zhao and al. (2006), Cotton and al. (2008), Kanno and al (2006). Les détails de cette étude comparative sont représentés dans la section suivante.

V.4.5. Etude comparative du modèle neuronal avec les équations conventionnelles

Dans les deux sections précédentes nous avons pu montrer que le modèle élaboré dans ce chapitre est stationnaire, suit une loi normale, et prend en compte l'effet de la profondeur et des conditions locales de site. En outre, nous avons montré que l'ANN_PGA ne dépend pas trop de la base de données initiale, et que ce modèle permet d'estimer l'importance de chaque paramètre contrôlant le PGA.

Dans cette section, les performances du modèle vont être comparées aux résultats des modèles conventionnels. Dans ce contexte, une comparaison du présent modèle en termes de courbes d'atténuation et de SIGMA a été effectuée avec les modèles de Zhao and al. (2006), Cotton and al. (2008), Kanno and al (2006). Le point commun de ces 4 modèles est la base de données utilisée (BD KiK-Net).

Dans ce qui suit, le modèle A représente l'ANN_PGA; le modèle B est celui de Zhao et al (2006) ; le modèle C caractérise le Cotton et al., (2008) ; et enfin le modèle D représente le modèle de Kanno et al (2006).

Dans le modèle B les auteurs ont utilisé les données Japonaises, Iraniennes et celles de la région Ouest des USA. Le modèle d'Abrahamson and Youngs (1992) est utilisé par Zhao et Al (2006) pour l'établissement de l'équation de prédiction de l'accélération maximale, définie comme suit :

$$ln(PGA) = 1.101.M_w - 0.00564.R_{rup} - ln(R_{rup} + 0.0055.exp(1.08.M_w)$$
$$+ 0.01412.(h - h_c).\delta_H + C_k$$

$$V.8$$

Où le *PGA* est en gal. M_w, R_{rup} et h sont la magnitude de moment, la distance de rupture en km et la profondeur focale en km respectivement. C_k représente le terme qui caractérise la classe du site donnée sur le tableau.V.3. Le h_c est coefficient lié à la profondeur focale. Dans le cas où $h>h_c$ le terme (h-h_c) prend effet et le coefficient δ_H est égal à 1. Dans le cas inverse δ_H vaut 0. Dans son papier Zhao et al., (2006) utilisent un h_c = 15.

Classe de site	Description	V_{s30}[m/sec]	Coefficient de site
Hard Rock		>1100	0.293
SC I	Rock	>600	1.111
SCII	Hard soil	300<V_{s30}≤600	1.344
SCIII	Medium soil	200<V_{s30}=300	1.355
SC IV	Soft soil	V_{s30}≤200	1.420

Tableau.V. 3. Classes de sites et ses coefficients pour le modèle de Zhao et al., (2006)

Par ailleurs, la moyenne géométrique des deux composantes horizontales du PGA ainsi que l'algorithme établi par Joyner and Boore. (1993) sont utilisés pour élaborer le modèle C. dont la forme générale de son équation est :

$$log_{10}(PGA) = -4.884 + 2.1808.M_w - 0.12964.M_w^2$$
$$- 0.00397.R_{rup} - log_{10}[R_{rup} + 0.01226.10^{0.42.M_w}] + S_i$$

$$V.9$$

Où S_i représente l'influence des conditions de site. Le modèle utilise 4 classes de site à savoir les classes A, B, C, and D defines par V_{s30}. Les valeurs de S_i sont présentées dans le tableau.V.4. M_w représente la magnitude du moment, dont la valeur minimal est égale à 4, et R_{rup} est la distance de rupture. Cette distance est comprise entre 5 et 100 km.

Type de sol	Vitesse de cisaillement V_{s30} (m/s)	S_i
A	V_{s30}>800	0
B	]360-800]	0.16101
C	]180-360]	0.27345
D	V_{s30}≤180	0.45195

Tableau.V. 4. Valeurs des coefficients de site (Cotton et al., 2008)

Le dernier modèle utilisé dans cette étude comparative est celui de Kanno et al., (2006) définie par :

$$Log_{10}(PGA) = 0.56.M_w - 0.0031.R_{rup} - log_{10}(R_{rup} + 0.0055.10^{0.5.M_w}) + 0.26 + G$$

$$V.10$$

$$G = -0.55.log_{10}(V_{s30}) + 1.35$$

$$V.11$$

Les auteurs ont utilisé seulement deux paramètres la magnitude du moment M_w et la distance à la source qui représente la distance la plus proche entre la faille et le site d'observation R_{rup}. La distance minimale utilisée est égale à 1 km.

La figure.V.17. montre les courbes d'atténuation des PGA pour les modèle A, B, C et D en fonction de la distance de rupture pour les 3 magnitude 5, 6 et 7 pour une profondeur focale égale à 10 km et un couple $(V_{s30}, f_0) = (600,5)$. Dans la figure.17.a on voit que pour une distance comprise entre 1 et 10 km le modèle ANN correspond totalement au modèle de Zhao. Pour une distance supérieure à 10 km l'ANN s'atténue plus rapidement que les 3 autres modèles. On explique ceci par le manque enregistrements à grandes distances pour les faibles magnitudes de la base de données de Pousse, qui engendre un sous-apprentissage du modèle neuronal. Ainsi, la courbe d'atténuation pour les séismes de $M_w = 5$ n'est pas valide au-delà d'une distance de 140 km.

Intéressons-nous maintenant à la figure.17.b ($M_w = 6$). Dans ce cas, la GMPE de l'ANN suit la même allure que le modèle de Zhao pour une distance comprise entre [1 et 2] km, entre [2 et 80] km la courbe d'atténuation est enveloppée par les courbes de Cotton et Kanno. Au-delà de cette distance et jusqu'à 200 km le modèle l'ANN converge vers le modèle de Kanno. Cette distance représente la limite de validité de ce modèle pour une magnitude de moment égale à 6.

Enfin, pour la dernière figure.17.c ($M_w = 7$), on remarque une ressemblance entre le modèle neuronal et le modèle de Kanno pour une distance de 1 km à 5 km. Par la suite, le modèle neuronal est enveloppé par le modèle de Cotton et celui de Zhao jusqu'à une distance égale à 100 km. Au delà de 100km l'ANN correspond totalement au modèle de Zhao.

D'une façon générale la courbe d'atténuation du modèle neuronal, basée seulement sur les données accélérométriques et de sites, converge vers celles des modèles élaborées par les méthodes classiques qui nécessitent l'introduction d'hypothèses physiques.

A la lumière de cette étude, on peut dire que l'ANN a la capacité de prendre en compte l'atténuation des ondes sismiques avec la distance et de la spécificité des séismes de la région Japonaise.

Par ailleurs, le SIGMA trouvé par Zhao, Cotton et Kanno ont pour valeurs respectives : 0.381, 0.353, 0.373. On voit donc clairement que l'écart type donné par l'ANN2 est le plus faible.

Comparons à présent les SIGMAs obtenu par ANN2 (pour chaque intervalle de magnitudes) et ceux calculés par les différents auteurs (figures.V.18).

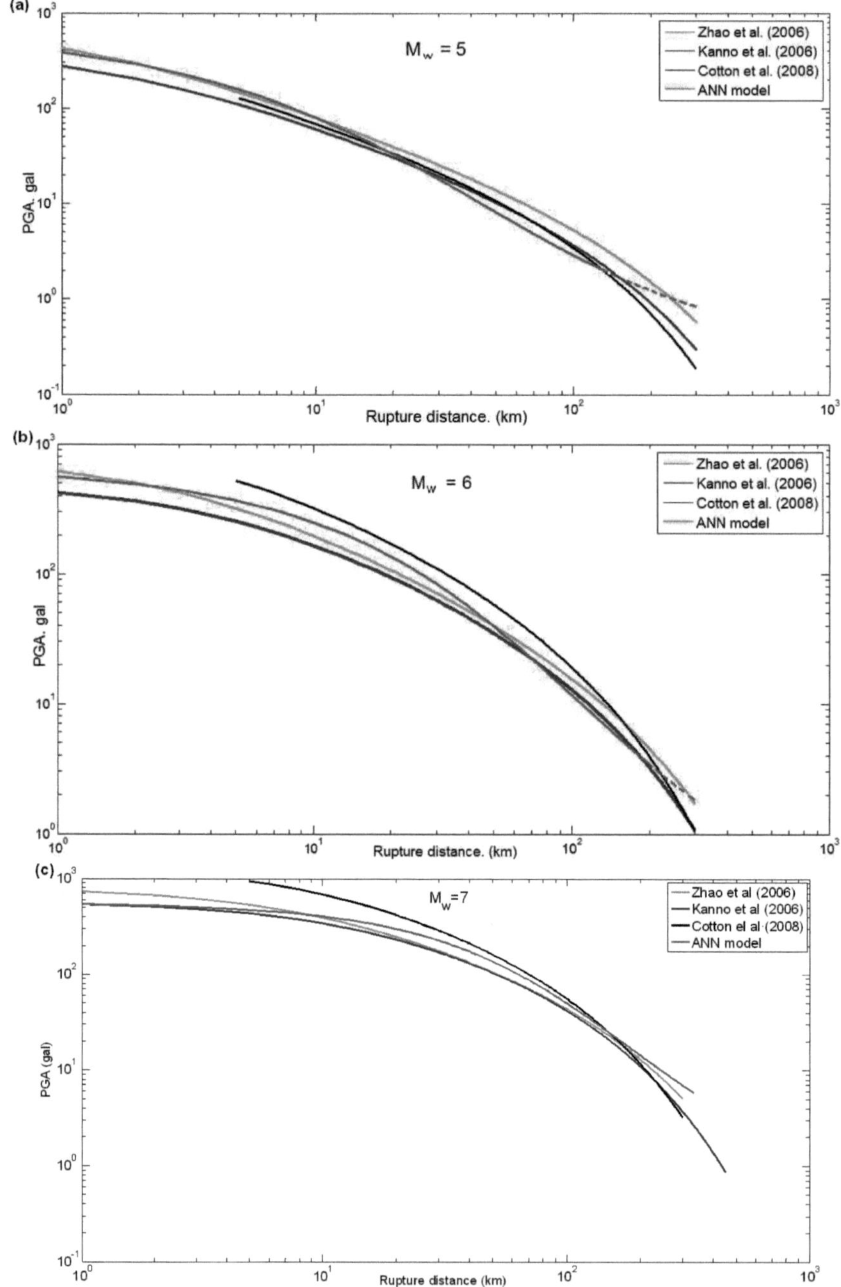

Figure.V. 17. Comparaison entre la courbe d'atténuation neuronale et celles obtenues par la méthode de régression empirique classique.

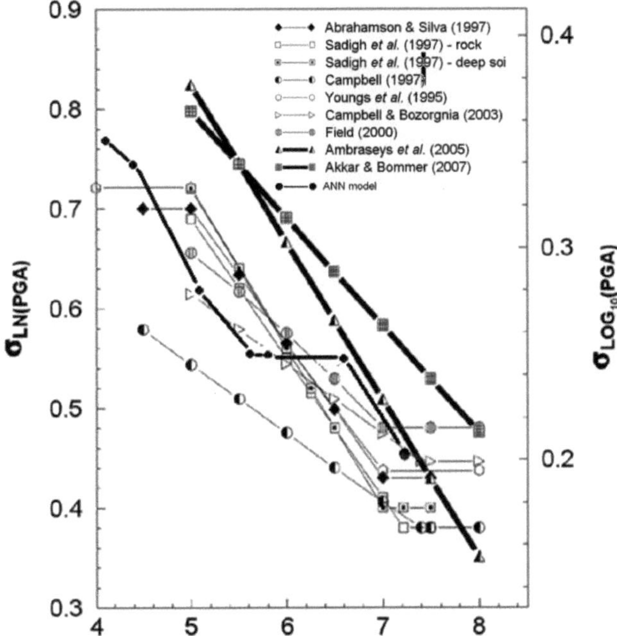

Figure.V. 18. Présentation graphique de l'écart type (SIGMA) des différents GMPEs en log naturel et décimal et ce en fonction de la magnitude du moment Strasser et al. (2009).

La figure.V.18 montre que les valeurs de SIGMA du présent modèle se situent généralement dans la gamme d'incertitude obtenue par les GMPEs classiques. Ce modèle neuronal est donc comparable aux autres modèles.

V.5. Modèle neuronal de prédiction de la vitesse maximale du sol ANN3

La vitesse maximale du sol (PGV : Peak Ground Velocity) a beaucoup d'applications dans l'ingénierie parasismique. (Newmark et al.1973) ont utilisé le PGV conjointement avec l'accélération maximale du sol (PGA) et le déplacement maximal du sol (PGD) pour construire des spectres de réponse élastique de dimensionnement. Le rapport PGA/PGV est également utilisé pour mesurer le contenu fréquentiel du mouvement du sol (Tso et al., 1992).

Quant à l'application des PGV, (Yih-Min Wu et al. 2003) ont constaté que les dommages causés par les tremblements de terre (notamment sur les conduites enterrées) présentent une meilleure corrélation avec les PGV qu'avec les PGA. Dans le même contexte, (Yoshihisa.M et al. 2007) ont essayé de développer une relation entre les dommages recensés dans les remblais d'une autoroute en utilisant les courbes de fragilité et le PGV pendant le séisme de MID-NIIGATA 2004. Les résultats montrent que les désordres majeurs qui ont touché l'autoroute sont engendrés par des PGV supérieurs à 35 cm/s. L'utilisation des PGV s'applique aussi à l'estimation du potentiel de liquéfaction. Dans ce sens, (Trifunac. 1995) a utilisé plusieurs relations empiriques pour déterminer le potentiel de liquéfaction en utilisant différentes mesures de l'énergie de mouvement du sol, dont l'une est le produit entre la durée et le $(PGV)^2$.

Ces études révèlent l'importance de cet outil dans le domaine du génie parasismique. Cependant, les modèles d'atténuation des PGV sont relativement peu nombreux en comparaison avec le grand nombre d'équations élaborées pour prédire l'accélération maximale du sol (PGA). Boomer *et al.* (2006) ont présenté quelques équations de prédiction du PGV et ce pour différentes régions de par le monde. Pour établir ces équations, la méthode de régression empirique est souvent utilisée. Cette dernière nécessite l'introduction d'une forme fonctionnelle qui tienne compte du modèle physique sous-jacent qui est d'ailleurs mal compris. On cite à cet égard les travaux de Fukushima et al (2000) et de Kanno et al (2006).

L'importance de la vitesse maximale du sol réside dans le cas où la période de résonnance est de l'ordre de plusieurs secondes (fréquences intermédiaires), gammes de périodes où le PGV est plus pertinent que le PGA. En outre, une forte dépendance de la vitesse moyenne des ondes S près de la surface du sol peut être vue dans PGV (Fukushima et al 2000).

Le nombre limité d'équations relatif à la détermination de ce paramètre nous a motivés pour établir un modèle d'atténuation en utilisant les données du réseau accélérométrique dense KiK-Net (Japon).

La présente étude à pour objectif d'établir un modèle de prédiction de la vitesse maximale du sol pour le Japon en tenant compte de l'effet d'atténuation et de site lithologique.

V.5.1. Elaboration du réseau de neurones artificiel

Le réseau de neurones artificiel de type Perceptron Multicouche avec une connexion totale est utilisé pour estimer les PGV. Ces derniers ainsi que la distance épicentrale sont données en $\log_{10}$ pour diminuer la non-linéarité dans le modèle. En plus la moyenne géométrique des deux composantes horizontales EW et NS est utilisée, ce qui nous donne un nombre de PGV à la sortie égal à 3891.

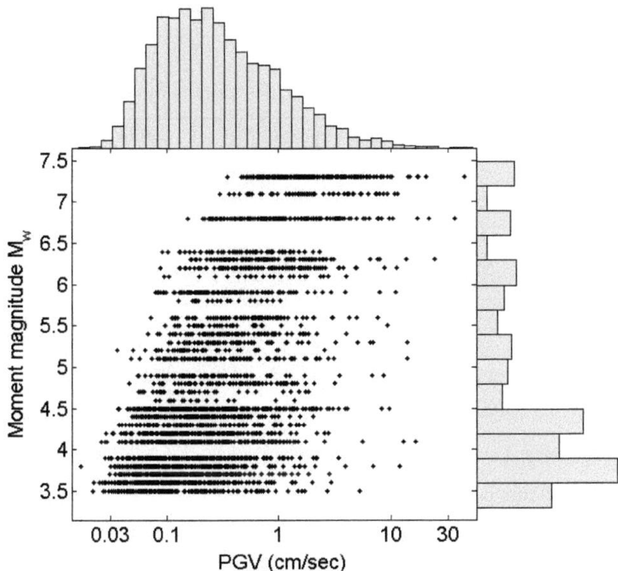

Figure.V. 19. Distribution de la base de données sélectionnée en Mw et PGV

La toolbox « Neural Networks » version 6.0.3 du logiciel Matlab (R2009b) version 7.9.0 (Demuth et al. 2009) a été utilisée pour l'élaboration du présent modèle nommé ANN3.

Les paramètres d'entrée sont choisis après plusieurs tests afin de quantifier l'influence de chaque paramètre et de chaque groupe de paramètres sur la fiabilité de l'estimation des PGV. Pour ce faire, une architecture unique et préliminaire pour le réseau de neurones a été choisie en appliquant les recommandations données par (Seung & Sang. 2002). Ces recommandations utilisent une seule couche cachée dont le nombre de neurones est égal à 20, la valeur par défaut donnée par la toolbox Matlab. Par ailleurs, la fonction Tanh-sigmoïde est choisie comme fonction d'activation pour la couche cachée et la couche de sortie. En outre, afin d'améliorer la performance des réseaux neuronaux multicouches, il est préférable de normaliser les données d'entrée et de sortie. Les équations II.24, 25 et 26 sont utilisées pour le prétraitement et le post-traitement des entrées et la sortie. Ces derniers sont compris entre [-1 et 1].

Il est à noter que l'algorithme d'apprentissage de la rétropropagation du gradient de deuxième ordre : quasi-Newton (BFGS) (voir *II.2.3.1.8*) ainsi que la méthode de régularisation de type « weight decay » sont utilisés tout au long de cette étude.

Les mêmes tests effectués dans la partie dédiée à la génération des PGA vont être conservés, soit:

1. Test sur l'effet de l'ensemble des paramètres sur la variance et le biais,

2. Test sur le choix des fonctions d'activation pour la couche cachée et celle de sortie,

3. Test pour déterminer le nombre de neurones à utiliser dans la couche cachée,

Les résultats obtenus pour différents tests sont mentionnés sur le tableau V.5, R_c étant le coefficient de corrélation entre les valeurs du PGV enregistrées et celles estimées par le RNA donné par l'eq.II.38. Les valeurs du SIGMA d'ANN2 sont données à tire comparatif.

Paramètres	SIGMA PGV	SIGMA PGA	R_c PGV
$Log_{10}(R) + M_w$	0.3207	0.3747	0.7931
$Log_{10}(R) + M_w + D$	0.3167	0.3590	0.7989
$Log_{10}(R) + M_w + f_0$	0.3128	0.3525	0.8046
$Log_{10}(R) + M_w + V_{s30}$	0.3046	0.3618	0.8156
$Log_{10}(R) + M_w + V_{s30} + f_0$	0.2975	0.3486	0.8257
$Log_{10}(R) + D + M_w + V_{s30} + f_0$	0.2936	0.3390	0.8301

Tableau.V. 5. Influence des combinaisons de paramètres sur la fiabilité du modèle

Le tableau.V.5 montre clairement que l'utilisation des 5 paramètres, représentant le mouvement sismique à la surface, est nécessaire pour diminuer le SIGMA et pour avoir une bonne corrélation avec les PGA enregistrées. Le SIGMA dans ce contexte est égal à 0.2936 et le R_c vaut 0.8301. En outre, on voit que les valeurs de SIGMA obtenues par le présent modèle sont plus faibles que celles engendrées par le modèle ANN2 pour les PGA.

Dans la suite le modèle de prédiction de la vitesse maximale du sol va être élaboré avec l'utilisation de l'ensemble des paramètres d'entrées.

La nature de la fonction d'activation a une grande influence sur le modèle. Les plus usuelles sont mentionnées sur le tableau.V.6. C'est pourquoi il est nécessaire de réaliser des tests sur le modèle neuronal établi par l'utilisation des différentes fonctions d'activation afin de choisir la fonction adaptée à notre modèle. Pour réaliser ce test on garde la même architecture précédemment utilisée et on change les fonctions d'activation classiquement utilisées (tableau.V.6).

Fonction d'activation de la couche cachée	Fonction d'activation de la couche de sortie	SIGMA	R_c
Log-Sigmoïde	Log-Sigmoïde	0.7299	-0.0078
Log-Sigmoïde	Linéaire	0.3022	0.8191
Tanh-Sigmoïde	Tanh-Sigmoïde	0.2936	0.8301
Tanh-Sigmoïde	Linéaire	0.2951	0.8283

Tableau.V. 6. Influence des différentes fonctions d'activation

Une lecture rapide du tableau.V.6 montre que la meilleure combinaison est l'utilisation de la fonction d'activation de type Tanh-Sigmoïde pour la couche cachée et la couche de sortie. Cette combinaison donne un R_c de l'ordre de 0.8301 et un SIGMA = 0.2936.

A présent, on va choisir le nombre de neurones à utiliser. La figure.V.20 représente le test sur le nombre de neurones H avec l'utilisation du critère AIC et SIGMA.

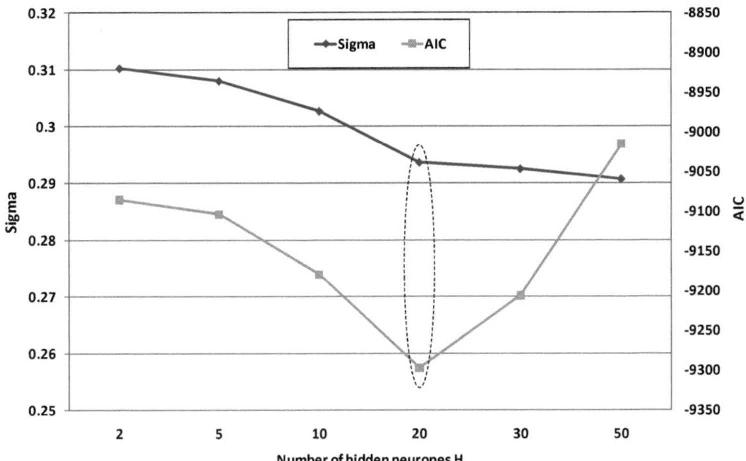

Figure.V. 20. Choix de la valeur optimale de H

Une lecture rapide de cette figure montre que le réseau de neurones avec 20 neurones donne une meilleure prédiction du PGV. Cela se traduit par des valeurs d'AIC et de SIGMA minimale. La topologie du modèle neuronal final est représentée sur la figure.V.21.

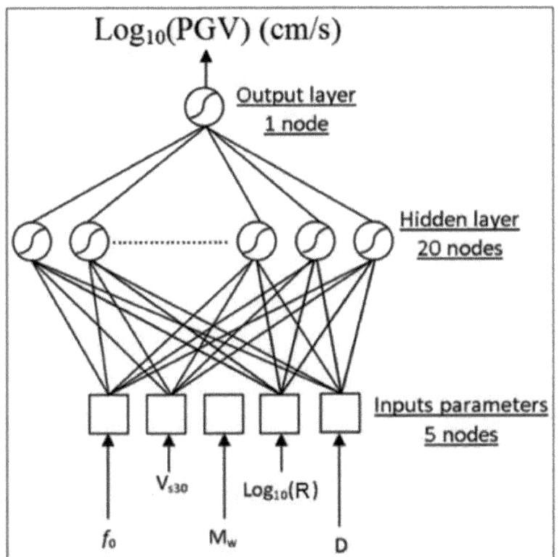

Figure.V. 21. Paramètres d'entrées et de sortie du réseau de neurones

Après avoir spécifié l'architecture adaptée à l'élaboration du modèle, il nous reste la phase apprentissage par l'algorithme d'optimisation non linéaire de deuxième ordre BFGS (pour Broyden-Fletcher-Goldfarb-Shanno), dont nous avons montré la robustesse pour l'estimation des PGA.

La figure.V.22 représente l'évolution des performances d'apprentissage (MSEREG en fonction du nombre d'époques). L'apprentissage s'arrête après 552 époques.

Le processus d'apprentissage est stable, la plus grande majorité de l'éducation du réseau se fait aux premières itérations (époques). Cette convergence est représentée par la forte pente accentuée entre la 1ère et 15ème époque. Par la suite, l'erreur d'apprentissage devient quasiment stable, cela se traduit par la faible pente enregistrée, pratiquement nulle. Après 552 époques, le gradient d'erreur affiche une valeur égale à 10^{-6}. Les poids et les biais trouvés à l'issue de cet apprentissage sont regroupés dans l'annexe.I.

A présent le modèle neuronal (ANN3) qui sert comme un approximateur de la fonction PGV est élaboré. Avant de pouvoir l'exploiter, il est intéressant de s'assurer de la stationnarité du processeur en fonction des paramètres d'entrée et de voir que le modèle est non biaisé.

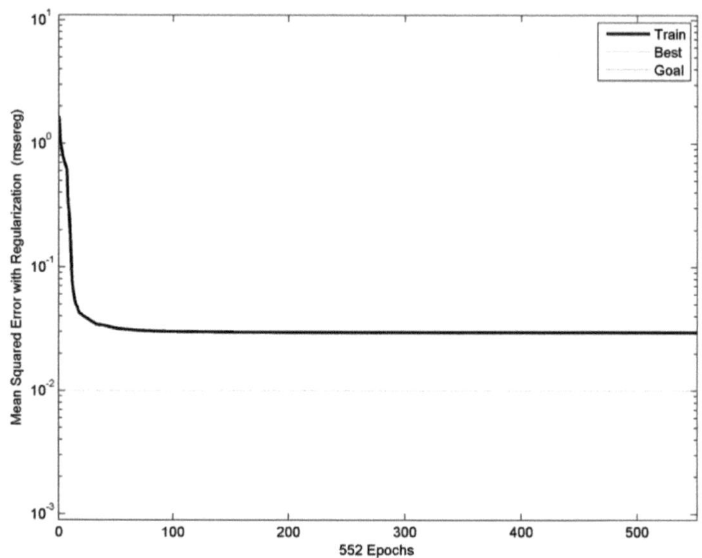

Figure.V. 22. Processus d'apprentissage : minimisation de la fonction du coût (MSEREG).

Pour ce faire, on a calculé les résidus (log$_{10}$(PGV_enregistrée)-log$_{10}$(PGV_prédit)) eq.V.4 et ce pour chaque magnitude, distance épicentrale, profondeur focale, V_{s30} et f_0. La présentation graphique de ce calcul est donnée par la figure.V.23. Les graphes représentent les résidus en fonctions des 5 paramètres ainsi que la moyenne et la moyenne ± l'écart type pour un intervalle donné.

Les 5 graphes de la figure.V.23 montrent d'une façon générale que le processus est stationnaire pour l'ensemble des paramètres (il n'y a pas de biais significatifs à signaler) encore mieux que le processus lié au PGA. En outre, les résidus sont symétriques, et l'ensemble de ces résidus ne dépassent pas ±1 soit ±3σ. On remarque qu'il n'y a pas de fluctuations liées aux paramètres de sites (f_0 et V_{s30}), contrairement au PGA. On confirme donc que le modèle neuronal est stationnaire et qu'il n'y a pas de biais. Cela signifie que le modèle suit une loi normale, qu'il est symétrique et non aplati.

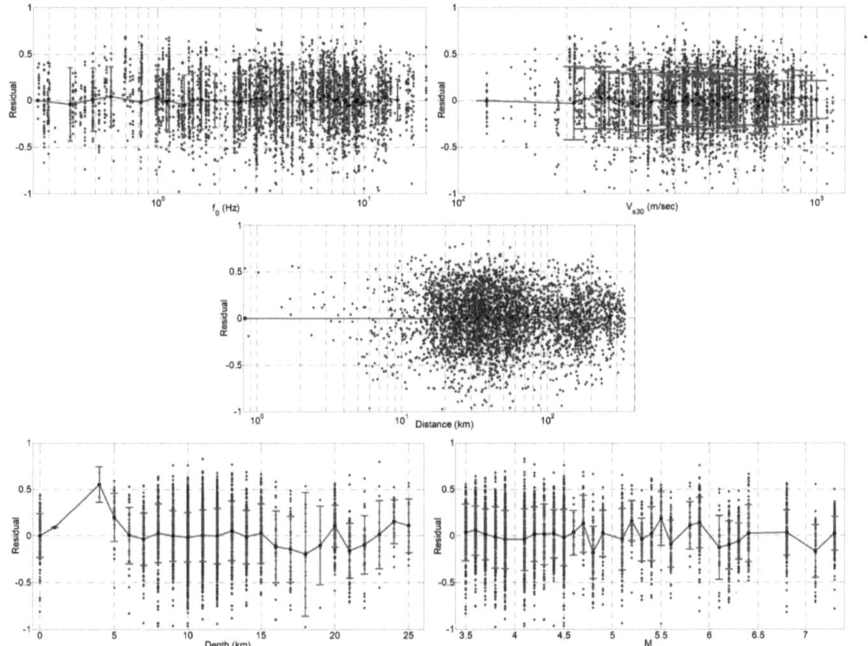

Figure.V. 23. Résidus des $log_{10}(PGV)$ obtenus par le modèle neuronal en fonctions de M_w, R et D, V_{s30} et f_0

V.5.2. Equation matricielle d'atténuation de la vitesse maximale du sol

Le modèle neuronal élaboré dans la section précédente a pour but l'estimation du PGV. Traduire ce modèle neuronal en une équation de poids simple sans l'utilisation de la toolbox matlab, est une étape essentielle pour avoir un système embarqué et pratique.

On donne dans cette section l'équation de base qui représente le $log_{10}(PGV)$ normalisé entre [-1 et 1]. Cette dernière est donnée par la relation suivante :

$$T_n = \text{Tanh}(\{b_2\} + [w_2].\text{Tanh}(\{b_1\} + [w_1].\{P_n\}))\qquad\qquad\text{V.12}$$

T_n est la valeur de $log_{10}(PGV)$ prétraitement entre [-1 et 1]. Tanh : Tanh-sigmoide, b_1 et b_2 représentent les matrices de biais de la couche cachée et de la couche de sortie respectivement. w_1 et w_2 sont les matrices des poids synaptiques de la couche cachée et la couche de sortie respectivement. Les valeurs de ces quantités sont données en annexe.I. Tandis que P_n est la matrice qui contient les vecteurs des paramètres d'entrée donnée par l'eq.II.24.

Le post-traitement T_n est obtenue par:

$$log_{10}(PGV)=\frac{1}{2}(T_n+1).(T_{max}-T_{min})+T_{min} \qquad \text{V.13}$$

T_{max} et T_{min} représentent les valeurs maximales et minimales de T_n.

Pour calculer le PGV, on a besoin des valeurs minimales et maximales des paramètres d'entrée et de sortie. Ces valeurs sont mentionnées dans le tableau.V.7.

	f_0 (Hz)	V_{s30} (m/sec)	M_w	$Log_{10}(R)$ (km)	D (km)	PGV (cm/s)
Min	0.264	120.000	3.500	0.825	0.000	0.017
Max	20.034	1269.398	7.300	343.296	25.000	43.944

Tableau.V. 7. Les paramètres de Prétraitement et Post-traitement du modèle neuronal

V.5.3. Discussion et interprétation des résultats

Il n'est pas seulement essentiel de prédire le mouvement sismique mais aussi de voir quelle est l'importance de chacun de ces 5 paramètres censés contrôler le PGV. Ces résultats sont importants, car les méthodes classiques de régression ne permettent pas d'estimer cette variabilité liée à chaque paramètre. Dont ce sens, on a calculé le coefficient % P_i du poids synaptique de chacun de ces 5 paramètres donné par l'eq.V7. La figure.V.24 montre les résultats de ce calcul.

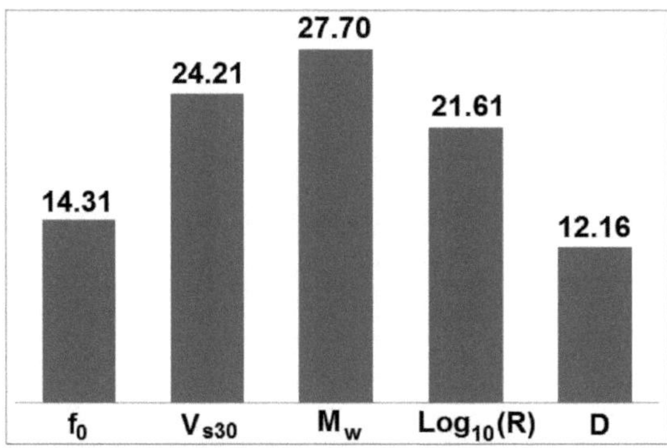

Figure.V. 24. Importance en Pourcentage des poids de chaque paramètre d'entrée.

A partir de ce coefficient P_i, on peut remarquer que le paramètre le plus significatif est la magnitude du moment avec 27.70 % suivie directement par la vitesse V_{s30} (24.21%), avec un pourcentage proche pour la distance épicentrale (21.61 %). Il faut également préciser l'influence de la fréquence de résonance (14.31%) et à un degré moindre de la profondeur focale (12.16%). A cet égard, on peut dire que la vitesse V_{s30} et plus significative que f_0 pour la classification de site lors de l'établissement des GMPEs lié aux PGV. Là aussi, suivant la figure.V.23 et comme auparavant noté pour les PGA, la profondeur focale a son rôle dans le modèle d'atténuation.

Pour voir cette influence sur les PGV, on a tracé les valeurs obtenues par le modèle neuronal en fonction de la distance épicentrale, de la magnitude et ce pour deux profondeurs focales égales à 5 km et 25 km (figure.V.25).

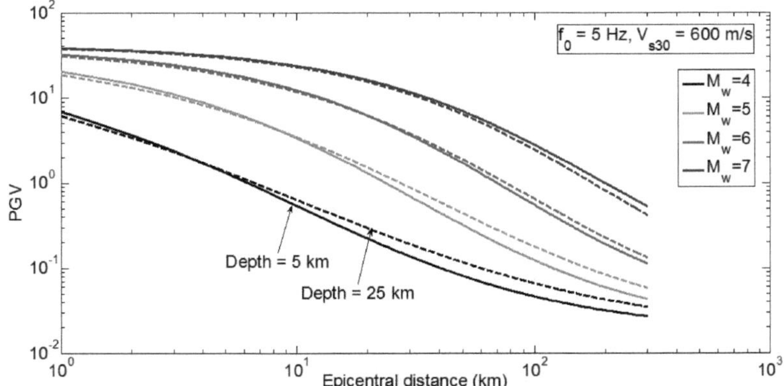

Figure.V. 25. Influence de la profondeur focale sur les PGV en cm/sec

A partir de la figure.V.25, on peut dire que la profondeur focale à peu d'influence sur les valeurs des PGV, surtout à petites distances. Cependant, la dépendance des PGV par rapport à la profondeur augmente en champ lointain pour les faibles magnitudes (4 et 5).

Etudions à présent l'effet de site lithologique sur les valeurs des PGV. Cet effet est pris en compte par les deux paramètres f_0 et V_{s30}. Pour mener à bien cette étude, on a choisi 4 profils de sol et un site de référence (représentés sur le tableau V.8).

Type de sol	V_{s30} (m/sec)	f_0(Hz)
Site1	200	5
Site2	600	5
Site3	200	1
Site4	600	1
Site de référence	800	6

Tableau.V. 8. Valeurs de f_0 et V_{s30}

La figure.V.26 montre la représentation graphique de l'équation de prédiction de la vitesse maximale du sol en champ libre en fonction de la distance épicentrale, et ce en utilisant les 4 types de site présentés dans le tableau.V.8. La profondeur focale est prise égale à 10 km et les magnitudes sont égales à 4, 5, 6 et 7.

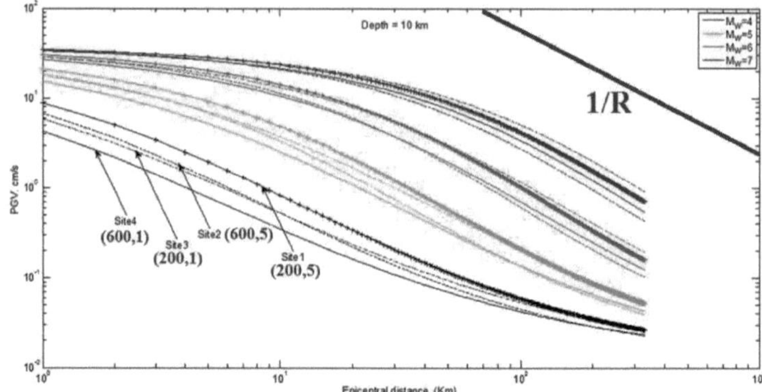

Figure.V. 26. Atténuation de la PGV la distance pour différents magnitudes et profils de sol

Premièrement, on va lire la figure.v.26 en tenant compte seulement de l'effet d'atténuation. On peut dire que la forme fonctionnelle obtenue à l'issue de ce modèle neuronal confirme le fait que la décroissance du mouvement sismique avec la distance dépend de la magnitude et que cette dépendance est plus significative en champ proche. On remarque ainsi l'effet d'échelle de la magnitude sur les PGV en champs proche et intermédiaire, l'écart de l'amplitude de PGV entre les grandes magnitudes (6 et 7 par exemple) est moins significatif en comparaison avec celui des PGV de petite magnitudes (entre 4 et 5 par exemple). Plus en détail, pour une $M_w = 4$, la décroissance des PGV est linéaire. Pour une $M_w = 7$ le comportement des PGV en fonction de la distance est non-linéaire, on remarque à cet effet, que le taux de diminution de l'amplitude des PGV augmente avec la distance ; Les valeurs de PGV restent presque constantes en champs proches et diminuent rapidement en champ lointain. On peut donc dire que les séismes de grande magnitude ont une fonction d'atténuation qui diminue moins rapidement avec la distance que les séismes de faibles magnitudes. Ces mêmes remarques ont été obtenues par les autres modèles d'atténuation qui se basent sur la fonction de Green (Anderson. 2000).

Quant aux effets des conditions de site, on remarque qu'en champ proche et pour les séismes de faibles magnitudes (4 et 5), les deux paramètres de site influent fortement sur les PGV. En revanche, pour les séismes de fortes magnitudes 6 et 7, l'influence est presque négligeable. Prenons par exemple, le cas de $M_w = 4$. Dans ce cas précis, on remarque que les PGV sont très sensibles aux hautes fréquences. On remarque cela pour le site1 qui possède une $f_0 = 5$ Hz et dont la valeur de PGV est égale à 9 cm/sec et ce pour une distance égale à 1 km. A une fréquence égale, et si on augmente la V_{s30}, la valeur de PGV diminue sensiblement pour atteindre une valeur égale à 7 cm/sec. La valeur du PGV continue à diminuer en allant vers les faibles fréquences et vers les vitesses de cisaillements fortes.

A présent, intéressons-nous à l'amplification sismique des sites est la présence éventuelle de l'effet de site non linéaire. Pour ce faire, on analyse les deux sites (2 et 3) et le site de référence (tableau.V.8) en prenant en compte toute la gamme de distance épicentrale soit [0.8 à 343] km. Le rapport entre les PGV générés sur les deux sites et celles estimées sur le site de référence pour les magnitudes 4, 5 6 et 7 avec une profondeur focale égale à 10 km, sont calculés et représentés sur la figure.V.27.

La figure.V.27 montre que le modèle neuronal prends en compte l'effet d'amplification, et que cette amplification est plus significative pour les sols mous (site 3) que pour les sols durs (représenté par le site 2) et ce pour les séismes de magnitude 5, 6 et 7. Pour la $M_w = 7$, le site 3 génère des amplitudes de PGV plus grandes que celles du site 2. On remarque toutefois la présence d'une déamplification pour les mouvements forts surtout pour les séismes de magnitude 4 sur les sites de type 3. La deuxième remarque est liée à la nature de cet effet qui est non linéaire. Cette non-linéarité est beaucoup plus présente sur le site 3 et pour des magnitudes égales à 6 et 7. Les sites mous amplifient donc plus que les sites fermes pour les séismes forts. L'amplification diminue quand le séisme est de taille modérée, sans doute parce que le contenu fréquentiel à basse fréquence est limité.

Dans la figure.V.28 on voit que l'amplification maximale est égale à 2.8 pour un PGV de référence = 0.3 cm/sec, pour une $M_w = 6$ et en champ lointain. Le maximum est égal à 2.6 pour une magnitude de 7 toujours en champs lointain. Cette amplification se réduit si le mouvement au rocher est fort, et se traduit par une déamplification encore plus forte dans les séismes dont la magnitude est faible. L'amplification est de l'ordre de 2.16 pour une $M_w = 5$ et égale à 1.52 pour une $M_w = 4$. Cette amplification diminue en allant vers la zone épicentrale. En champ proche, cette amplification est quasiment nulle. On remarque même une déamplification du PGV plus forte pour un séisme dont la $M_w = 4$ et 5. Ce qui montre que le PGV est très sensible aux fréquences intermédiaires. En plus de ces remarques, on voit qu'il existe un effet d'échelle lié à la magnitude M_w. Ainsi, l'écart entre les deux courbes en champ lointain de deux magnitudes 7 et 6 est plus petit que celui des courbes de faibles magnitudes (4 et 5) toujours en champ lointain.

Pour lire les valeurs d'amplification du site 3, on trace les courbes illustrées dans la figure.V.28, dans laquelle les PGV sont représentés en fonction des PGV du site de référence M allant de [4 à 7] pour une profondeur prise toujours égale à 10 km.

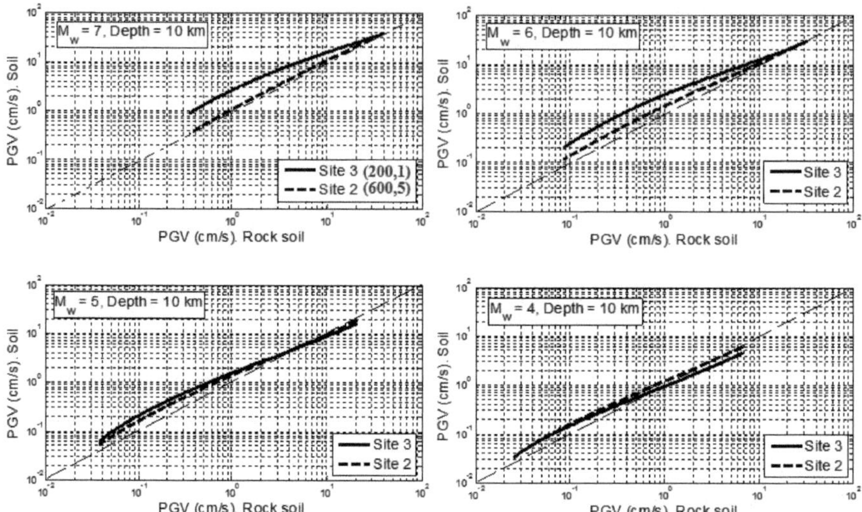

Figure.V. 27. Rapport des PGV site/référence. Courbe en ligne continue représente Site3/Référence. Celle en pointiée Site2/Référence

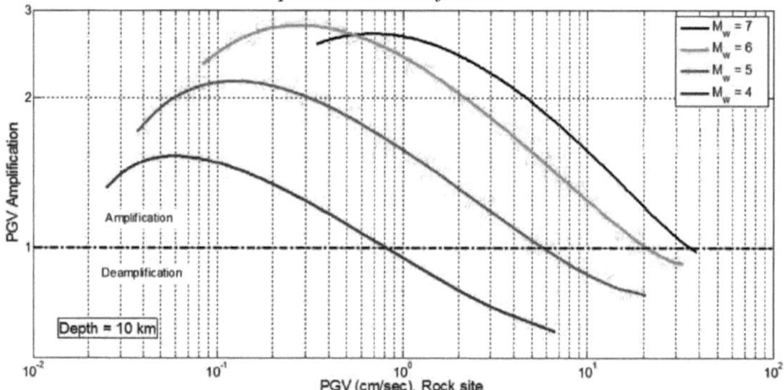

Figure.V. 28. Rapports des PGV [site3 (200,1)] en fonction des PGV de références pour toute la gamme de la distance

Dans cette étape nous avons montré la capacité du modèle de neurones en terme de robustesse de prise en considération des différentes lois physiques : l'atténuation du PGV par rapport à la distance, l'effet d'échelle, de la profondeur, la quantification du poids de chaque paramètres et l'effet des conditions locales du site sur l'amplitude du PGV et la prise en compte de l'effet non linéaire et rhéologique du sol. A présent il est intéressant de comparer les courbes d'atténuation du présent modèle neuronal (ANN3) avec d'autres équations de prédiction du PGV.

V.5.4. Etude comparative du modèle neuronal avec les équations classiques

Il s'avère intéressant de comparer les formes fonctionnelles du présent modèle avec celles obtenues par d'autres auteurs qui utilisent les données japonaises. Dans ce contexte les modèles de Gilbert and Yamazaki (1995), Fukushima et al (2000) et celui de Kanno et al (2006) sont utilisés.

L'équation de prédiction du mouvement du sol de (Gilbert & Yamazaki. 1995) pour des séismes crustaux et pour un site rocheux est donnée par la formule suivante :

$$log_{10}(PGV) = -1.898 + 0.635.M_{JMA} - 0.00104.R_{rup} - log_{10}(R_{rup}) + 0.00668.Depth + 0.129 \qquad \text{V.14}$$

Avec R_{rup} la distance de rupture en km et D la profondeur focale qui est comprise entre [0 et 30] km. Dans (V.14) on remarque que le coefficient multiplicateur de D est très faible, cela nous a permis de négliger l'effet de D sur la PGV.

Par ailleurs, Gilbert and Yamakazi dans son équation utilisent M_{JMA} tandis que dans la présente étude le type de magnitude utilisée est M_W. Pour pouvoir effectuer la comparaison entre les deux GMPEs il faut unifier les magnitudes. Edward and al (2009) ont montré que si $M_{JMA}>3$, les deux magnitudes sont égaux. Cela signifie que $M_w = M_{JMA}$ dans la présente étude.

Le deuxième modèle est celui de Fukushima et al (2000). Dans cette étude, les auteurs ont établis deux équations de prédiction du mouvement du sol; celle de l'accélération maximale du sol (PGA) et celle de la vitesse (PGV), en utilisant principalement les données du séisme de Kobé de 1995 qui a une magnitude de moment M_w égale à 6.9. 96 enregistrements ont été sélectionnés pour élaborer le modèle.

La moyenne des PGV enregistrée dans les deux directions horizontales est utilisée. L'équation d'atténuation est représentée comme suit :

$$log_{10}(PGV) = -0.22.M_w^2 + 3.94.M_w - log_{10}(R + 0.01.10^{0.43.M_w}) - 0.002.R - 11.9 - 0.71.log_{10}(V_{s30})) \qquad \text{(V.15)}$$

D'autre part, le modèle de Kanno et al., (2006) pour le PGV horizontal est défini comme suit :

$$Log_{10}(PGV) = 0.70.M_w - 0.0009R_{rup} - log_{10}(R_{rup} + 0.002210^{0.5.M_w}) + 1.93 + G \qquad \text{V.16}$$

$$G = -0.71.log_{10}(V_{s30}) + 1.77 \qquad \text{V.17}$$

La magnitude de moment M_w, la distance de rupture (R_{rup}) et la vitesse moyenne des ondes de cisaillement sur 30 mètres de profondeurs (V_{s30}) sont les paramètres utilisés pour la détermination des PGV. Les données des mouvements forts du Japon, Turquie et l'USA avec une R_{rup} et une M_w minimales égales à 1 km est 5.5 respectivement sont utilisés pour l'élaboration du modèle qui se base sur une méthode de régression. Uniquement les séismes crustaux sont considérés.

Pour mener à bien cette comparaison, on a tracé les formes fonctionnelles des trois modèles en fonction de la distance de rupture et ce pour les magnitudes M = 5 ; 6 et 7 (figure.V.29).

Suivant la figure.V.29 :

Pour la M_w = 5, les courbes des trois modèles semblent comparables. Le modèle de Gilbert donne une forme fonctionnelle linéaire. Les PGV générées par l'ANN3 sont supérieurs à ceux donnés par le Kanno jusqu'à une distance égale à 30 km, à partir de cette distance l'ANN3 donne des PGV inférieurs à Kanno et Gilbert. Il à noter que le modèle de Fukushima n'est pas représenté ici car il n'est valide que pour les mouvements forts (sa base de données se base essentiellement sur le mouvement fort de Kobé 1995).

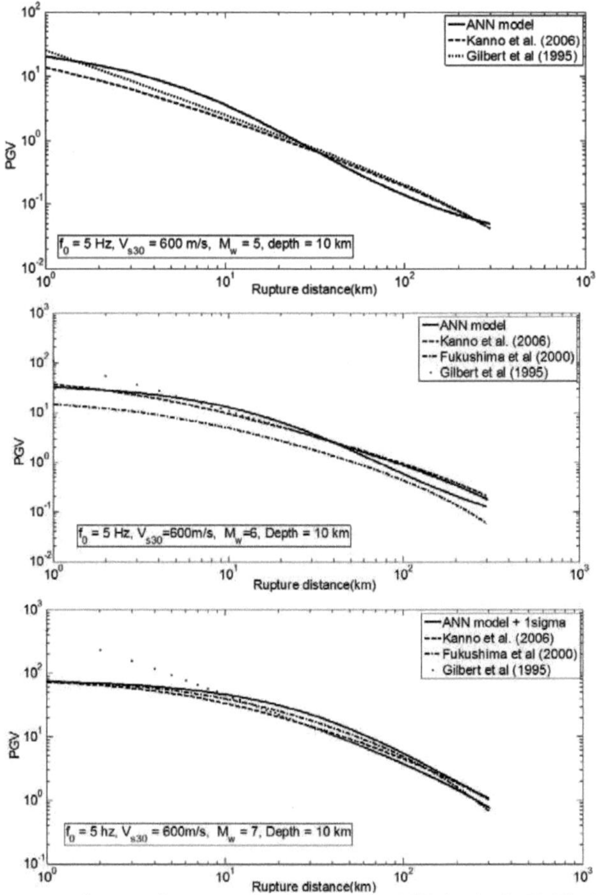

Figure.V. 29. Comparaison des trois équations d'atténuation des PGV (cm/sec) (V.15), (V.16) et (V.17) avec l'ANN3

Pour un séisme où la M_w = 6, quatre modèles sont représentés. Néamoins on remarque que celui de Fukushima donne une courbe dont les amplitudes sont plus faibles que les trois autres ; cela est sans doute dû au fait qu'il a été élaboré avec un séisme où la M_w = 6.9. Pour ce qui est du ANN3, il suit le modèle de Kanno jusqu'à une distance égale à 40 km. Au-delà de cette distance il sous estime légèrement les PGV.

Pour les tremblements de terre dont M_w = 7, les PGV générés par les trois modèles : ANN3 Kanno et Fukuchima suivent la même décroissance et donnent les mêmes valeurs soit 77 m/sec pour une distance égale à 1 km. Dans la plage de distances de rupture allant de 1 km à 3 km les trois courbes restent très proches. Par la suite le taux de divergence augmente jusqu'à une valeur qui avoisine les 18 m/sec à une distance qui vaut 30 km. A grande distance le modèle neuronal et celui de Kanno convergent.

Par ailleurs, il est à noter que pour l'ANN3 il y a une limite de validité du modèle pour les 3 magnitudes 4, 5 et 6. Pour pouvoir estimer la validité du modèle neuronal, on a superposé l'ANN3 et le nuage de points de données utilisés dans la phase d'apprentissage du modèle. Ce calcul est visualisé sur la figure.V. 30.

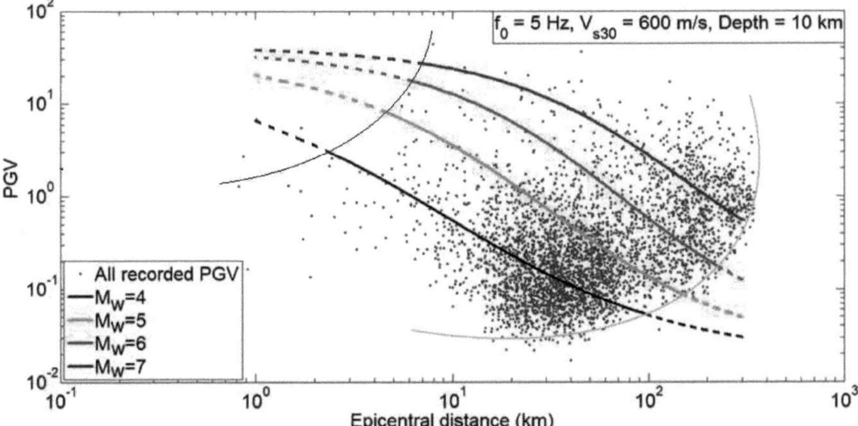

Figure.V. 30. Forme fonctionnelle du modèle neuronal avec la base de données d'apprentissage. Le PGV est en cm/sec

En traçant une courbe qui passe par les bornes du nuage des points on peut localiser les 3 limites du modèles ANN3. Pour la courbe qui correspond à la M_w = 4, la limite est égale à 100 km. Le deuxième point a une valeur qui vaut 130 km pour la magnitude 5. Finalement le dernier point de validité pour la courbe de M_w = 6 est situé au voisinage de 210 km.

V.6. Pourquoi évite-t-on de prédire des modèles pour les PGD?

Les équations de prédiction du mouvement sismique relatifs aux PGD ne sont pas élaborées dans ce projet de recherche, du fait que le filtrage des enregistrements aux basses fréquences manquent de précision (Boore and al., 2007). Or, c'est à cette plage de fréquence que le PGD est très sensible.

V.7. Fréquence prédominante (F$_p$) du mouvement sismique

La détermination de l'amplitude du signal ne suffit pas à elle seule à la description des caractéristiques du signal sismique. Dans cette section, en utilisant les deux modèles ANN2 et ANN3, la fréquence prédominante du signal sismique est déterminée.

En raison des effets de filtrage en intégrant l'accélération pour obtenir la vitesse. La vitesse et l'accélération maximale sont généralement associées aux mouvements de différentes fréquences (Kramer, 1996). Le rapport qui caractérise la fréquence du mouvement harmonique équivalent est donné par la relation V.18 est un moyen simple qui nous donne une indication sur la fréquence la plus importante du mouvement sismique qui est lié au contenu fréquentiel. En utilisant le PGA et le PGV à la surface libre on peut obtenir cette fréquence en surface. Dans la section V.3 et V.4 on a élaboré le ANN2 et ANN3 qui nous donne les PGA et PGV en fonction des 5 paramètres sous certaines limites et pour le sol Japonais.

$$F_p = \frac{PGA}{2\pi.PGV}$$

V.18

On a jugé que ça sera intéressant si on trace cette fréquence F_p en fonction de la distance épicentrale et pour différentes magnitudes.

La figure.V.31 montre que le rapport PGA/PGV a une remarquable dépendance de la distance. La valeur de F_p diminue avec la distance. En champ proche la magnitude n'influe pas sur F_p. La dépendance entre la magnitude et F_p augmente en s'éloignant de l'épicentre. La décroissance de la F_p est plus significative pour un sol rocheux que celle d'un sol très mou. En plus on remarque que F_p du mouvement sismique est plus forte pour un sol rocheux que pour un sol mou ce qui est conforme à la physique et le contenu fréquentiel des grands séismes est plus large bande et riches en basses fréquences par rapport aux tremblements de terre faibles.

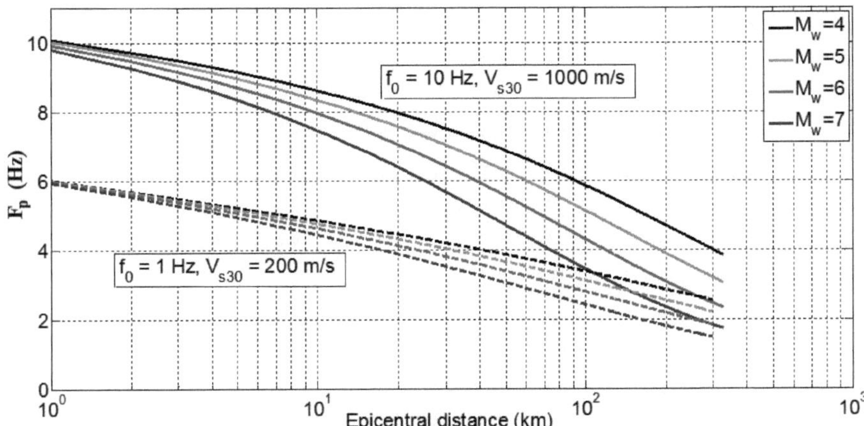

Figure.V. 31. Equation d'atténuation de la fréquence de résonnace F0 et sa variation avec le Mw et les paramètres de site V_{s30} et f_0

Souvent les deux caractéristiques PGA et PGV donnent pas toutes les informations signifiantes du chargement sismique et sur toute sa gamme de période. Il nous renseigne seulement sur l'amplitude de ce chargement. Ces deux paramètres doivent, par conséquence, être complétés ou combinés par d'autres types d'informations. Il existe d'autres indicateurs scalaires peu utilisés par l'ingénieur, mais qui participent au contrôle de la réponse sismique de certaines structures. De tels indicateurs de nocivité permettent alors de compléter l'information donnée par les PGA, PGV et de mieux contraindre le choix d'accélérogrammes naturels ou synthétiques lorsque ces derniers sont nécessaires.

V.8. Estimation des paramètres de nocivité complémentaires (modèle ANN4)

Les paramètres du mouvement du sol utilisés dans l'ingénierie décrivent le potentiel de dommage du séisme. Certains d'entre eux ont une bonne corrélation avec les courbes de demandes couramment l'utilisation de la performance structurelle, de la liquéfaction, et de la stabilité sismique de talus, pour les structures enterrées...etc. L'importance de ces paramètres vient de la nécessité d'une mesure alternative de l'intensité de tremblement de terre (Danciu and al, 2007). Ces paramètres scalaires de nocivité participent éventuellement aux contrôles de la réponse sismique de certaines structures donc de décrire son potentiel du dommage. A titre d'exemple, nous citons l'application de ces paramètres au développement de systèmes d'alerte précoce. Ces systèmes sont des solutions à faible coût pour la réduction du risque sismique des installations vitales, telles que les centrales nucléaires, les structures enterrées, les trains à grande vitesse, etc. Les paramètres des mouvements du sol et le seuil de dommages potentiels sont essentiels pour ces systèmes. Si le seuil est trop bas, un grand nombre de fausses alarmes met en question la crédibilité du système. Si le seuil est trop élevé, l'alarme peut ne pas se déclencher et dans des cas potentiellement désastreux, cela engendre par la suite un sentiment de non sécurité. Les centrales nucléaires utilisent depuis longtemps les valeurs spectrales en accélération pour décider de l'arrêt des systèmes après un tremblement de terre. Il y a plusieurs exemples où des événements à faible magnitude non dommageables ont entraîné des fermetures inutilement. Ces enregistrements sont caractérisés par une faible énergie avec une haute fréquence conduit à des accélérations élevées et des signaux très courts. Ce qui a causé un dépassement du critère de la base d'opération des séismes (OBE : Operating Basis Earthquake). Pour éviter ce problème coûteux, l'Electric Power Research Institute (EPRI, 1988) a constaté que la meilleure corrélation entre l'apparition des dommages structurels et le sol est donnée par l'utilisation du Cumulative Absolute Velocity (CAV) (Klügel., 2009) et l'intensité d'Arias (I_a),

On propose dans la présente étude, un nouveau modèle d'atténuation pour des paramètres de nocivité. Un réseau de neurones à une seule couche cachée est utilisé. Ces paramètres à déterminer sont : en plus de l'accélération maximale du sol (PGA) et la vitesse maximale du sol (PGV), la vitesse absolue cumulée (CAV), l'intensité spectrale d'Housner (S_I), l'intensité d'Arias (I_a), la durée de la phase significative (D_s) et l'accélération quadratique moyenne a_{rms}. Chacun de ces paramètres décrit certaines caractéristiques du mouvement sismique. L'un décrit seulement l'amplitude du mouvement, l'autres seulement le contenu fréquentiel ou la durée. D'autres sont influencés par deux ou trois caractéristiques. Le tableau.V.9 donne les caractéristiques du mouvement du sol qui sont fortement reflétés par les différents paramètres de nocivité. Les définitions de ces paramètres sont données en (I.4).

Malgré le fait que ces paramètres de nocivité ont été reconnus comme des indicateurs fiables de dommages, il n'existe pas de relations empiriques de prédiction en utilisant une grande base de données sismiques.

Pour compléter cette Insuffisance, la base de données d'accélérogrammes KIK-net (V.1) est utilisée dans la phase apprentissage. La distribution des paramètres à déterminer en fonction de la magnitude et la distance sont présentées sur la figure.V.32. La régularisation du modèle neuronal est faite par la technique dite de modération des poids (II.4.2). Les entrées du modèle sont la magnitude, la distance épicentrale, la profondeur focale, la fréquence de résonance du site et la vitesse des ondes de cisaillement moyenne sur trentes mètre de profondeur. La procédure d'élaboration de ce modèle, l'architecture et la méthode d'optimisation (apprentissage) sont les mêmes que pour l'ANN2 et l'ANN3 (V.2).

Paramètres de nocivité	Caractéristiques du mouvement sismique			Type d'informations données et domaine d'utilisation
	Amplitude	Contenu fréquentiel	Durée	
Accélération maximale du sol (PGA)	oui			Hautes fréquences
Vitesse maximale du sol (PGV)	oui			Moyennes fréquences
PGA/PGV		oui		Fréquence du mouvement harmonique équivalent
Vitesse absolue cumulée (CAV)	oui	oui	oui	Une bonne corrélation aux dommages potentiels des structures. Bases fréquences
Intensité spectrale d'Housner (S_I)	oui	oui		Lié au dommage des structures allant une période fondamentale entre (0.1 à 2.5) sec. Appliqué pour les structures enterrées
Intensité d'Arias (I_a)	oui	oui	oui	Mesure l'énergie du tremblement de terre. Utile pour Stabilité des pentes, liquéfaction, dommage des structures
Durée de la phase significative (D_s)			oui	Durée liée à énergie du signal sismique
Accélération quadratique moyenne (a_{rms})	oui		oui	Mesure de l'énérgie en tenant en compte de la durée. Il n'est pas influencé par les accélérations en hautes fréquences.

Tableau.V. 9. Caractéristiques du mouvement du sol qui est fortement influencées par les différents paramètres du mouvement du sol (Kramer, 1996), (Danciu and al, 2007).

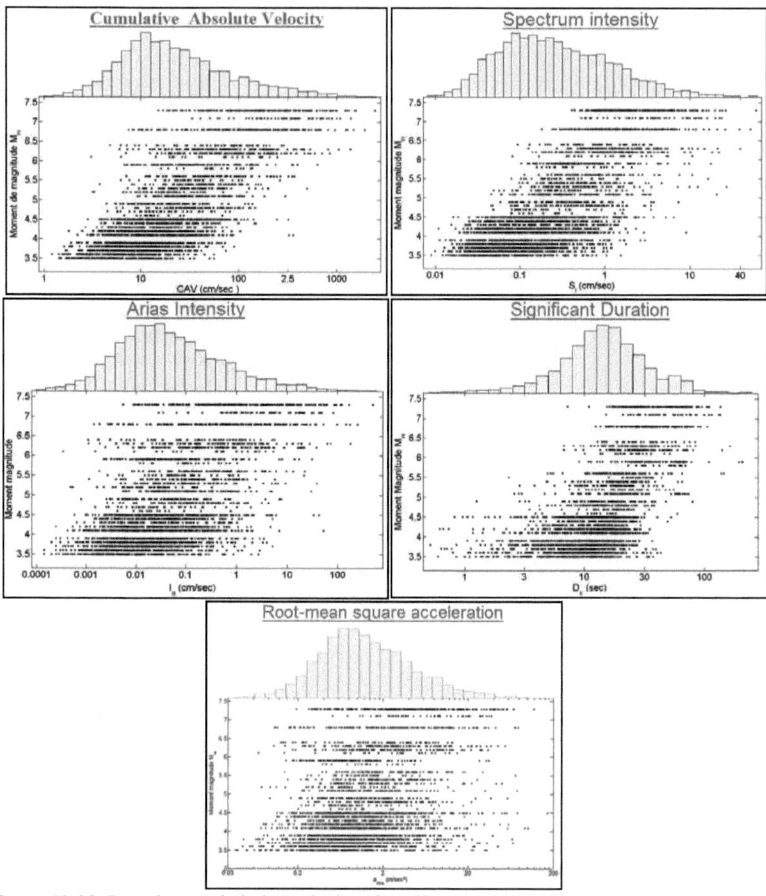

Figure.V. 32. Distribution de la base de données sélectionnée en M_w et paramètres de nocivité

La raison pour laquelle nous avons élaboré un seul RNA au lieu de 7, est de réduire le nombre de degré de liberté dans le modèle.

Ce RNA qui est de type feed-forward backpropagation (FFBP) contient 5 entrées représentées par f_0, V_{s30}, M_w, $log_{10}(R)$ et D. 20 neurones dans la couche cachée et 7 neurones dans la couche de sortie représentés par $log_{10}(PGA)$, $log_{10}(PGV)$, $log_{10}(CAV)$, $log_{10}(S_I)$, $log_{10}(I_a)$, $log_{10}(D_s)$ et $log_{10}(a_{rms})$. La fonction Tanh-sigmoïde est utilisée dans les 20 neurones de la couche cachée et la couche de sortie. La topologie du modèle neuronale ANN4 est illustrée dans la figure.V.33.

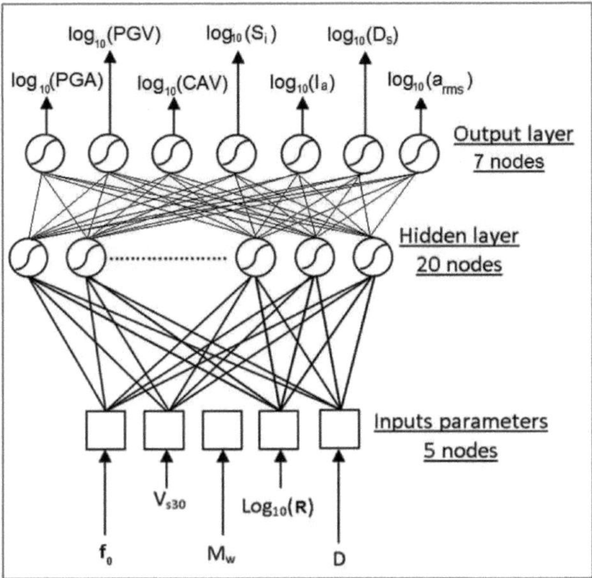

Figure.V. 33. Topologie d'ANN4

V.8.1. Equation matricielle d'atténuation des paramètres de nocivité

Le modèle neuronal élaboré a pour but de prédire les paramètres de nocivité. La méthode de réseau de neurones artificiels qui est une méthode d'apprentissage statistique a pour mission l'obtention des matrices de poids et des biais (Annexe.I).

Maintenant on veut élaborer une équation matricielle de prédiction de l'accélération maximale du sol qui ne dépend pas de la toolbox « neural networks » de Matlab. Et qui peut être facilement utilisée en pratique.

On donne dans cette section l'équation de base qui représente le $log_{10}(X)$ normalisé entre [-1 et 1]. Cette dernière est donnée par la relation suivante :

$$T_n = \text{Tanh}(\{b_2\} + [w_2].\text{Tanh}(\{b_1\} + [w_1].\{P_n\})) \qquad \text{V.19}$$

T_n est la valeur de $log_{10}(X)$ normalisée entre [-1 et 1].

X représente le vecteur de paramètres de nocivité $X = [\ log_{10}(PGA),\ log_{10}(PGV),\ log_{10}(CAV),\ log_{10}(S_I),\ log_{10}(I_a),\ log_{10}(D_s)\ et\ log_{10}(a_{rms})]$.

Tanh : Tanh-sigmoide, b_1 et b_2 représentent les matrices de biais de la couche cachée et la couche de sortie respectivement. w_1 et w_2 sont les matrices des poids synaptiques de la couche cachée et la couche de sortie respectivement. Tandis que P_n est la matrice qui contient les vecteurs des paramètres d'entrée donnée par eq.II.24.

La dénormalisation T_n est obtenue par :

$$log_{10}(X) = \frac{1}{2}(T_n + 1).(T_{max} - T_{min}) + T_{min} \qquad\qquad V.20$$

T_{max} et T_{min} représente la valeur maximale et minimale de T_n.

Pour calculer le vecteur des paramètres de nocivité X, on a besoin des valeurs minimales et maximales des paramètres d'entrée (tableau.V.7) et de sortie (tableau.V.10).

	$Log_{10}(PGA)$ (cm/sec^2)	$Log_{10}(PGV)$ (cm/sec)	$Log_{10}(CAV)$ (cm/sec)	$Log_{10}(S_i)$ (cm)	$Log_{10}(I_a)$ (cm/sec)	$Log_{10}(D_s)$ (sec)	$Log_{10}(a_{rms})$ (cm/sec^2)
Min	-0.470	-1.7696	0.0830	-1.4819	-3.8495	-0.2887	-1.4325
Max	2.772	1.6429	3.3954	2.2128	2.7030	2.3213	2.2331

Tableau.V. 10. Valeur minimale et maximale des paramètres d'entrée et de sortie

V.8.2. Mesure de la robustesse du modèle ANN4 (Variance/biais)

L'écart type total (SIGMA) du modèle ANN4 est trouvé égal à 0.370 et un R_c = 0.940. Tandis que les valeurs de chaque paramètre sont résumées sur le tableau.V.11.

Paramètres de nocivité	SIGMA		R_c	
	ANN4	ANN à une seule sortie	ANN4	ANN à une seule sortie
PGA	0.3378	0.3399 (ANN2)	0.7428	0.7431 (ANN2)
PGV	0.2930	0.2936 (ANN3)	0.8309	0.8313 (ANN3)
CAV	0.2803	0.2751	0.8602	0.8631
S_i	0.3072	0.3046	0.8509	0.8537
I_a	0.6098	0.6065	0.8051	0.8060
D_s	0.2748	0.2738	0.6962	0.7007
a_{rms}	0.3743	0.3743	0.7249	0.7247

Tableau.V. 11. Valeur de SIGMA pour chaque paramètre de nocivité

Le tableau.V.11 montre que les SIGMAs données par l'ANN4 et par un réseau de neurone à une seule sortie sont pratiquement les mêmes. Ce résultat est très important. Il montre la capacité de cette méthode à estimer les paramètres de nocivité en utilisant les mêmes poids.

Regardons à présent la distribution des résidus en fonction des paramètres d'entrée. Ces résidus nous informent, d'une part, sur la stationnarité du processus en fonction des paramètres d'entrée et, d'autre part, sur la présence d'un biais éventuel.

Pour ce faire, on a calculé les résidus relatives à chaque paramètre de nocivité $log_{10}((x_i)\_enregistrée/(x_i)\_prédit)$ eq.V.4 et ce pour chaque magnitude, distance épicentrale, profondeur focale, V_{s30} et f_0. x_i représente le paramètre de sortie i=[1 à 7]. La présentation graphique de ce calcul est donnée par la figure.V.34. Les graphes représentent les résidus en fonctions des 5 paramètres ainsi que la moyenne et la moyenne ± l'écart type pour un intervalle donné.

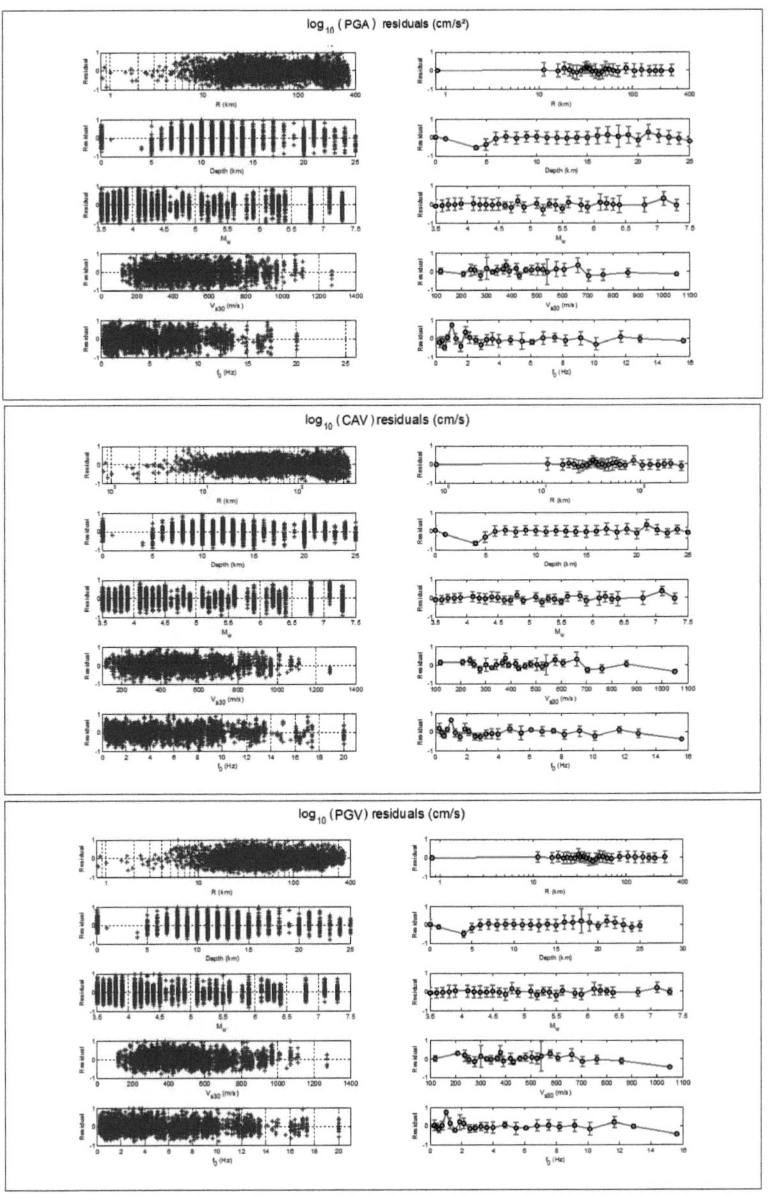

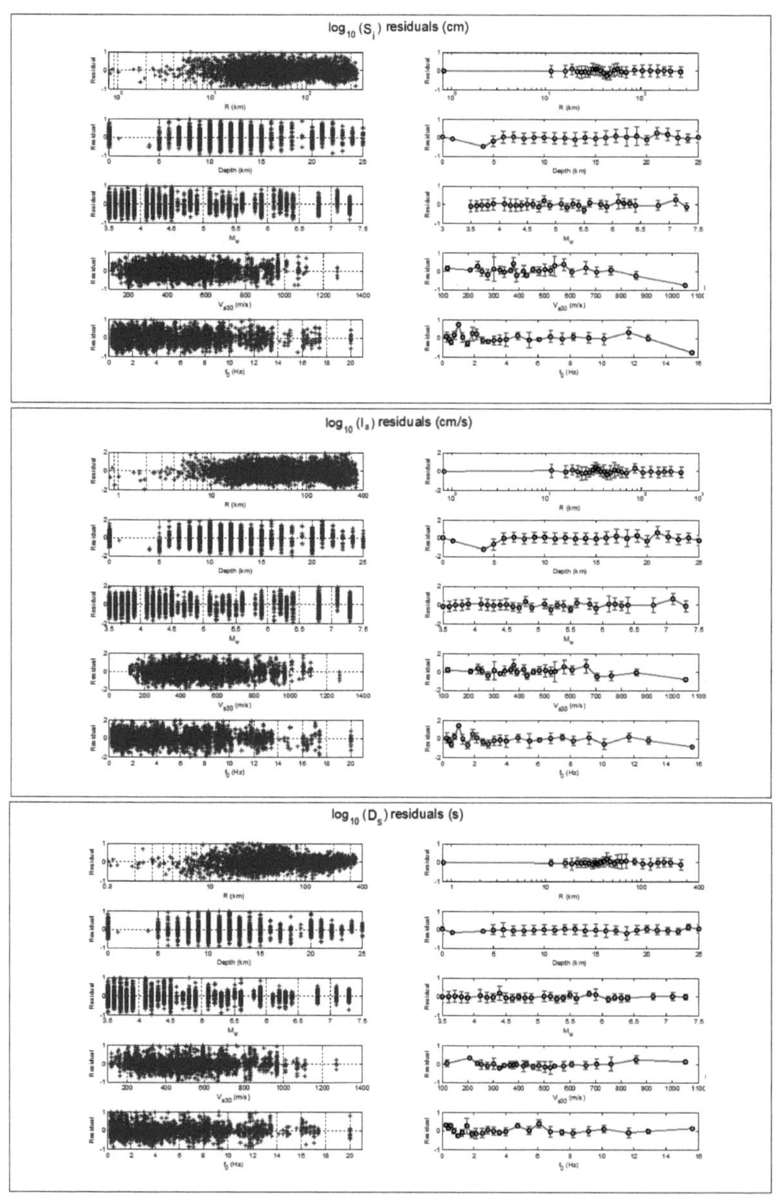

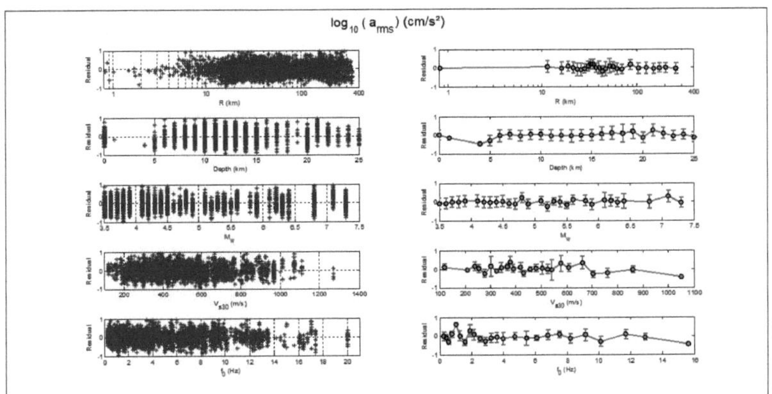

Figure.V. 34. Distribution des résidus des paramètres de nocivité avec les variables d'entrée du modèle neuronal

Les 5 graphes montrent d'une façon générale que le processus est stationnaire pour l'ensemble des paramètres (il n'y a pas des biais significatifs à signaler). En outre, les résidus sont symétriques, et l'ensemble de ces résidus sont compris entre -1 et +1. Néanmoins, on remarque que les fluctuations sont plus apparentes si on considère les paramètres de sites (f_0 et V_{s30}). D'autre part, on peut remarquer aussi que les résidus en fonction de M_w et le R ainsi que de la profondeur suivent une ligne horizontale qui caractérise la stationnarité du modèle.

Par ailleurs, et pour voir si les résidus obtenus par l'ANN4 suivent une loi normale, on a tracé la distribution de ces derniers sous forme d'histogramme (figure.V.35).

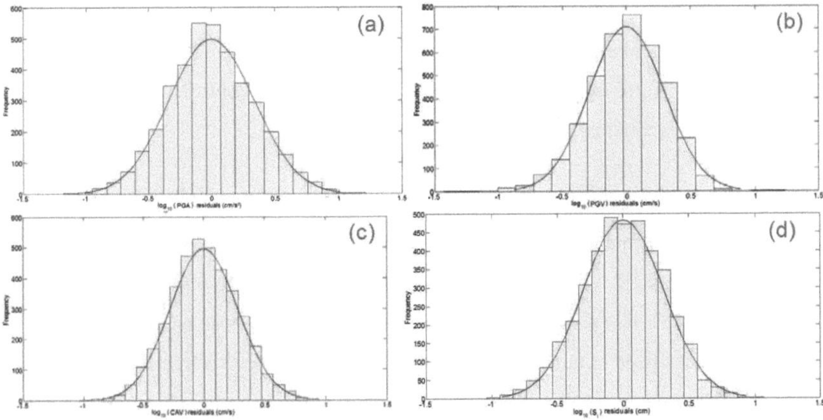

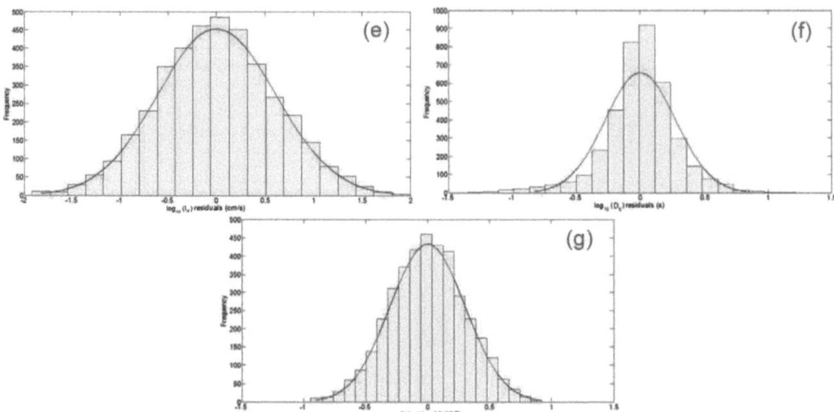

Figure.V. 35. Distribution en histogramme des paramètres de nocivité générés par l'ANN4. La courbe représente la distribution normale théorique. (a) : PGA, (b) : PGV, (c) : CAV, (d) : S_i, (e) : I_a, (f) : D_s, (g) a_{rms}.

Ces courbes confirment que la distribution des résidus est symétrique et à peu près gaussienne.

Dans un autre sens, pour voir les biais du processus, on a tracé les valeurs des paramètres de nocivité estimés en fonction de celles enregistrées (figure.V.36). Les valeurs sont données en $\log_{10}$. En lissant la figure.V.36 on peut dire que, en général le modèle neuronal donne des corrélations acceptables pour l'apprentissage avec régularisation (cette dernière assure la généralisation du modèle). La meilleure corrélation est donnée par CAV ($R_c = 0.86$) avec un faible biais, suivie par S_i avec une valeur de $R_c = 0.85$ là aussi il n'y a pas un biais apparent. Par contre la D_s génère un R_c faible avec un biais apparent aux limites du modèle (voir aussi figure.V.34).

Ces résultats (variance/biais) sont liés à la variabilité de la dépendance existante entre les paramètres d'entrée (qui sont censés décrive les facteurs contrôlant la source au site d'enregistrement) et paramètres de nocivité.

V.8.3.Interprétation des résultats et discussion

Comme précédemment, une question importante concerne l'identification du ou des paramètres qui influent le plus sur les paramètres de nocivité. Pour répondre à cette question 8 ANN ont été élaborés. Chaque réseau de neurones donne un des paramètres de nocivité. Le % P_i (eq.V.7) est utilisé pour caractériser le taux d'influence de chaque variable d'entrée sur les paramètres de nocivité. Les résultats de ce calcul sont visualisés sur la figure.V.37.

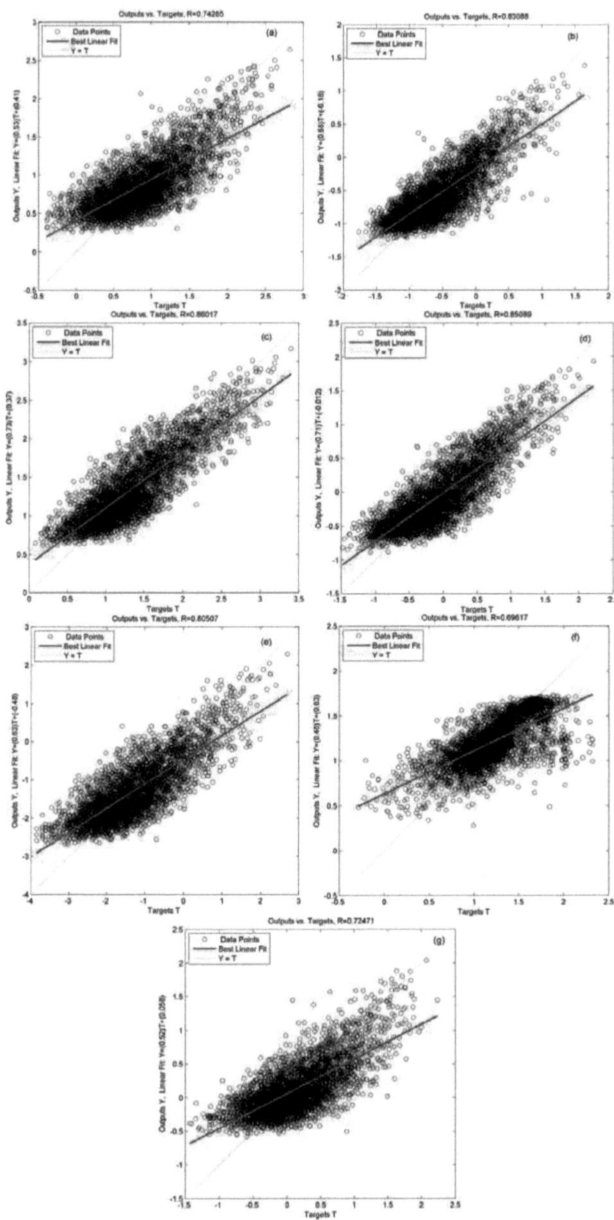

Figure.V. 36. Corrélations entre les paramètres de nocivité déterminés par ANN4 (Y) et calculés à partir des enregistrements (T). (a) : PGA, (b) : PGV, (c) : CAV, (d) : S_i, (e) : I_a, (f) : D_s, (g) a_{rms}. Les lignes en rouges représentent les courbes de tendance linéaire Y=f(T).

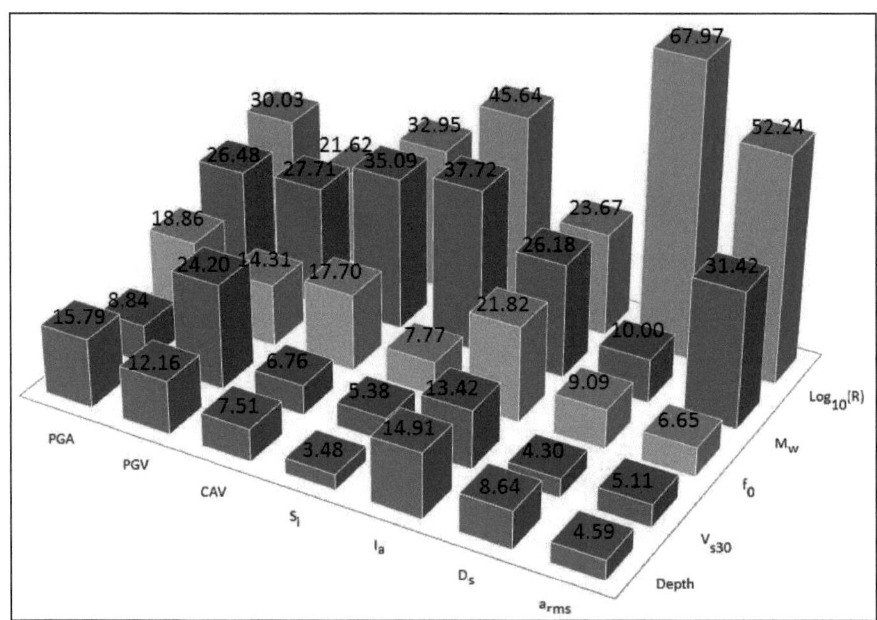

Figure.V. 37. Coefficient de participation (en %) relatif à chaque paramètre d'entrée et pour les 7 paramètres de nocivité ainsi qu'à partir de l'ANN4

A partir de la figure.V.37 nous remarquons l'influence évidente de la magnitude (M_w) et de la distance épicentrale (R) sur les paramètres du mouvement du sol. Le pourcentage d'influence de R sur la durée de la phase significative (D_s) atteint 67.97 %. Ce pourcentage vaut 45.64 % pour le S_i. Toujours pour la D_s, la M_w influe seulement de 10 %. Cette constatation est visible sur les figures V.38, V.39 et V.41. Nous remarquons aussi, et ce pour tous les paramètres que, f_0 exerce un contrôle un peu plus prononcé sur les paramètres de nocivité que D et V_{s30}, sauf pour le PGV où V_{s30} influe plus que f_0. Ce dernier paramètre trouve son maximum pour les PGA et I_a.

La variation des formes fonctionnelles des 7 paramètres de nocivité avec les paramètres caractérisant l'événement sismique et le site sont présentés et interprétés dans la présente section. Pour vérifier si le modèle neuronal (sans aucune a priori forme fonctionnelle) donne des résultats conformes au comportement physique. Pour répondre à cette question, et monter l'influence des M_w et R, f_0, V_{s30} et D sur les paramètres de nocivité nous avons tracé ces dernières en fonction de la distance et la magnitude. Dans la figure.V.38, 3 valeurs de f_0 ont été choisies 1 Hz, 3 Hz et 6 Hz avec V_{s30} = 600 m/sec et D = 10 km. La figure.V.39 illustre l'effet de V_{s30} sur les paramètres de nocivité, pour 3 valeurs de vitesse : 200 m/sec, 600 m/sec et 1000 m/sec, tandis que f_0 et D restent constants (5 Hz et 10 km). La présence d'un effet de site non linéaire est illustrée dans la figure.V.40. L'influence de la profondeur sur les paramètres de nocivité est testée en utilisant 2 valeurs 5 km et 25 km toute en gardant f_0 = 5 Hz et V_{s30} = 600 m/sec (figure.V.41).

La figure.V.38 montre que la variation des PGA, PGV, CAV, S_i, I_a et a_{rms} avec la distance épicentrale R confirme que la décroissance de l'amplitude du mouvement sismique avec la distance dépend de la magnitude. En outre, on remarque la présence de l'effet d'échelle en champs proche (un écart plus petit pour les grandes magnitudes et plus grand pour les petites magnitudes).

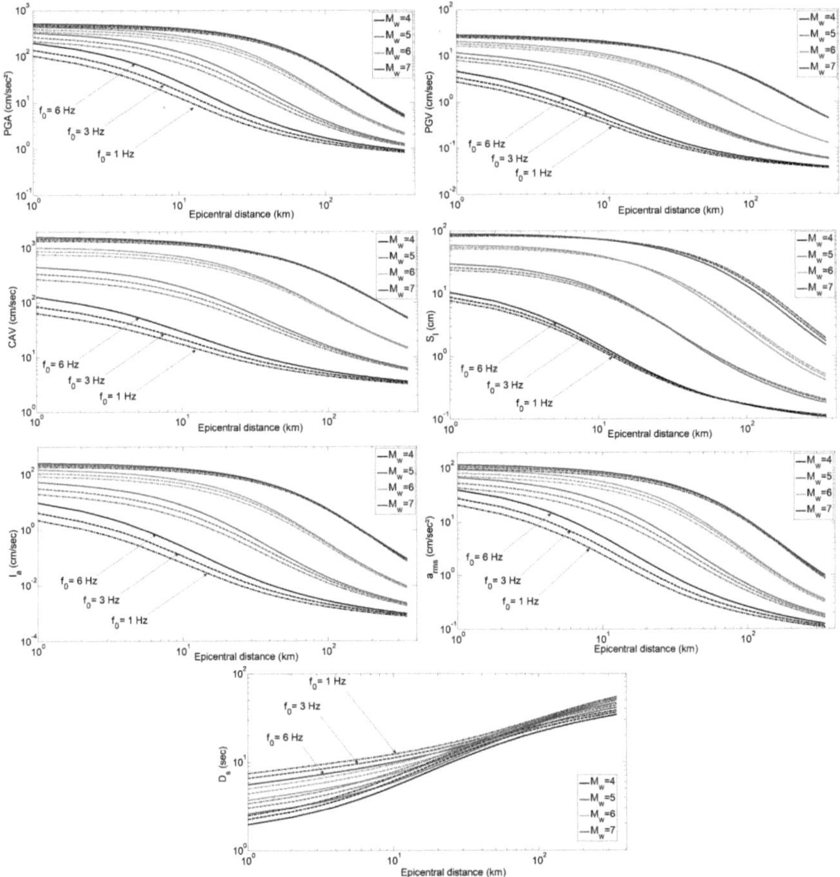

Figure.V. 38. Variation des paramètres de nocivité avec la fréquence de résonance f_0 en fonction de la distance épicentrale pour des magnitudes égales à 4, 5, 6 et 7. V_{s30} = 600 m/sec et D = 10 km.

La figure V.38 confirme également que la décroissance de l'amplitude du mouvement sismique avec la distance dépend de la magnitude. En outre, on remarque la présence de l'effet d'échelle en champs proche (un écart plus petit pour les grandes magnitudes et plus grand pour les petites magnitudes).

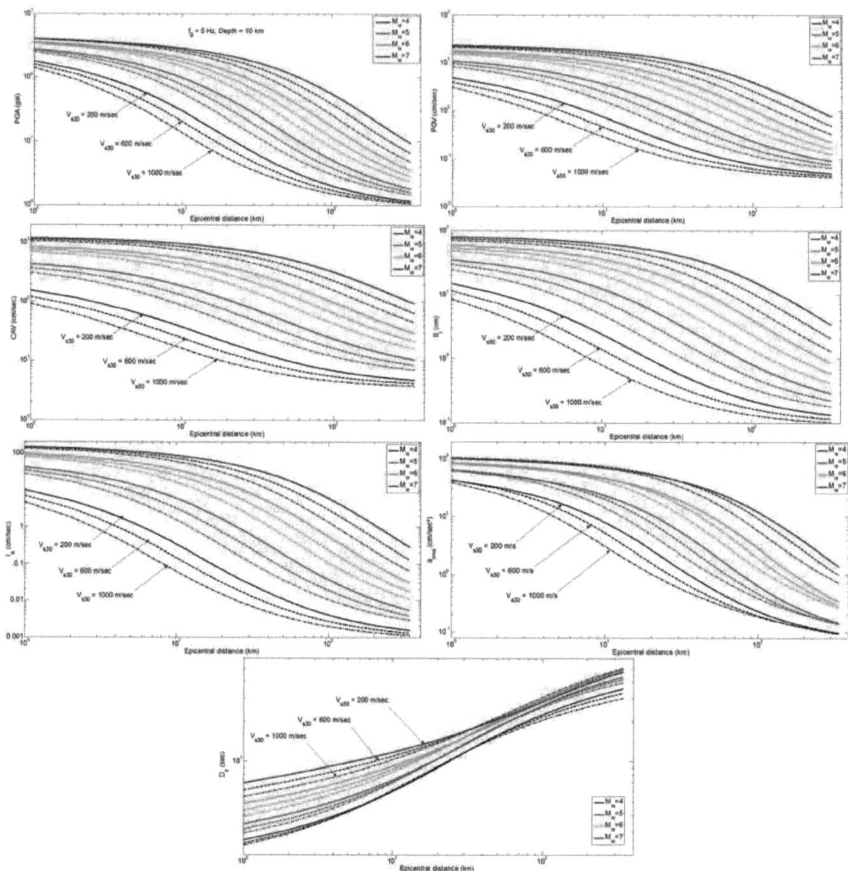

Figure.V. 39. Variation des paramètres de nocivité avec la V_{s30} en fonction de la distance épicentrale pour des magnitudes égales à 4, 5, 6 et 7.

Cette dernière discutions traduit le faite que ces conditions de site peuvent engendrer un effet de site non linéaire. La figure.V.40 représente les courbes (paramètres_site1/paramètre_site2) en fonction du paramètre_site2. Le site 1 est caractérisé par un couple $(V_{s30}, f_0) = (200,2)$, tandis que le site 2, considéré comme une référence, est caractérisé par $(V_{s30}, f_0) = (800,8)$.

Cet effet d'échelle est présent en champ lointain dans les D_s. Pour la durée significative on assiste à une augmentation de la durée avec la distance. Ce phénomène est du à la propagation d'ondes à vitesses variables et aux réverbérations dans la croûte (Boore. 2003). Cependant, l'influence de la magnitude diminue avec la distance.

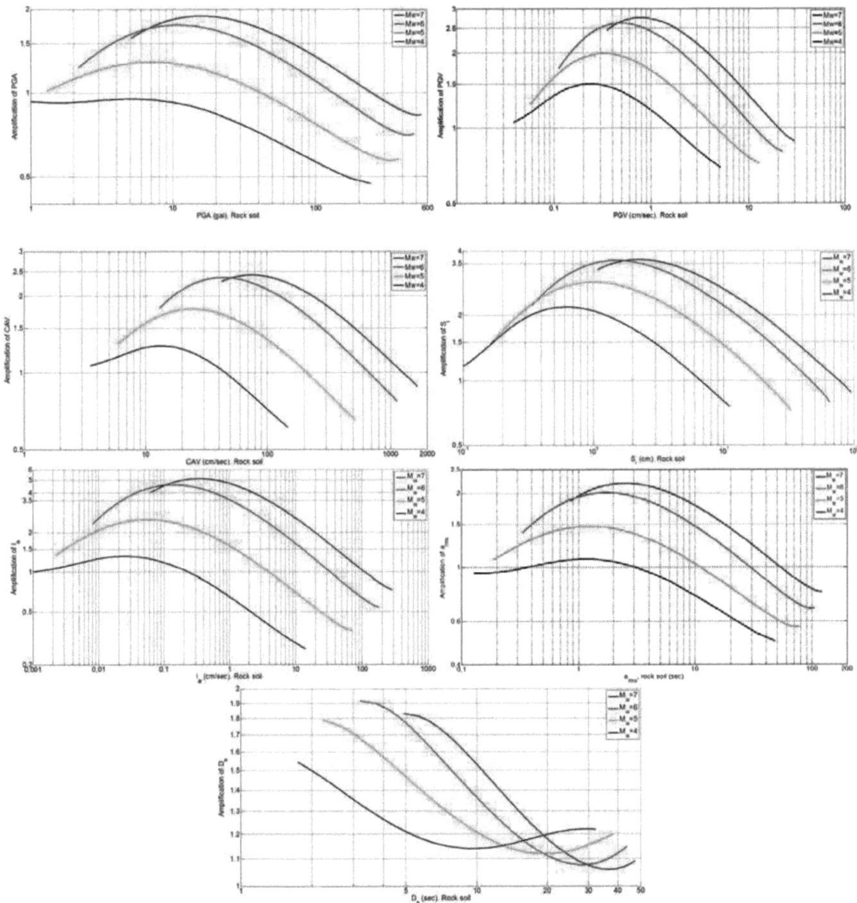

Figure.V. 40. Variation des paramètres de nocivité d'un site mou [V_{s30} = 200 m/sec, f_0 = 2 Hz] par rapport aux paramètres de nocivité d'un site rocheux [V_{s30} = 800 m/sec, f_0 = 8 Hz]pour différentes magnitudes et pour une profondeur focale égale à 10 km. la totalité de la gamme de distance épicentrale est considérée.

En outre, on peut remarquer, à partir de l'analyse des courbes obtenues pour les PGA, PGV, CAV, S_i, I_a et a_{rms} que les hautes fréquences influent plus que les basses fréquences à faibles M_w, cette influence diminue avec l'augmentation de la magnitude. Par contre D_s est plus sensible aux basses fréquences.

La figure V.39 illustre l'influence de V_{s30} sur les formes fonctionnelles des différents paramètres de nocivité. Les formes fonctionnelles obtenus par l'ANN4, confirment le fait que les faibles V_{s30} amplifient plus que les grandes V_{s30}. Cette influence est remarquable en champs proches par les petites M_w et par les grandes M_w en champ lointain.

A partir de la figure.V40 nous remarquons que la non-linéaire apparaît clairement pour les PGA, PGV, CAV, S_i, I_a, a_{rms}. Le seuil entre l'amplification et la déamplification change d'un paramètre à un autre et suivant la magnitude. On sait pertinemment que les sols mous augmentent la durée de l'événement sismique. Cette durée ne dépend pas trop de la magnitude au-delà de 20 sec. Pour les champs proches et intermédiaires, les sites mous prolongent la durée par rapport aux sites de référence tandis que l'allongement de la durée est négligeable pour le champ lointain.

Pour voir l'influence de la profondeur du séisme sur les paramètres de nocivité, on a représenté les variations des 7 paramètres en fonction de la distance épicentrale et de la magnitude en prenant deux valeurs de la profondeur 5 km et 25 km (figure V.41). Pour ce faire, on a choisi un sol dont la fréquence de résonance $f_0 = 5$ Hz et la $V_{s30} = 600$ m/sec.

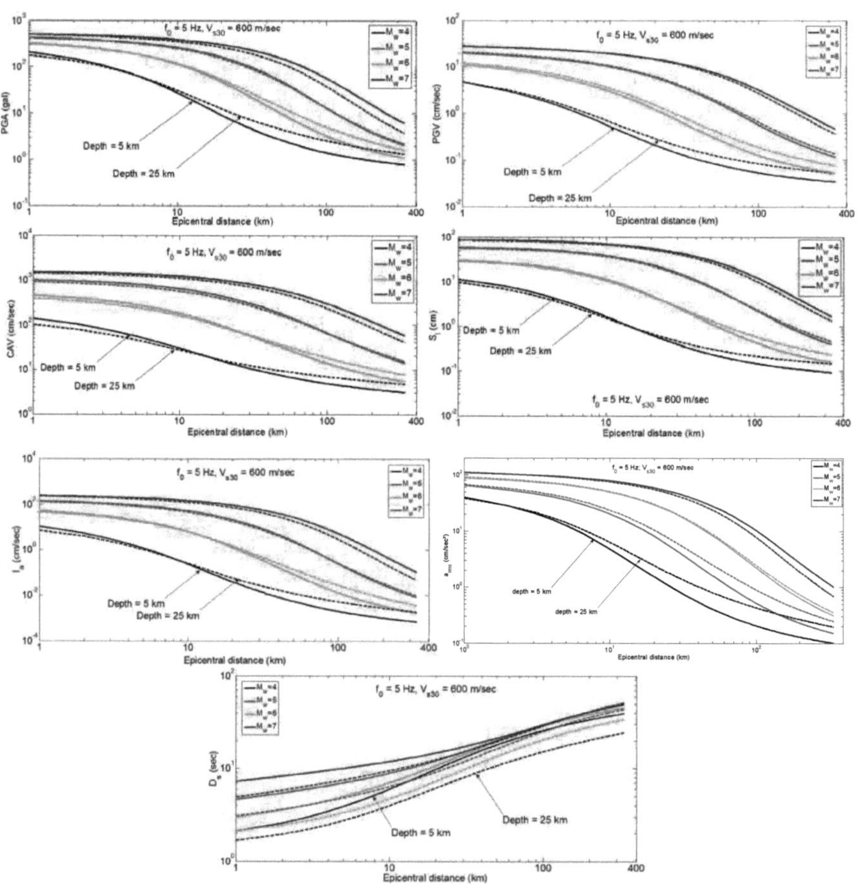

Figure.V. 41. Variation des paramètres de nocivité avec la profondeur focale (5 et 25) km, la distance épicentrale et la magnitude pour un sol raide.

Pour les séismes crustaux, l'influence apparait mieux pour les faibles magnitudes. En champ proche et pour des magnitudes égales à 4 et à 5, les paramètres dus à des séismes peu profonds (5 km) sont plus forts que ceux de séismes plus profonds (25 km). Cependant cette tendance s'inverse à partir d'une certaine distance : les amplitudes générées pour une profondeur égale à 25 km sont plus forts que celles d'un séisme modéré de faible profondeur. Pour les séismes de magnitude 6, la profondeur n'a pratiquement aucune influence sur les paramètres de nocivité. Pour la magnitude 7, l'influence de la profondeur apparait à partir des distances intermédiaires avec des valeurs des paramètres de nocivités plus grandes pour les séismes superficiels. Par ailleurs, la profondeur a une influence nette sur la durée ; en particulier en magnitude faible et modérée. Les durées sont plus importantes pour les séismes superficiels. Ceci peut s'interpréter comme étant du à une plus forte proportion d'ondes de surface, plus dispersives, quand les profondeurs est faible.

Conclusion

Un modèle d'atténuation a été développé pour les paramètres scalaires d'ingénierie caractérisant le mouvement du sol à la surface libre du réseau accélérométrique Kik-Net (Japon). Ces catégories des paramètres de mouvement du sol ont l'avantage de décrire mieux le potentiel de dommages du mouvement de sol pour certain types de structures. Ces paramètres capturent ainsi les effets de l'amplitude, du contenu fréquentiel, de la durée et l'énergie de l'enregistrement du mouvement du sol. Ces paramètres pour l'ingénieur ont été incorporés simultanément pour la première fois, dans ce chapitre, dans les relations empiriques d'atténuation pour le Japon en utilisant la méthode de réseau de neurones artificiels. Les relations d'atténuation proposées pourraient constituer un critère d'amélioration pour la sélection de scénarios de tremblement de terre en termes de paramètres de mouvements du sol qui sont les plus représentatives d'endommagement structurelles, à des fins d'ingéiérie.

Les valeurs de PGA, PGV, CAV, S_i, I_a, D_s, a_{rms} ont été estimées, en fonction des M_w, R, D, f_0 et V_{s30} pris en paramètres d'entrée. L'apprentissage a été réalisé par l'algorithme de la rétropropagation du gradient de deuxième ordre en utilisant la technique de quasi-Newton (BFGS).

Le début de ce chapitre a été consacré à développer un modèle neuronal de prédiction de l'accélération maximale du sol (PGA) : ANN2. Les variables d'entrée qui contrôlent le PGA ont été adoptés après plusieurs tests en utilisant le R_c (coefficient de corrélation) et l'écart type (SIGMA). Le test a montré que ce paramètre est sensible à tous les paramètres d'entrée. Un deuxième test a été élaboré afin de choisir la fonction d'activation qui donne un modèle optimum. Le résultat montre que la configuration avec une fonction Tanh-sigmoïde pour les deux couches donne des PGA qui convergent mieux vers celles enregistrées. Le troisième test, concerne le nombre de neurones dans la couche cachée. Ce dernier test a montré que 20 neurones donnent des valeurs de SIGMA et AIC minimales. Le sur-apprentissage du RNA a été évité en utilisant la technique de la régularisation, réduit aussi la durée de l'apprentissage. Afin de fournir à l'ingénieur un modèle simple à utiliser, le modèle neuronal ANN2 ainsi que les deux autres ANN3 et ANN4 ont été représentés sous forme d'équations matricielles. Pour élaborer les deux modèles ANN3 qui donne le PGV et ANN4 pour la prédiction de l'ensemble de paramètres de nocivité, on a suivi la même démarche et on a utilisé la même topologie que l'ANN2.

La validation des trois modèles est effectuée en confrontant les valeurs estimées par le réseau de neurones et celles enregistrées sur site tout en calculant les résidus. La lecture des résultats obtenus montre une grande corrélation entre les PGA générés par les ANN et ceux enregistrés et montre aussi la stationnarité du processus. La forme fonctionnelle obtenue à l'issue de ces modèles neuronaux, confirment le fait que la décroissance du mouvement sismique avec la distance dépend de la magnitude et que cette dépendance est plus significative en champ proche contrairement à la durée de la phase significative (D_s). On remarque ainsi l'effet d'échelle de la magnitude sur les paramètres de nocivité en champs proche et intermédiaire. En plus les ANN2 ANN3 et ANN4 nous renseignent sur les effets de la profondeur, de la quantification du poids de chaque paramètre, sur l'effet des conditions locales du site sur les amplitudes et la mise en évidence d'un comportement non-linéaire lié à la rhéologie du sol.

L'effet des conditions de site sur les paramètres de nocivité est confirmé. Il en résulte un comportement linéaire pour les séismes à faibles magnitudes et non linéaire pour les tremblements de terre forts avec la présence d'une déamplification. En champ proche l'amplification de site est sensible surtout aux hautes fréquences de résonance f_0, tandis qu'en sortant de la zone épicentrale les paramètres de nocivité sont fortement contrôlés par V_{s30} (amplification des sols mous) et la fréquence de résonnance (amplification plus forte pour f_0 plus faible).

La validation par comparaison du modèle ANN2 a été faite avec les modèles de Zhao et al., (2006) Cotton et al., (2008) et Kanno et al., (2006). Les résultats obtenus montrent une similitude entre les formes fonctionnelles de ANN2 et celles obtenues par les GMPEs. Le SIGMA obtenu par l'ANN2 égal à 0.339 est sensiblement inferieur à ceux donnés par les modèles de Zhao (0.391), Cotton (0.353) et Kanno (0.373).

Concernent le modèle ANN3, la comparaison a été effectuée avec Gilbert & Yamazaki. (1995), Fukushima et al (2000), et Kanno et al (2006). Les résultats révèlent la convergence de ces deux derniers modèles pour les $M_w = 6$ et $M_w = 7$ avec l'ANN3.

Les présents modèles sont basés sur les réseaux de neurones artificiels qui ne nécessitent pas une forte compréhension des phénomènes physiques de l'atténuation de l'onde sismique pour choisir a priori une forme fonctionnelle qui décrive le comportement physique du mouvement du sol. Ce type de modèle est donc un outil intéressant pour la prédiction des paramètres scalaires du sol, notamment ceux qui sont largement utilisés en génie parasismique. Il est à noter que la validation du modèle est faite uniquement pour les sites et les séismes au Japon.

Jusqu'à présent on a élaboré seulement les paramètres scalaires d'ingénierie. Or, pour mener une étude de dimensionnement des structures vis-à-vis au chargement sismique, la méthode spectrale est utilisée. L'élaboration d'un modèle de prédiction du spectre de réponse s'avère très utile pour l'ingénieur concepteur. Un modèle neuronal de prédiction des valeurs spectrales à la surface de la terre est élaboré dans le chapitre suivant.

Chapitre VI :

Nouvelle relation d'atténuation de prédiction des pseudo-spectres de réponse en accélération : application pour le KiK-Net

Introduction

A partir de données sismiques expérimentales, de connaissances sur la tectonique, de la géologie régionale et locale et de modèles de propagation, les sismologues ont la charge de définir, en chaque site, le mouvement sismique. Ce mouvement est souvent simplifié réglementairement sous la forme d'une accélération maximale (PGA déjà évoquée dans le chapitre V) et d'un spectre de réponse caractérisant l'agressivité du séisme pour différentes périodes de résonance des structures. Ce mouvement est ensuit .utilisé par les ingénieurs pour en déduire les efforts induits dans les éléments structuraux et les accélérations auxquelles seront soumis les équipements (Pecker 1984).

Les relations de prédiction du mouvement du sol, donnent en un point les paramètres du mouvement du sol tels que les PGA et les pseudo-spectres de réponse (5%), en fonction de la magnitude et la distance au séisme. Ces spectres de réponse sont des outils importants dans l'analyse de l'aléa sismique (Derras et al., 2010). Le nombre d'enregistrements de mouvements forts a augmenté rapidement ces dernières années. Cette situation permet le développement de la calibration des méthodes qui se basent essentiellement sur les données.

Le présent chapitre à pour but d'établir un modèle de prédiction du mouvement sismique caractérisé par les valeurs spectrales moyennes des deux composantes horizontales. Cette relation est en

162

fonction de la magnitude du moment (M_w), de la distance épicentrale (R) de la vitesse moyenne des ondes de cisaillement sur trente mètres de profondeur (V_{s30}), de la fréquence de résonance de site (f_0) et de la profondeur focale (D). A partir du modèle élaboré, la variation des accélérations spectrales avec la distance, la magnitude, la profondeur focale et les conditions de site est étudiée. Comme le chapitre précédent, nous utilisons la base de données KiK-net (Japon).

La méthode de réseau de neurones artificiel est utilisée comme un moyen à la détermination de la forme fonctionnelle du modèle physique sous-jacent. Cette approche neuronale est une méthode alternative permettant l'évaluation de l'importance de chaque paramètre d'entrée sur les accélérations spectrales.

La robustesse du modèle neuronal est analysée en comparant les valeurs spectrales générées par l'ANN5 et celles réellement enregistrées. Les résidus sont confrontés à la distribution en loi normale. Le SIGMA est calculé pour chaque période et comparé avec les autres GMPEs à savoir celles de Zhao et al., 2006 ; Kanno et al., 2006 ; et Cotton et al., 2008.

VI.1. Base de données sismiques KiK-net

Les données spectrales utilisées sont encore celles de la base de données KiK-Net. Le nombre d'enregistrements en fonction de la magnitude est représenté en figure V.1. La distribution des données en fonction des distances épicentrales des profondeurs focales sont illustrées sur les figures V.2 et V.3 respectivement. La distribution des PSA pour T = 0.2 sec et T = 1 sec en fonction de la magnitude de moment est représentée sur la figure.VI.1.

Le nombre de données utilisées pour l'apprentissage avec régularisation est égal à 3891. La figure.VI.2 illustre les 3891 pseudo-spectres de réponse en accélération (PSA) en fonction de la période. Cette dernière est comprise entre [0.04 et 4] sec autrement-dit pour une gamme de fréquences allant de 0.25 Hz à 25 Hz. Cette plage de périodes correspond aux périodes fondamentales des structures courantes.

Pour une période T = 0.1 sec les valeurs spectrales sont comprises entre 1 gal et 1334 gal. Les spectres présentent leur maximum dans un intervalle de période compris entre 0.1 sec et 0.5 sec.

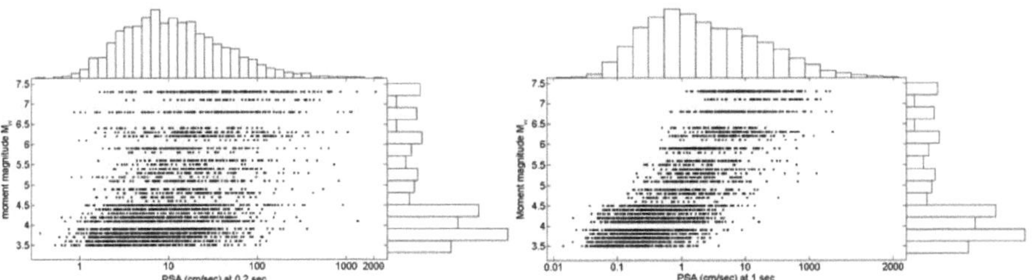

Figure.VI. 1.Distribution des PSA avec la magnitude pour T = 0.2 sec et T = 1.

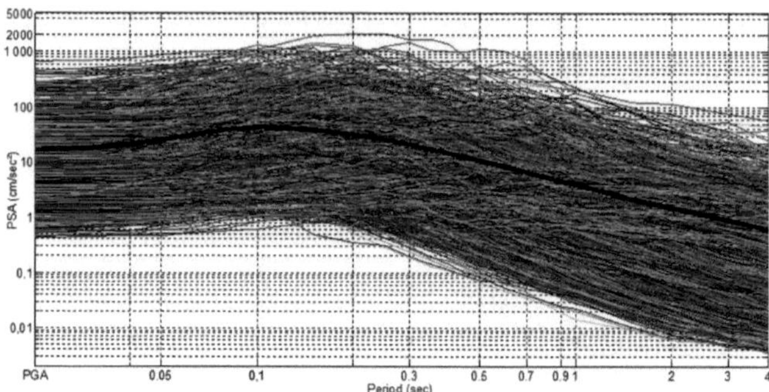

Figure.VI. 2. 3891 Pseudo-spectres en accélération en fonction de la période. Le spectre de réponse moyen est donné en trait épais.

VI.2. Mise en œuvre du modèle neuronal

Pour construire un modèle capable de prédire un spectre de réponse à la surface libre nous allons suivre la procédure suivante :

- On fixe les périodes dont on veut calculer les ordonnées spectrales, ces valeurs sont données dans le tableau.VI.4.

- On choisit les variables d'entrée susceptible d'influencer sur ces valeurs spectrales. Evidemment, selon les résultats obtenus dans le chapitre V, on prend les cinq variables d'entrée suivantes : f_0, V_{s30}, M_w, R et D.

- Puis, on choisit le nombre de neurones de la couche cachée.

- On choisit la fonction d'activation à utiliser dans la couche cachée et la couche de sortie. Une fonction Tan-hyperbolique est choisie pour la couche cachée.

Pour éviter le problème de sur-apprentissage on utilise là la technique de régularisation par modération des poids (weight decay) présentée en II.4.2. Dans ce contexte l'équation de coût MSE (eq.II.35) est remplacée par celle de MSEREG eq.IV.2 qu'on cherche à minimiser.

Il est à rappelé que la minimisation de la fonction de coût est faite par l'algorithme d'apprentissage de la rétro-propagation du gradient de deuxième ordre quasi-Newton (BFGS), (voir II.2.3.1.8). Cette technique est économique du point de vue de l'espace mémoire et du temps de calcul en comparaison avec la méthode de Levenberg-Marquardt (LM).

En outre, le BFGS donne une courbe d'atténuation unique quelque soient les poids initiaux. Ce résultat est obtenu après avoir effectué plusieurs comparaisons entre les deux techniques sur le modèle ANN2.

Pour augmenter les performances du modèle on préfère utiliser les données d'apprentissage (entrée/sortie) normalisées. Cette étape est fortement recommandée pour éviter la saturation des fonctions d'activation utilisées (II.2.3.1.3). La méthode utilisée dans cette étude est dit de normalisation par le minimum et le maximum dans l'intervalle [-1 et 1]. Les équations qui assurent la procédure de la normalisation sont (eq.II.24, eq.II.25) et pour la dénormalisation on utilise l'eq.II.26. Le choix de cette méthode parmi d'autres est basé sur le fait que cette dernière est simple à mettre en œuvre.

Le modèle neuronal consiste donc en une série de trois couches de neurones. La première couche représente les variables retenues précédemment : f_0, V_{s30}, M_w, R et D. La dernière couche représente les valeurs spectrales en accélération (25 neurones). Les paramètres du réseau (les valeurs des poids) sont initialisés à l'aide d'une fonction qui fournit des valeurs aléatoires. La couche intermédiaire est composée de 20 neurones. Ce nombre de 20 est fixé après avoir effectué des tests comme précédemment (figure.VI.3).

L'architecture retenue est donc de type 5-20-25. Pour un nombre de neurones dans la couche cachée supérieur à 20, le gain en termes de performance n'est pas significatif au détriment d'une augmentation considérable d'AIC (figure.VI.3.).

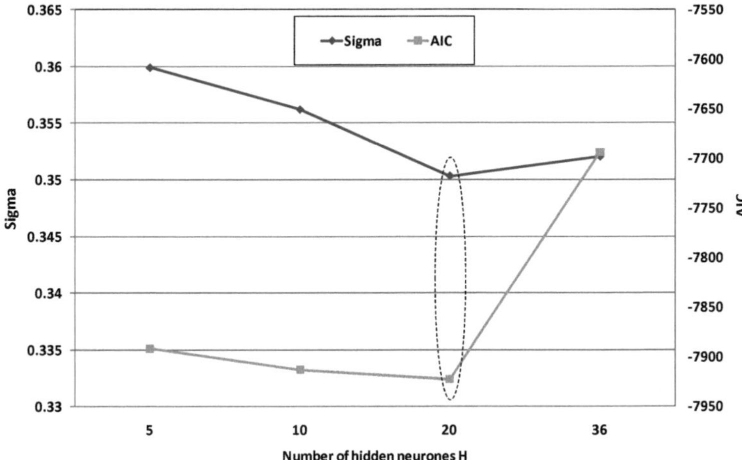

Figure.VI. 3. SIGMA et AIC en fonction du nombre de neurones H dans la couche cachée.

Afin de choisir la fonction d'activation finale 4 RNA sont construits en utilisant différentes fonctions d'activation. Les résultats sont mentionnés dans le tableau.VI.1. L'utilisation de la fonction tangente hyperbolique pour la couche cachée et linéaire pour la couche de sortie donne des écart-types (SIGMA) et des coefficients de corrélations (R_c) optimums.

Fonction d'activation pour les neurones de la couche cachée	Fonction d'activation pour les neurones de la couche de sortie	SIGMA Pour 60 époques	R_c Pour 60 époques
Log-sigmoide	Log-sigmoide	0.7907	0.7569
Log-sigmoide	Linéaire	0.3677	0.9272
Tanh-sigmoide	Tanh-sigmoide	0.3659	0.9294
Tanh-sigmoide	Linéaire	0.3583	0.9310

Tableau.VI. 1. Valeurs de SIGMA et de R_c calculés pour 4 RNA avec différentes fonctions d'activation

L'architecture finale du présent modèle neuronal qu'on nomme ANN5 est illustrée sur la figure.VI.3.

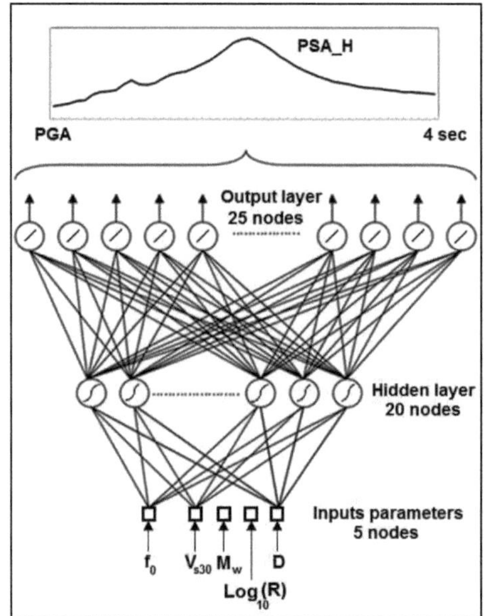

Figure.VI. 4. Architecture du réseau de neurones artificiels élaboré pour la génération des PSA ANN5

VI.3. Mesure de la robustesse du modèle neuronal

L'algorithme de BFGS avec régularisation est utilisé pour faire apprendre à l'ANN5 les relations entre les paramètres scalaires caractérisant l'événement sismique et les conditions de site. L'apprentissage s'est arrêté à l'époque numéro 1836 après 26 mn et 53 sec. Le gradient d'erreur (MSEREG) a atteint $8.56 \ 10^{-7}$ (figure.VI.5). L'écart type global (SIGMA) du modèle ANN5 est trouvé égal à 0.3353 avec un $R_c = 0.9399$.

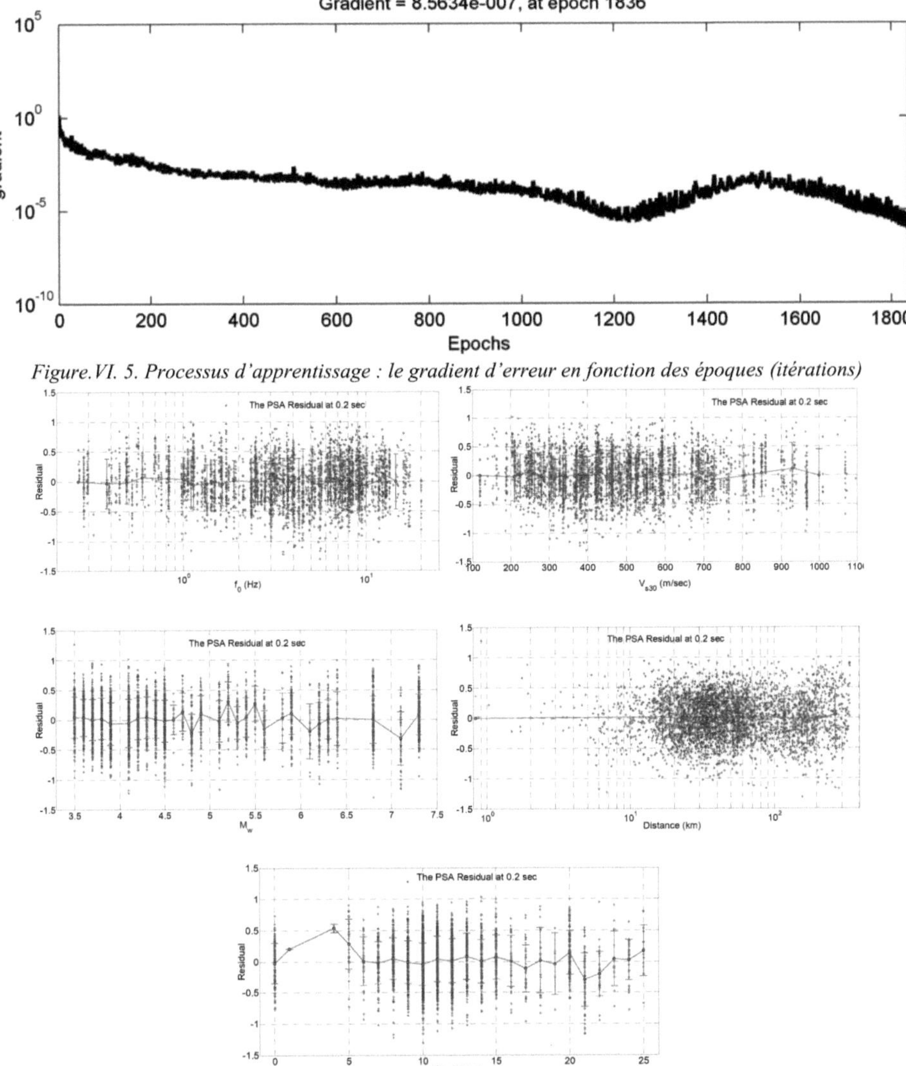

Figure.VI. 5. Processus d'apprentissage : le gradient d'erreur en fonction des époques (itérations)

Figure.VI. 6. Valeurs résiduelles (différence entre le $\log_{10}$ de l'accélération spectrale observée à 0.2 sec et celle prédite). Ces résidus sont donnés par l'ANN5 (pour un mouvement horizontal et un amortissement égal à 5 %). Les résidus sont en fonction de f_0, V_{s30} M_w, R et D.

La validation du modèle passe, premièrement, par une vérification de la stationnarité du processus qui ne doit pas être biaisé. Pour ce faire, la distribution des résidus en fonction des variables d'entrée est tracée. Dans ce cadre, on a calculé les résidus du pseudo-spectre de réponse à la période T=0.2 sec et à T = 1 sec. Les résidus sont donnés par l'eq.V.4.

Ces résidus sont calculés pour chaque f_0, V_{s30}, magnitude, distance épicentrale, profondeur focale. La présentation graphique de ce calcul est donnée par la figure.VI.6 et la figure.VI.7. Les graphes représentent les résidus en fonctions des 5 variables d'entrée ainsi que la moyenne et la moyenne ± l'écart type pour un intervalle donné.

A partir des figure.VI.6 et VI.7 on peut observer qu'il n'y a pas une présence significative de biais. Les SIGMAs à T = 0.2 sec et T = 1 sec sont égaux à 0.36 et 0.319 respectivement. Le R_c pour la première période est de l'ordre de 0.77 et pout T = 1 sec r vaut 0.90.

Les valeurs de SIGMA et de R_c pour toute la gamme de périodes (T) sont données sur figure.VI.8.

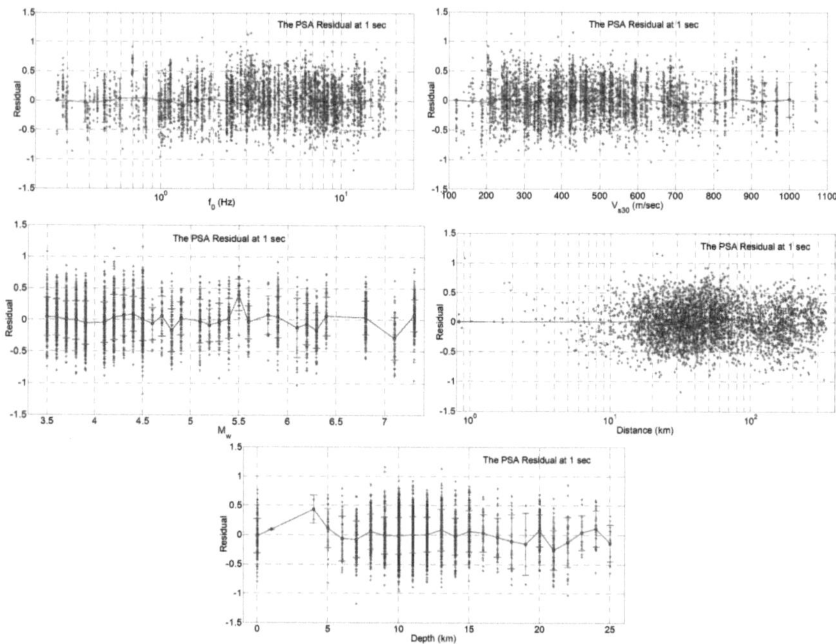

Figure.VI. 7. Valeurs résiduelles (différence entre le $\log_{10}$ de l'accélération spectrale observée 1 sec et celle prédite). Ces résidus sont donnés par l'ANN5 (pour un mouvement horizontal et un amortissement égal à 5 %). Les résidus sont en fonction de f_0, V_{s30} M_w, R et D.

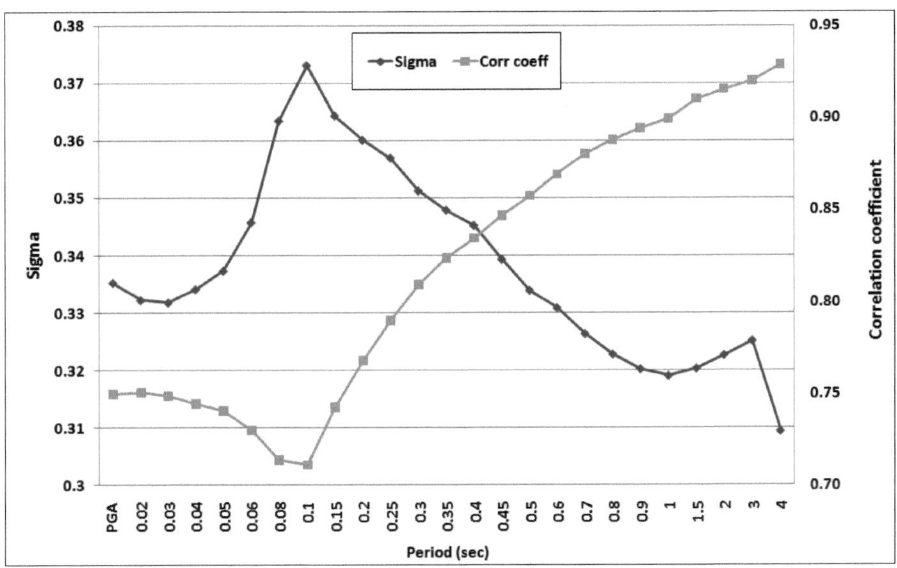

Figure.VI. 8. SIGMA et R_c des PSA générées par ANN5 en fonction des périodes qui leurs correspondent.

En lisant la figure.VI.8 on peut dire, premièrement que, l'écart type entre les PSA enregistrées et prédites par ANN5 prend son maximum à un T = 0.1 sec et sa valeur minimum à un T = 4 sec. On note que les 3 RNA ont généré des SGMA ($\log_{10}$(PGA)) comparables (tableau.VI.2). Ainsi, les coefficients de corrélation donnés par ANN5 sont de même ordre de grandeur que l'ANN2 et l'ANN4.

SIGMA total du PGA obtenue par :		
ANN2	ANN4	ANN5
0.3390	0.3378	0.3353
R_c du PGA obtenue par :		
ANN2	ANN4	ANN5
0.7431	0.7428	0.7496

Tableau.VI. 2. Ecart type et le coefficient de corrélation entre les PGA enregistrés et ceux données par l'ANN2, ANN4 et ANN5.

La figure.VI.9 montre la distribution en histogramme des résidus des 3389 PSA pour les périodes T = [0.02   0.20 1.00 3.00] sec. Sur la même figure la fonction de loi normale (en rouge). On voit clairement que les résidus suivent une loi normale, sans aplatissement et sans dissymétrie pour les PSA qui corresponds à des T = [0.02   0.20 1.00] sec, toutefois, une légère dissymétrie est remarquée pour les PSA (3 sec).

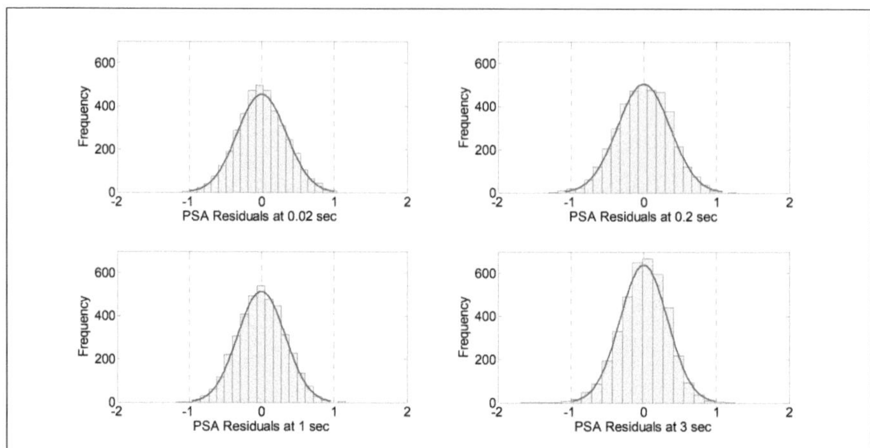

Figure.VI. 9. Distribution des résidus des PSA(T) en histogrammes avec la loi normale (en cloche rouge)

La figure.VI.10 illustre le taux d'ajustement de la distribution gaussienne à celle des résidus. Cette figure montre la répartition empirique des résidus (en bleu) donnée par ANN5. La répartition théorique (en rouge) est ajoutée sur le même graphe. On remarque que cette distribution des résidus suit une loi de distribution gaussienne jusqu'à une valeur égale à ± 3 SIGMA. Par contre, un cas particulier est à signaler pour les résidus PSA(3). Dans ce cas, une fluctuation localisée dans la limite inferieur du modèle.

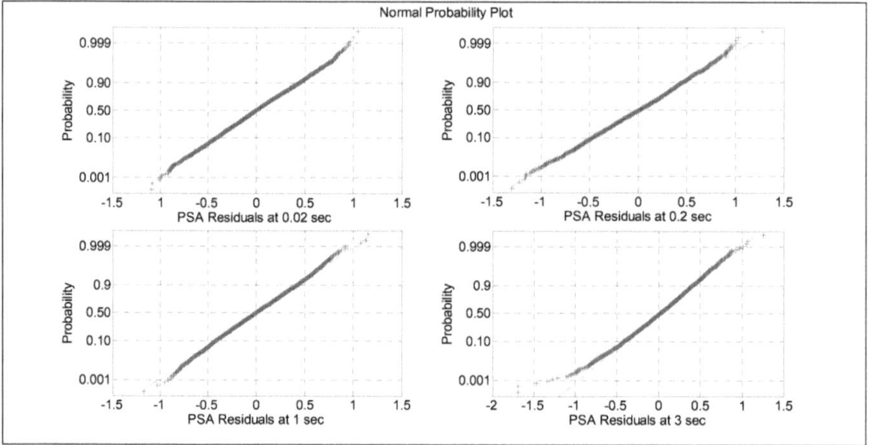

Figure.VI. 10. Répartition des résidus des PSA(T) en points (+ bleu) avec la loi normale (en ligne en pointillés rouge)

Pour voir la représentation graphique détaillée des paramètres descriptifs de la distribution des résidus et leurs positions respectives, on a tracé les « boites en moustache » (box-and-whisker-plot) sur la figure.V.11. Cela se fait à aide d'un paramètre de localisation, d'un paramètre de dispersion et des valeurs extrêmes, le box-plot permet, entre autres, de visualiser la symétrie, les queues de distribution ainsi que de comparer facilement plusieurs jeux de données. Un descriptif de la boite est présenté à droite de la figure.

La construction de la boite en moustache est basée sur la détermination de quantiles empiriques particuliers (Mcgill et al., 1978): la médiane $Q_{0.5}$, le premier quartile $Q_{0.25}$ et le deuxième quartile $Q_{0.75}$. Le rectangle présente 50% des données. Il est coupé par une ligne horizontale qui représente la médiane. Une mesure de la dispersion est donnée par l'intervalle interquartile (Inter-Quartile Range) : IQR=$Q_{0.75}$-$Q_{0.25}$. Une ligne ("moustache") reliant $Q_{0.75}$ à la plus grande valeur inférieure qui est égale à $Q_{0.75}$+1.5.IQR. De manière symétrique, on représente une ligne reliant $Q_{0.25}$ à la plus grande valeur inférieure égale à $Q_{0.25}$-1.5.IQR. Toute donnée observée en dehors des moustaches est représentée par un point individuel et est considérée comme une valeur extrême (queue de distribution) ou une donnée suspecte (out Quartile) (Bar-Hen, 1998).

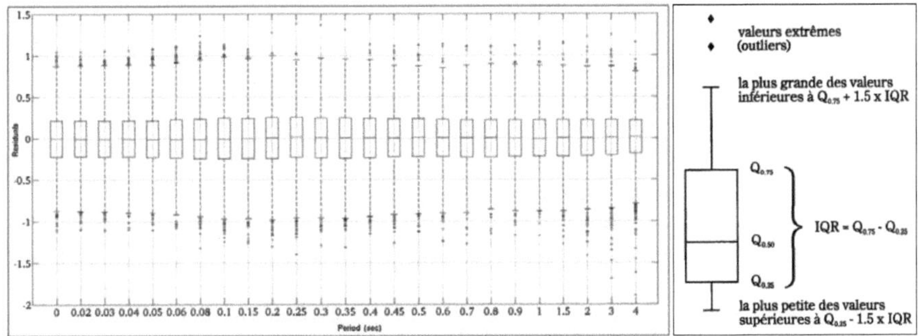

Figure.VI. 11. Boite à moustache (box-plot). Le schéma de droit est tiré de Bar-Hen., (1998), voir texte ci-dessus.

La figureVI.11 montre clairement la stationarité du modèle. La médiane converge vers 0. La boite moustache (qui représente 50 % des résidus) est centrée.

VI.4. Etablissement de l'équation de prédiction des pseudo-spectres de réponses

Le modèle neuronal élaboré dans la section précédente a pour but l'estimation de la valeur d'accélération spectrale pour une période donnée. Ce type de périodes représente la période fondamentale d'un système à un seul degré de liberté (*I.4.1.1.*). Cet outil est indispensable pour l'ingénieur dans l'analyse de superposition modale. C'est pour cela qu'on a voulu rendre l'ANN5 indépendant de la toolbox neural networks de Matlab et donné ainsi à l'ingénieur un outil facile à utiliser et à implanter (feuille de calcul Excel, Script…etc). En Annexe.I sont présentés les matrices de poids synaptiques et les vecteurs des biais.

En utilisant les poids et biais on peut facilement élaborer une équation matricielle de prédiction des PSA. Comment on a fait avec ANN2, ANN3 et ANN4, on donne ici l'équation de base qui représente le *$log_{10}(PSA)$* normalisé entre [-1 et 1]. Cette dernière est donnée par la relation suivante :

$$T_n = purelin(\{b_2\} + [w_2].tanh(\{b_1\} + [w_1].\{P_n\})) \qquad \text{VI.1}$$

T_n est la valeur de $\log_{10}(Y)$ normalisée entre [-1 et 1].

Y représente le vecteur des PSA(T) :

$Y = [\ log_{10}(PGA),\ log_{10}(PSA(0.02)),\ log_{10}(0.03),\ ...log_{10}(T),...,\ log_{10}(4)]$.

Tanh : Tanh-sigmoide, *purelin* représente la fonction d'activation linéaire. Les formules de *Tanh* et *purelin* sont représentées dans le tableau II.1. b_1 et b_2 représentent les vecteurs de biais de la couche cachée et la couche de sortie respectivement. w_1 et w_2 sont les matrices des poids synaptiques de la couche cachée et la couche de sortie respectivement. Tandis que P_n est la matrice qui contient les vecteurs des paramètres d'entrée donnée par l'eq.II.24.

La dénormalisation T_n est obtenue par :

$$log_{10}(Y) = \frac{1}{2}(T_n + 1).(T_{max} - T_{min}) + T_{min} \qquad \text{VI.2}$$

T_{max} et T_{min} représente la valeur maximale et minimale de T_n.

Pour calculer le vecteur spectrale Y, on a besoin des valeurs minimales et maximales des paramètres d'entrée (tableau.V.3) et de sortie (tableau.V.4).

	f0 (Hz)	Vs30 (m/sec)	Mw	Log10(R) (km)	D (km)	Log10(PGA) (cm/sec²)
Min	0.264	120.000	3.500	-0.081	0.000	-0.470
Max	20.034	1269.398	7.300	2.536	25.000	2.772

Tableau.VI. 3. Valeur minimale et maximale des paramètres d'entrée et du premier neurone de sortie qui correspond à $Log_{10}(PGA)$

VI.5. Interprétation des résultats et discussion

L'un des objectifs est de savoir quels sont les paramètres qui contrôlent le mouvement sismique ici représenté par PSA. Rappelons que les paramètres dont on dispose sont f_0, V_{s30}, M_w, R et D. Pour classer ces quantités suivant leur importance on a calculé, comme pour ANN1, ANN2, ANN3, ANN4, Le coefficient de participation en poids synaptiques P_{ik} (%) donné par la formule VI.3. La seule différence ici c'est la dépendance existante entre les PSA et les périodes. Donc, pour pouvoir calculer le % des poids par rapport à chaque période, on a élaboré un RNA sans couche cachée (ANN5_1). Son architecture est représentée sur la figure.VI.12. Le $\log_{10}(R)$ est remplacé par R. La fonction d'activation entre l'input et l'output est de type tangent hyperbolique (Tanh). L'ANN5_1 a les mêmes caractéristiques et propriétés d'ANN5. Les résultats de cette tache sont représentés sous une forme graphique (figure.VI.13).

$$P_{ik} = \frac{\left|w_{ik}^{s}\right|}{\sum\limits_{i=1}^{N}\left|w_{ik}^{s}\right|}\,(\%) \qquad\qquad \text{VI.3}$$

	Log$_{10}$(PSA) à 0.02 s (cm/sec^2)	Log$_{10}$(PSA) à 0.03 s (cm/sec^2)	Log$_{10}$(PSA) à 0.04 s (cm/sec^2)	Log$_{10}$(PSA) à 0.05 s (cm/sec^2)	Log$_{10}$(PSA) à 0.06 s (cm/sec^2)	Log10(PSA) à 0.08 s (cm/sec^2)
Min	-0,372	-0,354	-0,336	-0,340	-0,298	-0,242
Max	2,829	2,845	2,882	2,948	2,990	3,028
	Log$_{10}$(PSA) à 0.10 s (cm/sec^2)	Log$_{10}$(PSA) à 0.15 s (cm/sec^2)	Log$_{10}$(PSA) à 0.20 s (cm/sec^2)	Log$_{10}$(PSA) à 0.25 s (cm/sec^2)	Log$_{10}$(PSA) à 0.30 s (cm/sec^2)	Log$_{10}$(PSA) à 0.35 s (cm/sec^2)
Min	-0,216	-0,311	-0,454	-0,534	-0,723	-0,885
Max	3,125	3,292	3,326	3,337	3,223	3,229
	Log$_{10}$(PSA) à 0.40 s (cm/sec^2)	Log$_{10}$(PSA) à 0.45 s (cm/sec^2)	Log$_{10}$(PSA) à 0.50 s (cm/sec^2)	Log$_{10}$(PSA) à 0.60 s (cm/sec^2)	Log$_{10}$(PSA) à 0.70 s (cm/sec^2)	Log$_{10}$(PSA) à 0.80 s (cm/sec^2)
Min	-0,969	-1,065	-1,172	-1,331	-1,459	-1,564
Max	3,141	3,005	3,059	3,015	2,852	2,599
	Log$_{10}$(PSA) à 0.90 sec (cm/sec^2)	Log$_{10}$(PSA) à 1.00 sec (cm/sec^2)	Log$_{10}$(PSA) à 1.50 sec (cm/sec^2)	Log$_{10}$(PSA) à 2.00 sec (cm/sec^2)	Log$_{10}$(PSA) à 3.00 sec (cm/sec^2)	Log$_{10}$(PSA) à 4.00 sec (cm/sec^2)
Min	-1,718	-1,845	-2,036	-2,222	-2,347	-2,450
Max	2,479	2,363	2,098	2,066	1,887	1,763

Tableau.VI. 4. Valeurs minimales et maximales des Log$_{10}$(PSA)à T secondes.

w_{ik}^{s} représente le poids synaptique entre le i^{ème} neurone de la couche d'entrée et le k^{ème} neurone de la couche de sortie qui correspond aux PSA(T), N est le nombre d'inputs dans la couche d'entrée qui vaut 5.

Une lecture rapide de la figure.VI.13, montre que les deux modèles neuronaux (ANN5_1 et ANN5) ont donné à la magnitude et à la distance épicentrale un poids prédominant.

A partir d'ANN5_1 et pour les basses périodes T=[0.02 à 0.12] sec, le PSA est influencé par la distance épicentrale et d'un degré moins par M$_w$. Dans cet intervalle de période on trouve un P$_{ik}$ (R) égal à 45% à T=0.02 sec et à 43% pour une période T=0.12 sec. Tandis que, le P$_{ik}$ correspondant à la magnitude est compris entre 35% à T=0.06 sec et 40% à T = 0.12 sec. Par la suite l'importance de la magnitude augmente significativement avec la période. A T = 1 sec (bâtiment à 10 étages) P$_{ik}$ (M$_w$) = 52 %. A cette période P$_{ik}$ (R) =25 %. Pour cette période, on remarque que, f$_0$ et V$_{s30}$ ont le même impact sur la valeur de PSA avec un P$_{ik}$ égal à 10 %. Cette égalité en terme de % est valable entre T = [0.3 et 1] sec, intervalle des bâtiments courants. Cette valeur reste constante pour V$_{s30}$ en allant vers les hautes périodes. Par contre la profondeur focale n'influe pas d'une manière considérable (au-delà de T = 1 sec) sur les valeurs spectrales.

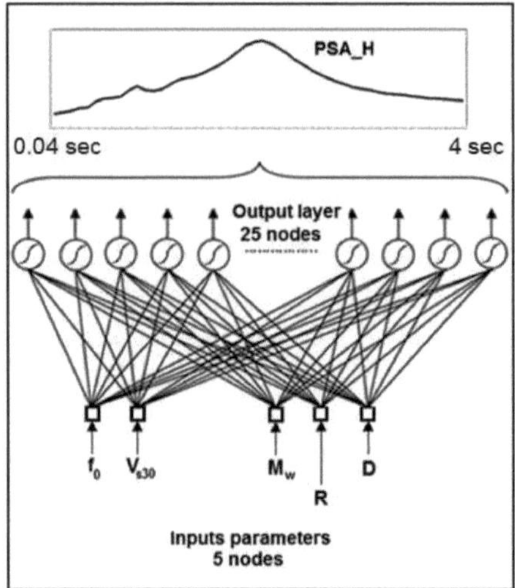

Figure.VI. 12. Topologie du réseau de neurones artificiels ANN5_1 élaboré pour la valorisation des variables d'entrée

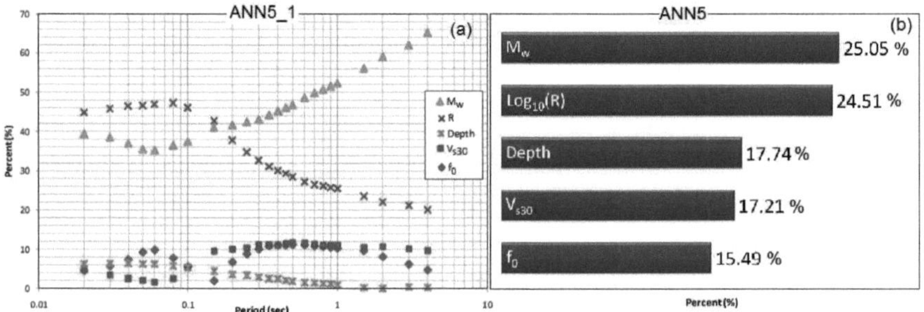

Figure.VI. 13. (a) Représente la variation en Pourcentage des poids de chaque paramètre d'entrée avec la période (sec) (ANN5_1). (b) Le poids moyenne de chaque paramètres d'entrée (ANN5).

Pour voir l'influence de la magnitude et la distance épicentrale sur la forme fonction des PSA, on a tracé trois pseudo-spectres de réponse. Ces PSA sont caractérisés par les distances 10, 30 et 100 km et pour les magnitudes 4, 5, 6 et 7 (figure.VI.14).

Là aussi (figure.VI.14) on constate qu'il y a un effet d'échelle lié à la magnitude (petit écart entre les grandes magnitudes et grand écart entre les faibles magnitudes). Un autre effet d'échelle est lié aussi à la distance (R) et ce précisément pour les séismes forts ($M_w = 6$ et 7). Cet effet d'échelle se traduit par le petit écart remarqué entre R=10 km et 30 km est le grand écart existant entre une distance égale à 30 km et 100 km.

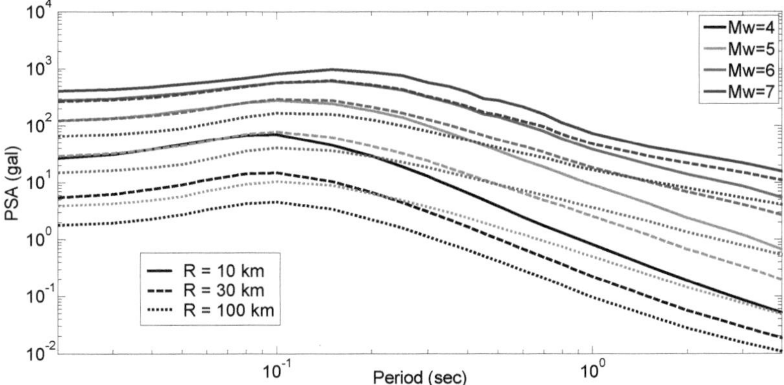

Figure.VI. 14. Influence de la distance et la magnitude sur la forme des pseudo-spectres de réponses pour un site raide (f_0 = 5 Hz, V_{s30} = 600 m/sec) et pour un D = 10 km

A présent étudions l'effet de la profondeur sur les valeurs spectrales. Pour ce faire nous avons pris deux D (5 et 25) km, pour une distance R = 10 km et un sol raide (f_0 = 5 Hz, V_{s30} = 600 m/sec). Les PSA sont représentés sur la figure.VI.15.

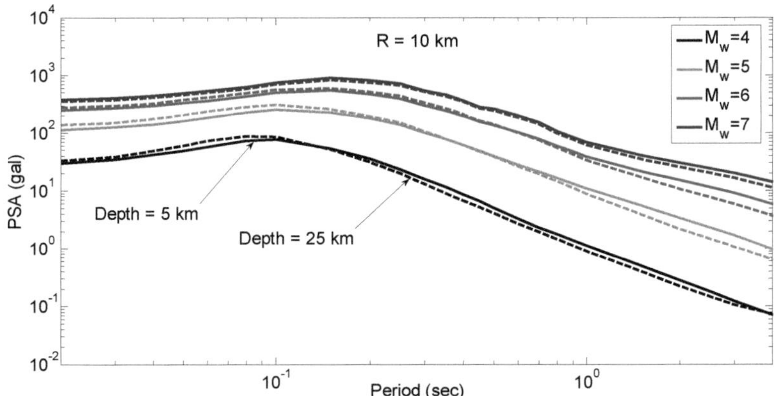

Figure.VI. 15. Influence de la profondeur focale et la magnitude sur la forme fonctionnelle des pseudo-spectres de réponses pour un site raide (f_0 = 5 Hz, V_{s30} = 600 m/sec) et pour un D = 10 km

Sur la figure.VI.15 on confirme le fait que la profondeur focale a peu d'influence sur les PSA soit pour les basses ou les hautes périodes. On note cependant une tendance à l'augmentation des hautes fréquences quand la profondeur augmente (à relier avec l'augmentation de la chute de contrainte), et une tendance inverse à basse fréquence (à relier sans doute avec l'excitation d'ondes de surface plus énergétiques pour les séismes superficiels).

Intéressons-nous maintenant à l'effet des conditions locales de site sur les valeurs spectrales. Pour voir seulement l'influence de ces deux paramètres f_0 et V_{s30}, on a fixé le R et le D à 10 km. Ce test a été mené pour des M_w = 4, 5, 6 et 7. La présentation graphique des résultats est donnée sur les figures VI.16 et VI.17. Dans la première on a pris V_{s30} constante égale à 200 m/sec et deux valeurs de f_0 : 1 et 5 Hz. Pour la figure.VI.17 la fréquence est maintenue constante, égale à 5 Hz et V_{s30} = 200 et 600 m/sec.

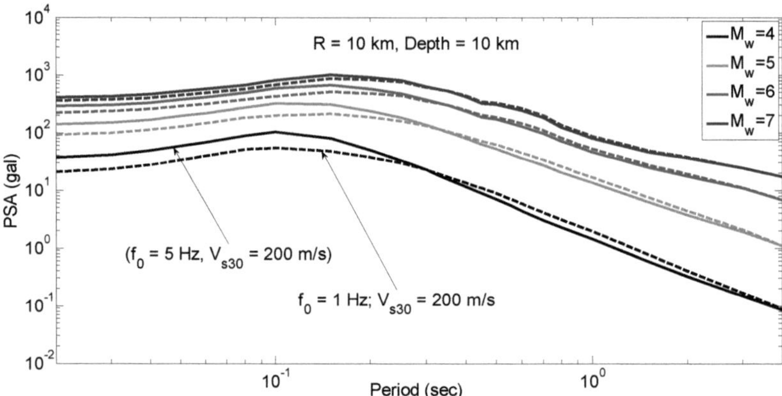

Figure.VI. 16. Influence de la fréquence de résonance et la magnitude sur la forme fonctionnelle des pseudo-spectres de réponses pour un site raide

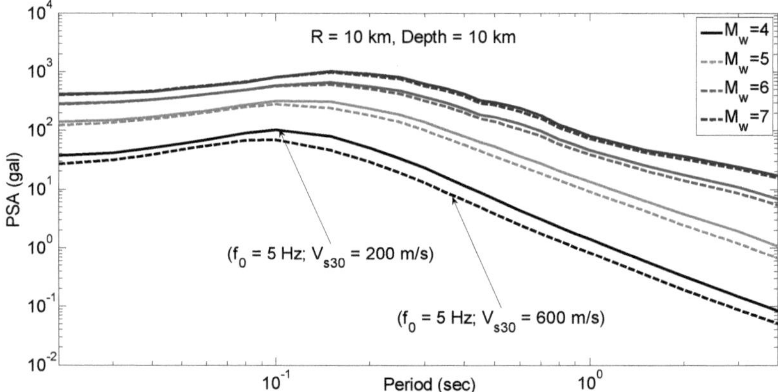

Figure.VI. 17. Influence de la vitesse des ondes de cisaillement sur trente mètre de profondeur et la magnitude sur la forme fonctionnelle des pseudo-spectres de réponses

A partir de la figure.VI.16, on peut remarquer l'influence de la fréquence de résonance de site sur les valeurs spectrales. Les PSA avec une f_0= 5 Hz sont plus forts pour les basses périodes $T \leq 0.3$ sec (bâtiments $\leq$ 3 étages), tants que ceux obtenues pour f_0= 1 Hz sont plus élevés pour des périodes $T \geq 0.3$ sec (bâtiments $\geq$ 3 étages). Ces remarques sont plus significatives pour les faibles magnitudes en comparaison avec les magnitudes grandes.

Pour la figure.VI.17, on remarque que les sites où la V_{s30} = 200 m/sec amplifient les PSA plus que les sites dont V_{s30} = 600 m/sec. Cette amplification est significative pour les faibles magnitudes et pour les R qui dépassent les 10 km. Cette remarque est valable pour tout l'intervalle de périodes.

Cette amplification devient négligeable pour M_w=7. C'est l'effet de site non linéaire qui conduit - pour le mouvement fort- cette faible amplification.

A partir de ces deux figures (VI.16 et VI.17) on peut dire que, la variable d'entrée f_0 influe sur le contenu fréquentiel des PSA et sur ses amplitudes. Tandis que V_{s30} influe seulement sur les amplitudes des PSA. Cela veut dire que dans l'estimation des spectres de réponses il est indispensable de prendre en considération la fréquence de résonance du site.

VI.6. Relation entre un pseudo-spectre de réponse horizontal et vertical

Par ailleurs, Field and Jacob (1993) et Theodulidis et al. (1996) ont montré que la méthode basée sur le rapport spectral (H/V : composante spectrale horizontale/composante spectrale verticale) peut être appliqué en utilisant les enregistrements sismiques du même site pour trouver une relation simple entre les spectres des deux composantes. L'objectif est de calculer un spectre de répondes de la composante verticale à partir de GMPE élaborée pour les ordonnées spectrales de la composante horizontale (dans cette étude c'est l'ANN5).

Ce rapport est définie par :

$$R_s = \frac{PSA\_H}{PSA\_V} = \frac{\sqrt{PSA\_H_{NS} \times PSA\_H_{EW}}}{PSA\_V} \qquad VI.4$$

PSA_H représente le pseudo-spectre de réponse de la composante horizontale, et le PSA_V le pseudo-spectre de réponse de la composante verticale. En rappelant que dans cette étude le PSA_ H est la moyenne géométrique entre la composante NS et EW (Beyer and Bommer, 2006).

Dans ce sens, les rapports spectraux ont été estimés, toujours en utilisant la méthode neuronale. Pour ce faire, un autre RNA a été élaboré nommé ANN5_2. La seule différence avec ANN5 est ses sorties, qui ont été remplacé par les R_s (eq.VI.4) toujours pour une plage de période allant de [0.02 à 4] sec. Le SIGMA obtenu est égal à 0.20, suffisamment petit pour valider le modèle. Les P_i (%) obtenus pour f_0, V_{s30}, M_w, $\log_{10}(R)$ et D sont illustrés sur le camembére suivant (figure.VI.18).

La figure.VI.18 montre l'importance de f_0 et R dans l'estimation relationnelle entre les PSA_H et les PSA_V, le coefficient $P_i(f_0)$ = 34 % tandis qu'il est de l'ordre de 25 % pour la distance épicentrale. La participation de la magnitude et V_{s30} à l'estimation des R_s est non négligeable par rapport à $P_i(D)$ qui est égal à 7 %.

Le facteur qui influe le plus sur le rapport pseudo-spectres de réponses est le f_0. Sur la figure.VI.19, qui représente le rapport des pseudo-spectres, trois sites on été pris. La seule variable est la fréquence : 1, 2 et 4 Hz. V_{s30} = 200 m/sec, M_w = 7, R = 10 km, D = 10 km.

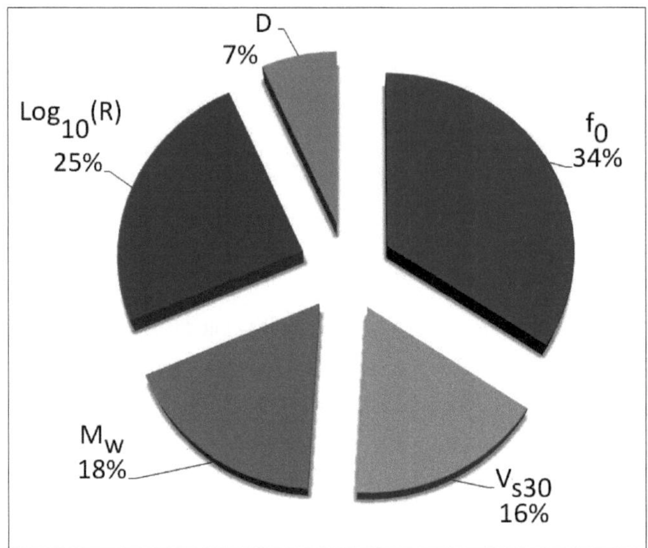

Figure.VI. 18. Influence en poids (%) de chaque paramètre d'entrée sur les rapports spectraux

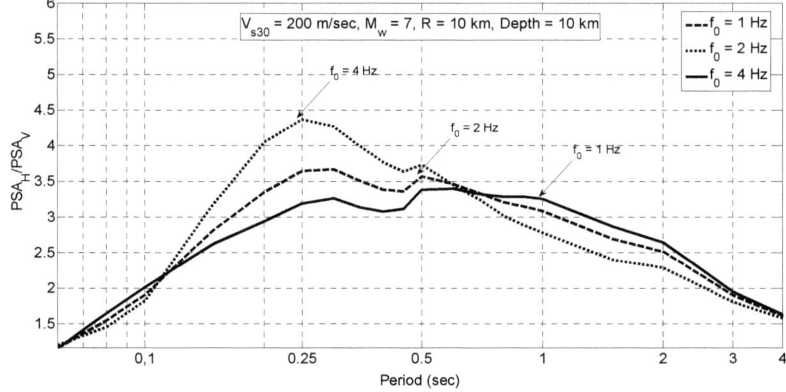

Figure.VI. 19. Rapports spectraux simulés par le modèle neuronal : influence de la fréquence de résonance.
La figure.VI.19 montre que les rapports spectraux estimés par l'ANN5_2 sont fortement influencés par la fréquence de résonance de site. Ce rapport trouve son maximum à la fréquence fondamentale de site (f_0). Par exemple il égal à 3.7 pour f_0 = 2 Hz, même valeur trouvé par l'ANN1 BHRSR(200,2) = 3.7 pour une f_0 = 1.9 Hz (chapitre IV). On peut remarquer aussi que, les R_s sont plus sensibles aux sites raides qu'aux sites mous. Les PSA_V diminue avec l'augmentation de f_0.

Sur la figure.VI.18 nous avons vu que la distance épicentrale contrôle le rapport pseudo-spectral à 25 %. Pour voir la sensibilité de ce paramètre « la distance » au rapport R_s, 4 distances : 10 km, 50 km, 100 km et 300 km ont été choisies. Une configuration unique a été sélectionnée : V_{s30} = 200 m/sec, M_w = 7, f_0 = 2 Hz et D = 10 km.

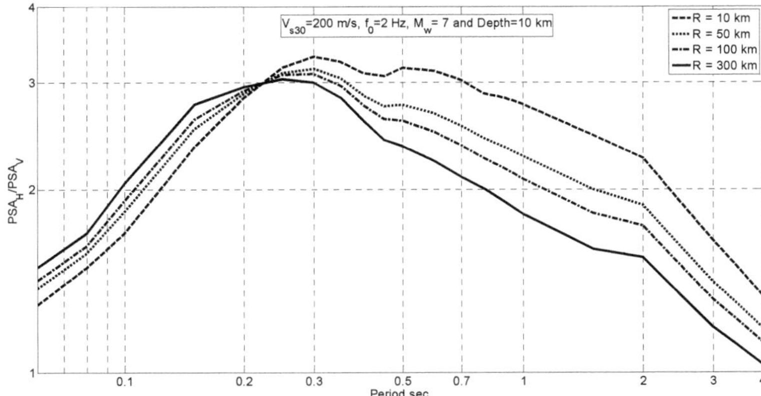

Figure.VI. 20. Rapports spectraux estimées par le modèle neuronal : influence de la distance épicentrale.
La remarque qu'on peut faire en lissant la figure.VI.20 est que le R_s est proportionnel à la distance dans la plage des hautes fréquences (basses périodes) jusqu'a une valeur de T = 0.23 sec. Au-delà de cette valeur, pour fréquences intermédiaires et basses, le rapport est inversement proportionnel à la distance épicentral. Ce résultat est obtenu pour une magnitude égale à 7.

Pour tester l'effet de M_w sur le rapport R_s, 3 magnitudes ont été ajoutées (4, 5 et 6). Les rapports des pseudo-spectres sont illustrés sur la figure.VI.21. L'influence de la magnitude n'est pas aussi grande que f_0 et R et la variation de R_s dépond du domaine de fréquences. Pour les hautes fréquences, le rapport augment avec la diminution de la magnitude. Inversement, pour les fréquences intermédiaires, le R_s augmente sous effet de l'augmentation de la magnitude. Cette tendance est renversée de nouveau, pour avoir un rapport très sensible aux faibles magnitudes pour les basses fréquences.

Pour voir l'influence du V_{s30} sur le rapport spectral, présentons (figure.VI.22) sa variation en fonction de la vitesse : 200, 400, 600 et 800 m/sec. La fréquence reste invariable (f_0 = 4 Hz).

A partir de la figure.VI.22 on peut remarquer que la V_{s30} influe d'une manière considérable sur le PSA_H/PSA_V. Cette influence est visible au-delà d'une période égale à 0.12 sec. Pour un site où la V_{s30}=200 m/sec la valeur maximale du rapport est égale à 4.371 pour une période égale à T_0=0.25 sec (f_0 = 4 Hz).

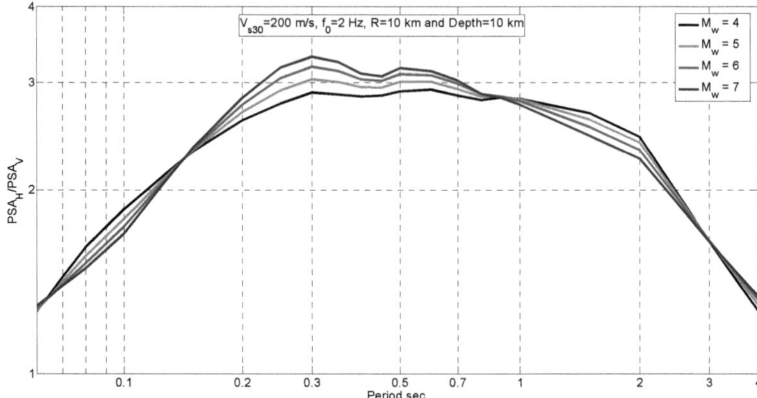

Figure.VI. 21. La variation des rapports pseudo-spectraux avec la période et la magnitude

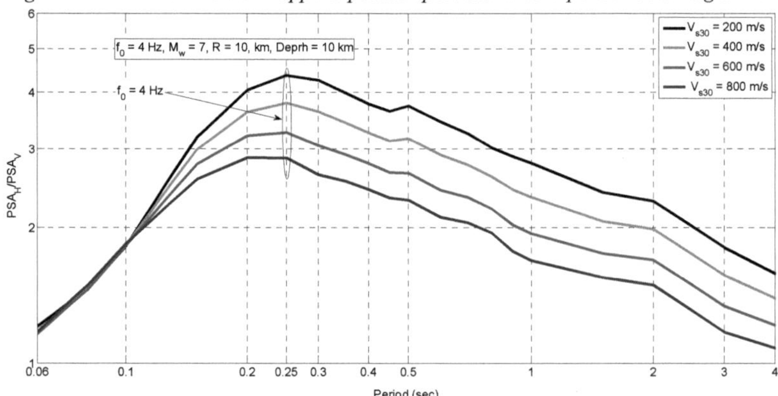

Figure.VI. 22. Influence de la vitesse de cisaillement sur trente mètre de profondeur sur les pseudo rapports spectraux.

A partir des deux figures (VI.19 et VI.22) nous pouvons dire que la variable d'entrée f_0 influe sur le contenu fréquentiel des R_s et d'une manière moindre sur ses amplitudes. Tandis que V_{s30} influe seulement sur les amplitudes des R_s. Cela veut dire que dans l'estimation des spectres de réponses il est indispensable de prendre en considération la fréquence de résonance du site.

Malgré que $P_i(D) = 7$ % seulement, cela n'exclu pas l'influence de la profondeur focale sur les rapports pseudo-spectrales. Un test a été mené en utilisant 3 valeurs de D, à savoir : 5km, 15km et 25km. Les rapports spectraux sont représentés sur la figure.VI.23.

Via cette figure, nous pouvons remarquer que, l'influence de la profondeur focale n'est significative qu'à partir d'une période égale à 0.3 sec (bâtiment à 3 étages). Ce rapport est proportionnel à la profondeur, c'est-à-dire la composante verticale du PSA diminue avec cette profondeur.

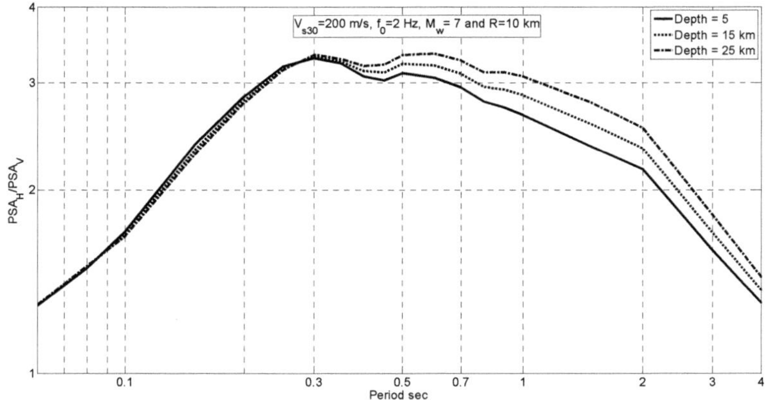

Figure.VI. 23. Influence de la profondeur forale sur les pseudo-rapports spectraux en accélération

VI.7. Comparaison du ANN5 avec d'autres GMPEs

Dans cette section on compare les PSA obtenus par le modèle neuronal ANN5 avec ceux générés par d'autres équations de prédiction du mouvement sismiques. Les modèles avec le même jeu de données KiK-net sont utilisés dans cette étude comparative. Les modèles choisis sont ceux déjà utilisés pour valider ANN2, à savoir : Zhao et al., 2006 ; Kanno et al., 2006 et Cotton et al., 2008.

Le premier caractère comparé est le SIGMA. Il est fonction de la période. Les résultats de cette 1ère comparaison sont mentionnés sur la figure.VI.24.

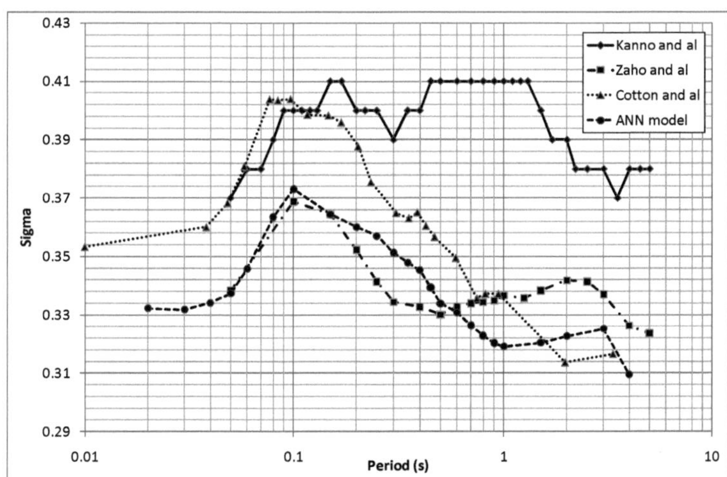

Figure.VI. 24. Variation du coefficient SIGMA avec la période.

La figure.VI.24 révèle que, les SIGMAs donnée par l'ANN5 sont plus faibles que ceux obtenus par Kanno et al., et Cotton et al. Par ailleurs la valeur de SIGMA est comparable à celle de Zhao et al.

Par exemple, pour une période = 1 sec, le SIGMA de l'ANN5 = 0.315, contre 0.335 pour Zhao et al., et Cotton et al., et à 0.41 pour Kanno et al. Ce dernier donne des erreurs plus élevées que les autres modèles. Généralement, SIGMA prend son maximum à 0.1 sec pour les trois modèles Zhao et al., Cotton et al., et ANN5.

Intéressons-nous maintenant à la dépendance en fonction de (M_w et R) pour les quatre modèles. Dans le chapitre V on a vue que les 4 dépendances sont comparables pour le PGA. Faisons le même type de comparaison avec les PSA, en sélectionnant quatre périodes T =0.1 sec, T = 0.5 sec, T = 1 sec et T = 2 sec. Cette comparaison est faite pour des magnitudes 5, 6 et 7. Ces dépendances sont représentées sur la figure.VI.19. cette dernière montre les courbes d'atténuation des PSA pour les 4 modèles en fonction de la distance de rupture pour les 3 magnitudes 5, 6 et 7, pour une profondeur focale égale à 10 km et un couple (V_{s30},f_0) = (600,5).

Pour les basses périodes T= 0.1 sec (et pour les 3 magnitudes) les 4 courbes convergent. Par ailleurs, pour des T= 0.2, 1 et 2 sec l'ANN5 présente une atténuation plus importante que les 3 autres, surtout pour les grandes magnitudes en champ intermédiaire et lointain.

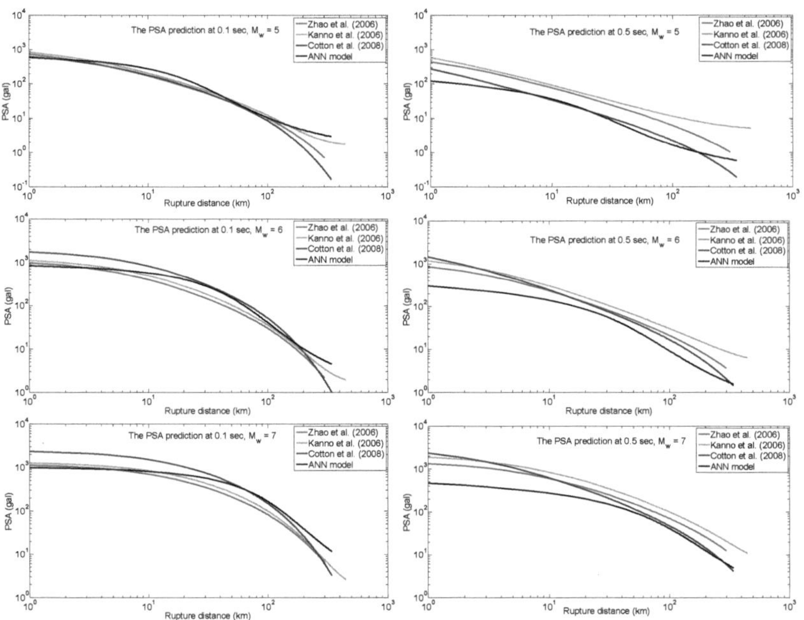

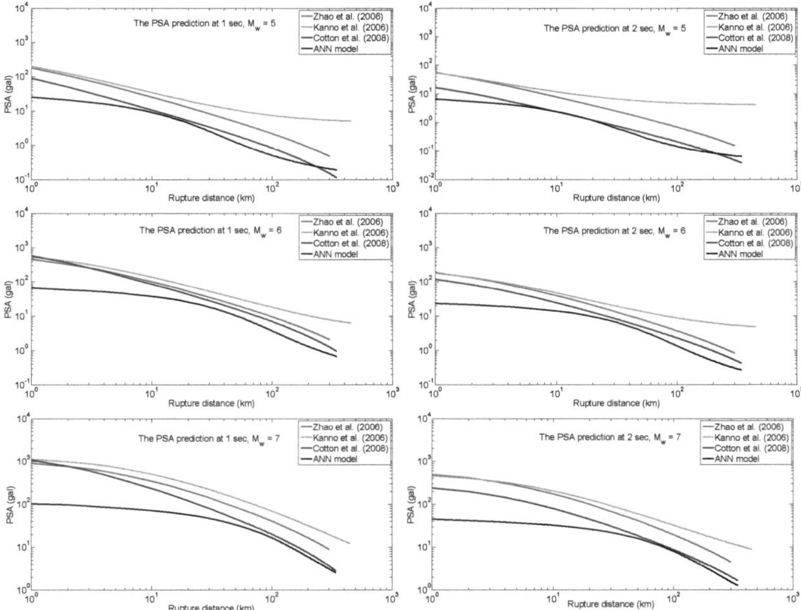

Figure.VI. 25. Comparaison entre la courbe d'atténuation neuronale et celles obtenues par la méthode de régression empirique classique.

Pour voir la particularité du modèle neuronal par rapport aux autres modèles classiques (Zhao, Kanno et Cotton) on a tracé les pseudo-spectres de réponses des 4 modèles. Tout en gardant la M_w = 7, R = 100 km, D = 10 km et pour une V_{s30} = 600 m/sec. La seule variable pour ANN5 et la fréquence de résonance f_0 = 1 Hz et f_0 = 6 Hz. Les courbes spectrales sont représentées sur la figures.VI.26.

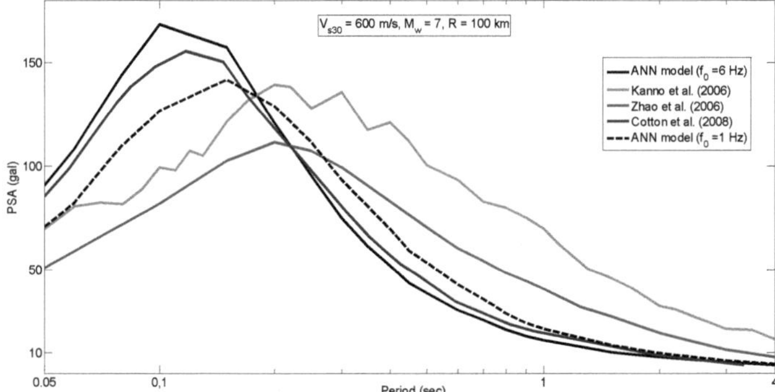

Figure.VI. 26. Pseudo-spectres de réponses prédits par les équations de prédiction et par l'ANN5

La figure.VI.26 montre que les modèles répondent différemment à la prédiction des PSA avec les périodes. En outre, le modèle ANN5 avec f_0 = 6 Hz et celui de Cotton et al., ont le même contenu fréquentiel, toutefois ce dernier prédit des valeurs plus faibles par rapport au modèle neuronal.

Toutefois, si on change de f_0 la courbe spectrale liée à l'ANN5 change en termes de fréquence et d'amplitude. Les autres modèles ne prennent pas en compte cet aspect du contenu fréquentiel qui est indispensable dans tout projet d'étude dynamique des structures.

Conclusion

Le spectre de réponse est un outil important pour l'ingénieur qui représente la charge sismique au quelle la structure doit être dimensionnée pour résister. Le moyen le plus sûr pour obtenir ce type de chargement, est l'installation des stations d'accélérographes, mais ce dispositif est couteux. C'est pour cette raison que plusieurs équations de prédiction sismique ont été élaborées, en prenant en compte la magnitude, la distance de rupture et des coefficients qui représentent l'effet des conditions locales de site sur ce chargement (Zhao et al., 2006 et Cotton et al., 2008) ou par la vitesse de cisaillement sur trente mètres de profondeur Vs_{30} (Kanno el al., 2006). Dans ce chapitre nous avons essayé de prédire les pseudo-spectres de réponse avec la prise en compte des deux autres variables (en plus de M_w, R et V_{s30}) , il s'agit de la fréquence de résonance de site (f_0) déterminée par la méthode H/V sismique et la profondeur focale (D). La méthode de réseaux de neurones artificiels -qui ne demande pas a priori une forme fonctionnelle du modèle physique sous-jacent- présentée dans le chapitre II a été utilisée à cette fin. Comme les études précédentes, il a été démontré que l'ANN5 élaboré suit une loi normale et le processus lié à ce modèle est stationnaire et non blaisé.

La quantification de l'influence de ces deux paramètres (f_0 et D) outre naturellement celles des 3 autres a représenté le premier objectif de ce chapitre. Le deuxième objectif et de montrer que avec l'utilisation d'un seul ANN (c'est-à-dire l'utilisation des mêmes poids pour générer l'ensemble des valeurs spectrales) on peut aussi prédire les PSA avec des SIGMAs acceptables. Le troisième objectif enfin a été montré que cette méthode d'apprentissage statistique parcimonieuse est capable de prendre en considération les effets du modèle sous-jacent, à savoir l'effet de l'atténuation des PSA avec la distance avec la présence de l'effet d'échelle lié à la magnitude, l'effet de la profondeur focale, et l'effet de site.

Après avoir établis une GMPE pour les pseudo-spectres de réponse horizontaux, nous avons jugé intéressant d'élaborer un modèle qui estime le rapport entre les pseudo-spectres de réponses horizontaux et verticaux. Une étude critique a été effectuée afin de déduire l'influence de chaque paramètre d'entrée sur le rapport spectral. Le SIGMA de ANN5_2 est de l'ordre de 0.20.

Le premier résultat remarquable est qu'il faut prendre en compte la fréquence de résonance de site surtout pour les sites profonds. Faute de quoi la prédiction des PSA et surtout des R_s est incomplète. La figure.VI.26 montre que les trois GMPEs ne prennent pas en compte l'influence du contenu fréquentiel contrairement au modèle neuronal.

Par contre la profondeur focale a peu d'influence sur les valeurs spectrales et les rapports spectraux. L'ANN5 confirme le fait que les PSA à longues périodes sont contrôlées majoritairement par la magnitude et en hautes fréquences par la distance épicentrale. Finalement, la méthode neuronale est une technique que l'ingénieur peut utiliser pour prédire le mouvement sismique complexe (avec une erreur sensiblement inférieur aux GMPEs) sans avoir besoin de modèle physique prédéfini combinant les effets du mécanisme de rupture de la source sismique, de la propagation d'ondes sismiques entre la source et le site, et du site.

Conclusion générale

Ce projet de recherche est une contribution à l'estimation du mouvement vibratoire du sol. Cette estimation est nécessaire pour la gestion du risque lié aux séismes et indispensable dans toutes études dynamiques des structures. Le moyen le plus sûr pour avoir le chargement sismique auquel les structures sont soumises est le déploiement des réseaux d'accéléromètres, qui sont toutefois en expansion. Cependant, ce dispositif revient très couteux surtout pour les pays en voie de développement. Pour réduire les coûts et tirer profit des données sismiques enregistrées dans les régions à forte sismicité, nous avons essayé de développer des modèles de prédiction du mouvement du sol. Ces modèles sont essentiellement basés sur une méthode statistique par apprentissage. Le but est d'avoir des modèles qui représentent le mieux les charges sismiques auxquelles sont soumises les structures. Par voie de conséquence les dommages structurelles peuvent êtres réduites et les vies humaines épargnées lors d'une secousse tellurique.

Le travail réalisé au cours de cette étude s'appuis sur les données issues du réseau accélérométrique dense KiK-Net de bonne qualité et qui permet d'avoir des enregistrements du mouvement fort qui s'étant sur une gamme de distance allant de 0.8 à 343 km. Les magnitudes sont comprises entre 3.5 et 7.3. Les séismes sont situés jusqu'à une profondeur focale égale à 25 km et les caractéristiques géotechniques des sites nous renseignent sur les profils de vitesse des ondes de cisaillement S. A partir de ces profils de sol, les vitesses des ondes de cisaillement moyennes sur trente mètres de profondeur sont déterminées. Cette vitesse est utilisée conjointement dans ce travail de recherche avec la fréquence de résonnance pour caractériser un site.

Une méthode d'approximation par apprentissage est utilisée le long de ce projet. Cette dernière est présentée en détail dans le chapitre II. Il a été démontré que l'approximation par les réseaux de neurones artificielle (RNA) est parcimonieuse ; nécessite moins de paramètres ajustables que les approximateurs couramment utilisés. En outre, ce qui a été présenté illustre la nécessité de la prise en compte du problème de sur-apprentissage en phase de l'élaboration du modèle neuronal.

Rappel des résultats

Le chapitre IV avait pour but d'élaborer un modèle de prédiction de l'amplification spectrale de site et de sa fréquence de résonance. Dans le réseau KiK-Net chaque site est équipé de deux stations une en surface et l'autre en profondeur. Ces données ont permis, via l'ANN1, de construire un modèle de génération des rapports spectraux (surface/profondeur : BHRSR), ce modèle qui tient compte à la fois de l'amplitude des BHRSR et de son contenu fréquentiel. Un écart type faible de l'ordre de 0.15 a été obtenu. Le modèle neuronal construit dans le chapitre IV nous a permis de déterminer les paramètres pertinents qui caractérisent mieux le comportement du sol : les 7 paramètres proposés comme entrée aux RNA « f_0, D_{bh}, V_{zbh}, V_{s30}, V_{s20}, V_{s10}, V_{s5} » ont été testé par la méthode neuronale en calculant le taux synaptique (en %) de chaque paramètre. Il en résulte que f_0, D_{BH}, V_{zbh}, V_{s30} sont les paramètres qui représente mieux le profil de sol. Les deux paramètres f_0 et V_{s30}, en plus de sa représentabilité, sont économiquement pertinents. C'est deux paramètres sont utilisés dans les chapitre V et VI pour caractériser le site.

Ce chapitre V nous a permis d'établir des relations prédictives des paramètres scalaires d'ingénierie caractérisant le mouvement vibratoire du sol avec la prise en compte de la profondeur focale et la fréquence de résonance et la vitesse des ondes de cisaillements. Les paramètres scalaires de nocivité prédits dans ce chapitre sont : PGA, PGV, CAV, S_i, I_a, D_s, a_{rms}. Les deux modèles ANN1(PGA) et ANN2(PGV nous ont permis de tester l'efficacité et la robustesse de cette méthode par rapport aux d'autres équations classiques de prédiction de mouvement du sol (GMPEs). Le SIGMA d'ANN2 est trouvé égal à 0.339 et celui d'ANN3 est de l'ordre de 0.294. Ces deux valeurs sont sensiblement plus petites que celles obtenues par les GMPEs classiques. Le troisième modèle élaboré dans ce chapitre (ANN3) englobe l'ensemble des paramètres scalaires sur-cités. Il en résulte que l'influence de la profondeur focale et de la fréquence de résonance est évidente. Les formes fonctionnelles obtenues, montrent que l'effet d'atténuation avec la distance, l'effet d'échelle et de site non linéaire sont prise en compte par le modèle neuronal.

Le modèle « ANN5 » de prédiction d'accélération spectrale établi dans le chapitre VI nous a permis d'obtenir les résultats suivants :le premier, c'est qu'il faut prendre en compte la fréquence de résonance du site, dans les GMPEs, surtout s'il s'agit de sites profonds. Faute de quoi la prédiction des pseudo-spectres en accélération (PSA) est incomplète. Par contre la profondeur focale à peu d'influence sur les valeurs spectrales. Le deuxième résultat confirme le fait que les PSA à basses fréquences sont contrôlés par la magnitude et en hautes fréquence par la distance épicentrale. Les écarts types calculés pour chaque périodes sont sensiblement inférieur aux ceux des GMPEs.

L'application de la méthode de réseaux de neurones artificiels pour la prédiction du mouvement vibratoire du sol représente une nouvelle discipline et un outil très important pour l'ingénieur. De fait qu'elle ne demande pas, à priori, d'une forme fonctionnelle, le RNA peut rendre compte du modèle physique sous-jacent qui combine entre le mécanisme de rupture, de la source sismique, de la propagation d'ondes sismiques entre la source et le site et de l'effet de site. L'importance des RNA augmente avec la disponibilité de plus en plus des données sismiques de par le monde et avec la puissance de l'outil informatique et le développement des algorithmes d'optimisation de plus en plus performants. Cette méthode est un approximateur universelle parcimonieux : les variables de sortie sont à nombre multiples se qui permet la réduction du nombre de degré de liberté dans le modèle. Les poids et les biais obtenus permettent facilement l'utilisation des modèles élaborés. Il est à noter, toutefois, que la validation du modèle est faite uniquement pour les sites et séismes Japonais.

Perspectives

Le présent travail peut être amélioré en prenant en compte les points suivants :

- Dans le chapitre IV, on propose de donner plus de soin à l'effet de profondeur évoqué par (Cadet., et al., 2010).

- On recommande pour les travaux futurs aussi de mettre à jour la base de données KiK-Net et de combler le manque constaté en terme de mouvement fort pour les faibles distances et en terme de mouvement faible pour les grande distances.

- En outre, on préconise de valider les modèles neuronaux avec d'autres bases de données de par le monde, telle que la base de données européenne, Turque « Share » et Californienne « NGA : Next Generation Attenuatio Projet».

- D'exploiter ces bases de données avec l'utilisation d'autres types de RNA tels que les Réseaux à fonctions de Base Radiale et l'approche Neuro-Floue.

- Par ailleurs, il est recommandé d'introduire d'autres types de distances susceptibles de contrôler le mouvement du sol tel que la distance de (Joyner–Boore).

- Pour réduire SIGMA on propose l'élaboration d'un modèle à une seule station et d'étudier la relation existante entre V_{s30} et la pente.

- On propose aussi de générer des spectres de réponses inélastiques nécessaires à la prise en compte du comportement non linéaire des structures pendant les séismes sévères.

Références bibliographiques

Abrahamson, A., and R.R. Youngs (1992). A Stable Algorithm For Regression Analyses Using The Random Effects Model, *Bulletin of the Seismological Society of America,* **82**, 505-510.

Abrahamson, N. A., and W.J. Silva (1997). Empirical Response Spectral Attenuation Relations for Shallow Crustal Earthquakes, *Seismological Research Letters,* **68**, 94-127.

Akaike, H. (1973). Information theory and an extension of the maximum likelihood principle, *Proceedings of the 2nd International Symposium on Information Theory,* 267–281.

Ambraseys N.N., J. Douglas, S.K. Sarma, and P.M. Smit (2005). Equations for the estimation of strong ground motions from shallow crustal earthquakes using data from Europe and the Middle East: Horizontal peak ground acceleration and spectral acceleration. *Bulletin of Earthquake Engineering,* **3**, 1–53.

Anderson, J.G. (2000). Expected Shape of Regressions For Ground-Motion Parameters on Rock. *Bulletin of the Seismological Society of America,* **90**, S43-S52

Anderson, J.G. (2000). Expected Shape of Regressions For Ground-Motion Parameters on Rock. *Bulletin of the seismological Society of America,* **90**, 43-52.

Aoi, S., K. Obara, S. Hori, K. Kasahara, and Y. Okada (2000). New Japanese uphole/downhole, strong-motion observation network: KiK-net, *EOS. Trans. Am. Geophys. Union,* **81**, F863.

Aoi, S., T. Kunugi, and H. Fujiwara (2004). Strong-motion seismograph network operated by nied: k-net and kik-net. *Journal of Japan association for earthquake engineering,* **4**(3).

Araya, R., and G.R. Saragoni (1984). Earthquake Accelerogram Destructiveness Potential Factor. *8th World Conference on Earthquake Engineering. San Francisco. U.S.A.*

Arias, A. (1970). A measure of earthquake intensity. *Hansen, R.J. (Ed.), Seismic Design for Nuclear Power Plants. MIT Press, Cambridge, MA,* 438 – 483.

Atkinson, G.M., and D.M. Boore (2003). Empirical ground-motion relations for subduction zone earthquakes and their application to Cascadia and other regions, *Bulletin of the Seismological Society of America,* **93**,1703—1729.

Avner, B-H. (1998). Quelques méthodes statistiques pour l'analyse des dispositifs forestiers, *Série FORAFRI,* Document 5.

Battiti, R. (1992). First and Second Order Methods for Learning: Between Steepest Descent Methods and Newton's Method, *Neural Computation,* **4,** 141-166.

Beale, M.H., M.T. Hagan, and H. B. Demuth (2010). Neural Network Toolbox™ 7User's Guide, *The MathWorks.*

Betbeder-Matibet. J. (2003). Les phénomènes sismiques, Risques et Aléas sismiques, prévention parasismique, *hermes,* **3.**

Beyer, K., and J. Bommer (2006). Relationships between median values and aleatory variabilities for different definitions of the horizontal component of motion, *Bulletin of the Seismological Society of America,* **97,** 1512–1522.

Bommer, J. J. Elnashai, A. S. and Weir, A. G. (2000). Compatible acceleration and displacement spectra for seismic design codes, *Proceedings of the 12th World Conference on Earthquake Engineering,* Auckland, New Zealand, Paper No. 207.

Bommer, J.J. (2010). SIGMA: What it is, why it matters and what we can do with it, Next Generation Attenuation for CEUS (NGA-East) Project, *Imperial College London.*

Boore, D. M. (2003). Simulation of ground using stochastic method, *pure and applied geophysics,* **160,** 635-676.

Boore, D.M., and G.M. Atkinson and M. EERI (2008). Ground-Motion Prediction Equations for the Average Horizontal Component of PGA, PGV, and 5%-Damped PSA at Spectral Periods between 0.01 s and 10.0 s. *Earthquake Spectra,* **24,** 99–138.

Boore, D.M., and M.G. Atkinson (2007). Boore-Atkinson NGA Ground Motion Relations for the Geometric Mean Horizontal Component of Peak and Spectral Ground Motion Parameters. *PEER Report 2007/01, Pacific Earthquake Engineering Research Center,* Berkeley, California

Boore, D.M., and W. B. Joyner (1982). The empirical prediction of ground motion, *Bulletin of the Seismological Society of America,* **72,** S43-S60.

Boore, D.M., W.B. Joyner, and E.T. Fuma (1993). Estimation of response spectra and peak accelerations from western North America earthquakes: An interim report. *Open-File Report from the US Geological Survey,* 93–509.

Boummer, J.J., and J.E. Alarcon (2006). The prediction and use of peak ground velocity. *Journal of Earthquake Engineering,* **10,** 1-31.

Broomhead, D., and D. Lowe (1988). Multivariable functional interpolation and adaptive networks, *Complex Systems,* **2,** 321–355.

Cadet, H., P.-Y. Bard, and A. Rodriguez-Marek (2011). Site effect assessment using KiK-net data- Part 1 - A simple correction procedure for surface / downhole spectral ratios. *Bulletin of the Seismological Society of America. Submitted.*

Cadet, H., P-Y. Bard, and A. Rodriguez-Marek (2010). Defining a Standard Rock Site: Propositions Based on the KiK-net Database. *Bulletin of the Seismological Society of America,* **100**, 172–195.

Campbell, K.W (1981). Near-source Attenuation of peak horizontal Acceleration. *Bulletin of the Seismological Society of America,* **71**, 039-2070.

Chu-Chieh, J.Li., and G. Jamshid (2001). Generating multiple spectrum compatible accelerograms using stochastic neural networks. *Earthquake Engng Struct Dyn,* **30**, 1021–1042.

Cotton, F., G. Pousse, F. Bonilla, and F. Scherbaum (2008). On the Discrepancy of Recent European Ground-Motion Observations and Predictions from Empirical Models: Analysis of KiK-net Accelerometric Data and Point-Sources Stochastic Simulations. *Bulletin of the Seismological Society of America,* **98**, 2244–2261.

Crouse, C. B (1991). Ground motion attenuation equations for earthquakes on the Cascadia subduction zone. *Earth. Spectra,* **7**, 210-236.

Cybenko, G (1989). Approximations by superpositions of sigmoidal functions. Math. *Control Signals Systems,* **2**, 303-314.

Danciu, L., and G.K. Tselentis (2007). Engineering Ground-Motion Parameters Attenuation Relationships for Greece. *Bulletin of the Seismological Society of America,* **97**, 162–183.

Demartines, P (1994). Analyse de données par réseaux de neurones auto-organisés, *thèse de l'Institut National Polytechnique de Grenoble.*

Demuth, H., M. Beale, and M. Hagan (2009). Neural Network Toolbox™ 6, User's Guide, *the MathWorks, Inc.*

Derras, B., A. Bekkouche, and D. Zendagui, (2010). Neuronal approach and the use of kik-net network to generate response spectrum on the surface. *Jordan Journal of Civil Engineering,* **4** 12-21.

Derras, B., P-Y. Bard, F. Cotton and A. Bekkouche (2011). Interest of the neural network approach for PGA prediction: an example based on the KiK-Net data. *Bulletin of the Seismological Society of America, Submitted.*

DGPR (2011). Risque sismique et sécurité dans les ouvrages hydrauliques. *Rapport MEDDTL-DGPR.*

Douglas, J. (2003). Earthquake ground motion estimation using strong-motion records: a review of equations for the estimation of peak ground acceleration and response spectral ordinates, *Earth-Science Reviews,* **61**, 43–104.

Dreyfus, G. (1998). Les réseaux de neurones, *Mécanique Industrielle et Matériaux*, **51**, http://www.neurones.espci.fr/Articles_PS/GAMI.pdf.

Dreyfus, G., J-M. Martinez, M. Samuelides, M.B. Gordon, F. Badran, and S. Thiria (2008). Apprentissage statistique : Réseaux de neurones : Cartes topologiques Machines à vecteurs supports, eyrolles.

Drouet, S. (2006). Analyse des données accélérométriques pour la caractérisation de l'aléa sismique en France métropolitaine. *Thèse de doctorat, Université Joseph Fourier,* Grenoble, France.

DTR B C 2 48. (2003). Règles parasismiques algériennes- R.P.A.99 version 2003. Document technique réglementaire, *Centre national de recherche appliquée en Génie paraSismique*, Ministère de l'habitat, Algérie.

Electrical Power Research Institute (EPRI). (1988). A criterion for determining exceedance of the operating basis earthquake, Palo Alto, California.

Erdik, M. (2006). Urban Earthquake Rapid Response And Early Warning Systems, *First European Conference On Earthquake Engineering And Seismology.* Geneva, Switzerland.

Fahlman, S. E. (1988). Fast Learning Variations on Back-Propagation: An Empirical Study. *Proceedings of the Connectionist Models Summer School, D.*

Field, E. H., and K. H. Jacob (1993). The theoretical response of sedimentary layers to ambient seismic noise. *Geophys. Res. Lett.,* **20**, 2925-2928

Fukunaga, K. (1990). Introduction to Statistical Pattern Recognition, 2nd edn. *Academic Press*, New York.

Fukushima, Y., and T. Tanaka. (1990). A new Attenuation Relation for horizontal acceleration of strong ground motion in Japan. *Bulletin of the Seismological Society of America,* **80**, 757-783.

Fukushima, Y., K. Irikura, T. Uetake, and H. Matsumoto (2000). Characteristics of Observed Peak Amplitude for Strong Ground Motion. *Bull of the seismological Society of America.* **90**, 545–565.

Funahashi, K-I (1989). On the Approximate Realization of Continuous Mappings by Neural Networks, *Neural Networks,* **2**, 183-192.

García, S.R., M.P. Romo, et J.M. Mayoral (2006). Estimation of peak ground accelerations for Mexican subduction zone earthquakes using neural networks. *Geofísica Internacional,* **46**, 51-63.

Ghaboussi, j., and C-C Lin (1998). new method of generating spectrum compatible accelerograms using neural networks, *Earthquake Engng. Struct. Dyn.* **27**, 377-396.

Ghodrati, A.G., A. bagheri, and S.A. razaghi (2009). Generation of Multiple Earthquake Accelerograms Compatible with Spectrum via the Wavelet Packet Transform and Stochastic Neural Networks. *Journal of Earthquake Engineering,* **13**, 899–915,

Giacinto, G., R. Paolucci, F. Roli (1997). Application of neural networks and statistical pattern recognition algorithms to earthquake risk evaluation, *Pattern Recognition Letters,* **18**, 1353–1362

Gilbert, L.M., and F. Yamazaki (1995). Attenuation of earthquake Ground motion in Japan including deep focus events, *Bulletin Seismological Society of America.* **8**, 1343-1358.

Goh, A.T.C (1994). Seismic liquefaction potential assessed by neural networks, *ASCE Journal of Geotechnical Engineering,* **120**, 1467-1480.

Golub, G.H., and D.P. O'Leary (1976). Some history of the conjugate gradient and Lanczos algorithms, *SIAM Review,* **31**,50-100

GOSSELIN., B (1996). Application de réseaux de neurones artificiels a la reconnaissance automatique de caractères manuscrit, thèse de doctorat en Sciences Appliquées de la Faculté Polytechnique de Mons.

Gregor, N. J., W.J. Silva, I.G. Wong, and R. Youngs (2002). Ground-motion attenuation relationships for Cascadia subduction zone mega thrust earthquakes based on a stochastic finite fault model, *Bulletin Seismological Society of America,* **92**, 1923-1932.

Haghshenas, E., P.-Y. Bard, and N. Theodulidis (2008). SESAME WP04 Team. Empirical evaluation of microtremor H/V spectral ratio. *Bull Earthquake Eng,* **6**, 75–108.

Hornik, K., M. Stinchcombe, H. White, P. Auer (1994). Degree of approximation results for feedforward networks approximating unknown mappings and their derivatives. *Neural Computation,* **6**, 1262-1275.

Hurtado, J.E., J.M. Londoño, and M.A. Meza (2001). On the applicability of neural networks for soil dynamic amplification analysis. *Soil Dynamics and Earthquake Engineering,* **21**, 579-591

Idriss I. M., and J.Sun (1992). User's manual for SHAKE91. *Richmond*: University of California.

Irshad, A., H. El-Naggar, and A.N. Khan (2008). Neural Networks Based Attenuation of strong Motion Peaks in Europe. *Journal of Earthquake Engineering.* **12**, 663-680.

Jayet, A. (2002). Affective Computing: Apport des Processus Emotionnels aux Systèmes Artificiels. Site, www.grappa.univ-lille3.fr/~torre/Recherche/Encadrement/Jayet2003/#sdfootnote10anc.

Joyner, W.B., D.M. Boore (1981). Peak Attenuation and Velocity from Strong-Motion Records Including Records from 1979 Imperial Valley, California, Earthquake. *Bulletin of Seismology Society of America,* **71**, 2011–2038

Kanno, T., A. Narita, N. Morikawa, H. Fujiwara, and Y. Fukushima (2006). A New Attenuation Relation for Strong Ground Motion in Japan Based on Recorded Data. *Bulletin Seismological Society of America.* **96**, 879-897.

Kemal, G., and G. Ayten 2008. Peak Ground Acceleration Prediction by Artificial Neural Networks for Northwestern Turkey. *Mathematical Problems in Engineering,* Article ID 919420, 20 pages doi:10.1155/2008/919420.

Kenig, S., A. Ben-David, M. Omer, and A. Sadeh (2002). Control of properties in injection molding by neural networks, *Engineering Applications of Artificial Intelligence,* **14**, 819–823.

Kenneth, H. S., C. Jennie, T. Milton, MS. Asli Kurtulus, and Menq. Farn-Yuh (2004). SASW measurements at the NEES Garner Valley Test Site, California, Data report, College of engineering, University of Texas at Austin.

Kerh, T., and D. Chu (2002). Neural networks approach and microtremor measurements in estimating peak ground acceleration due to strong motion. *Advances in Engineering Software*, **33**, 733–742.

Kerh, T., and S.B. Ting (2005). Neural network estimation of ground peak acceleration at stations along Taiwan high-speed rail system. *Engineering Applications of Artificial Intelligence*, **18** 857–866.

Kinoshita, S. (1998). Kyoshin Net (K-NET), *Seism. Res. Lett.* **69**, 309-332.

Kinoshita, S. (2005). Development of strong-motion Observation network constructed by Nied, Directions in Strong Motion Instrumentation book. *NATO Science Series*, **58**, 181-196.

Klimis, N.S., B.N. Margaris, and P.K. Koliopoulos (1998). Response spectra estimation according to the EC8 and NEHRP soil classification provisions: a comparison study based on Hellenic data. *Proceeding of the 11th European Conference on Earthquake Engineering* T8 Site effects, spatial variability of seismic motion

Klügel, J.U. (2009). How to eliminate non-damaging earthquakes from the results of a probabilistic seismic hazard analysis (PSHA) -A comprehensive procedure with site-specific application. *Nuclear Engineering and Design.* **239**, 3034-3047.

Kostov, M.K. (2005). Site Specific Estimation of Cumulative Absolute Velocity. *18th International Conference On Structural Mechanics In Reactor Technology* (Smirt 18) Beijing, China, August 7-12.

Kramer, S.L. (1996). Geotechnical Earthquake Engineering, *Publ. Prentice Hall.*

Kuźniar, K., E. Maciągb, and Z. Waszczyszyn (2005). Computation of response spectra from mining tremors using neural networks. *Soil Dynamics and Earthquake Engineering*, **25**, 331–339.

Lee, S. C., and S. W. Han (2002). Neural-network-based models for generating artificial earthquakes and response spectra. *Computers and Structures.* **80**, 1627-1638.

Lee, S.C., S.K. Park, et B.H. Lee (2001). Development of the approximate analytical model for the stub-girder system using neural networks. *Comput Struct,* **79**, 1013–25.

Liu, B-Y., L.Y. Ye, M.L. Xiao, and S. Miao (2006). Peak Ground Velocity Evaluation by Artificial Neural Network for West America Region. *Proceedings of the13th International Conference on Neural Information Processing.* LNCS 4234 942-951.

Lussou, P. (2001). Calcul du mouvement sismique associé à un séisme de référence pour un site donné avec prise en compte de l'effet de site. Méthode empirique linéaire et modélisation de l'effet de site non-linéaire, *Thèse de doctorat, Université Joseph Fourier*, Grenoble, France.

Lussou, P., P.Y. Bard, H. Modaressi, J.C. Gariel (2000). Quantification of soil nonlinearity based on simulation, *Soil Dynamics and Earthquake Engineering.* **20**, 509-516.

McCulloch, W. S., and W. H. Pitts (1943). A logical calculus of the ideas immanent in nervous activity. *Bulletin of Mathematical Biophysics*, **5**, 115-133.

Mcgill, R., J.W. Tukey, and W.A. Larsen (1978). Variations of Box Plot. *The American Statistician,* **32**,12-16.

Nakamura, Y. (1989). A method for dynamic characteristics estimation of subsurface using microtremor on the ground surface. *Quarterly Report of Railway Technical Research Institute,* **30**, 25–33.

Newmark, N. M., J. A. Blurne, and K. K. Kapur (1973). Seismic design spectra for nuclear power plants. *Journal of Power Division ASCE,* **99**, 287-303.

Oussar, Y. (1998). Réseaux d'ondelettes et réseaux de neurones pour la modélisation statique et dynamique de processus. *Thèse de doctorat de l'université pierre et marie curie.*

Pecker, A. (1984). Dynamique des Sols. *Presse des Ponts et Chaussées*, Paris, France.

Poulton, M.M. (2001). Computational neural networks for geophysical data processing. *Handbook of geophysical exploration,* **30**.

Pousse, G. (2005). Analyse des données accélérometriques de K-NET et KIK-NET: implications pour la prédiction du mouvement sismique -accélérogrammes et spectres de réponse et la prise en compte des effets de site nonlinéaire, *Thèse de doctorat, Université Joseph Fourier*, Grenoble, France.

Pousse, G., C. Berge-Thierry, F. Bonilla, and P. Y. Bard (2005). Eurocode 8 Design response spectra evaluation using the K-net Japanese database, *J. Earthq. Eng.* **9**, 547–574.

Pousse, G., L.F. Bonilla, F. Cotton, and L. Margerin (2006). Non stationary Stochastic Simulation of Strong Ground Motion Time Histories Including Natural Variability: Application to the K-Net Japanese Database, *Bulletin of the Seismological Society of America*, **96**, 2103-2117.

Rajasekaran, S., V. Latha, and S.C. Lee (2006). Generation of artificial earthquake motion records Using wavelets and principal component analysis, Journal of earthquake engineering. **10**, 665-691.

Rissanen, R. L (1978). Modeling by Shortest Data Description, *Aulomatica*, **14**, 465-471.

Rosenblatt, F. (1958). The Perceptron : A probabilistic model for information storage and organization in the brain, *Phys. Rev.* **65**,386.

Sabetta, F., and A. Pugliese (1983). Attenuation of peak horizonatal acceleration and velocity from Italian strong-motion records, *Bulletin of the Seismological Society of America*, **77**, 1491–1511.

Saito, K., and R. Nakano (2000). Second-order learning algorithm with squared penalty term. *J. Neural Computation,* **12**, 709-729

Saragoni, G.R., A. Holmberg, and A. Sáez (1989). Potencial Destructivo y Destructividad del Terremoto de Chile de 1985. *5as Jornadas Chilenas de Sismología e Ingeniería Antisísmica*. Santiago. Chile.

Saragoni, G.R., and H. Díaz (2000). Seismic Power for Earthquake Design, *12wcce*, P.2455.

Seung, C.L., and W.H. Sang (2002). Neural-network-based models for generating artificial earthquakes and response spectra. Computers and Structures, **80**, 1627–1638.

Shinozuka, M (1987). Stochastic fields and their digital simulation, Stochastic methods in structural dynamics, 93-133.

Sorin, F., L. Broussard, P. Roblin (2001). Régulation d'un processus industriel par réseaux de neurones, *Techniques de l'Ingénieur, traité Informatique industrielle*.

Specht, D.F (1991). A general regression neural network," IEEE Transactions on Neural Networks, 2, 568–576.

Strasser, F.O., N.A. Abrahamson, and J.J. Bommer (2009). Sigma: Issues, Insights, and Challenges. *Seismological Research Letters*.**80**, 40-56.

Theodulidis, N., P. Y. Bard, R. J. Archuleta, and M. Bouchon (1996). Horizontal to vertical spectral ratio and geological conditions: the case of Garner Valley downhole array in Southern California. *Bulletin of the Seismological Society of America*, **86**, 306-319.

Thodberg, H. H (1996). A review of Bayesian neural networks with an application to near infrared spectroscopy, *IEEE, Transactions on Neural Networks,* **7**, 56-72.

Tienfuan, K., and S.B. Ting (2005). Neural network estimation of ground peak acceleration at stations along Taiwan high-speed rail system. *Engineering Applications of Artificial Intelligence*, **18**, 857–866.

Trifunac, M.D., and A.G. Brady (1975). A study on the duration of strong earthquake ground motion. *Bulletin of the Seismological Society of America*, **65**, 581-626.

Tromans, I.J., and J.J. Bommer (2002). The attenuation of strong-motion peaks in Europe. *Proceedings of the 12th European Conference on Earthquake Engineering*, No. 394.

Tso, W. K., T. J. Zhu, and A. C. Heidebrecht (1992). Engineering implication of ground motion A/V ratios. *Soil Dynamics and Earthquake Engineering*. **11**, 133-144.

Windrow, B., and M. E. Hoff (1960). Adaptive switching circuits. IRE Wescon Convention Record, part 4. 96-104.

Yeh, C. H., and Y. K. Wen (1990). Modeling of non stationary ground motion and analysis of inelastic structural response. *Stmct. Safety*, **8**, 281-298.

Yih-Min, W., T. Ta-liang, S. Tzay-Chyn, and N-C. Hsiao (2003). Relationship between Peak Ground Acceleration, Peak Ground Velocity, and Intensity in Taiwan. *Bulletin of the Seismological Society of America*, **93**, 386-396.

Yoshihisa, M., Y. Fumio, Y. Hiroyuki, and T. Yoshiyuki (2007). Relationship between damage ratio of Expressway embankment and seismic intensity In the 2004 mid-niigata earthquake, *the 8th Pacific Conference on Earthquake Engineering*, Singapore.

Youngs, R., S. Chiou, W. Silva, and J. Humphrey (1997). Strong ground motion attenuation relationships for subduction zone earthquakes, *Seismol. Res. Letters.* **68**, 58–73.

Zhao, J. X., J. Zhang, A. Asano, Y. Ohno, T. Oouchi, T. Takahashi, H. Ogawa, K. Irikura, H. K. Thio, P.G. Somerville, and Y. Fukushima (2006). Attenuation relations of strong ground-motion in Japan using site classification based on predominant period, *Bulletin of the Seismological Society of America*, **96**, 898–913.

Zhao, Z.Y. (2006). Steel column under fire a neural network based strength model. *Advances in Engineering Software*, **37**, 97–105.

Annexes

Annexe.1

1. Poids et biais du modèle de prédiction de l'accélération maximale du sol (ANN2)

$$
w_1 =
\begin{bmatrix}
-0.096 & -0.149 & -0.472 & -0.432 & -0.626 \\
-0.788 & 0.260 & -0.089 & 0.083 & 0.184 \\
0.065 & 0.257 & 0.308 & -0.293 & -0.416 \\
-0.003 & 0.310 & -0.507 & 0.607 & 0.085 \\
0.734 & 0.021 & 0.258 & 0.484 & -0.092 \\
0.035 & -0.005 & 0.104 & -0.073 & -0.030 \\
0.035 & -0.005 & 0.104 & -0.073 & -0.030 \\
0.035 & -0.005 & 0.105 & -0.074 & -0.030 \\
-0.035 & 0.005 & -0.104 & 0.073 & 0.030 \\
-0.035 & 0.005 & -0.104 & 0.073 & 0.029 \\
0.035 & -0.005 & 0.105 & -0.074 & -0.030 \\
-0.035 & 0.005 & -0.104 & 0.073 & 0.030 \\
-0.035 & 0.005 & -0.104 & 0.073 & 0.030 \\
0.035 & -0.005 & 0.105 & -0.074 & -0.030 \\
0.035 & -0.005 & 0.104 & -0.072 & -0.029 \\
0.035 & -0.005 & 0.104 & -0.073 & -0.030 \\
-0.035 & 0.005 & -0.104 & 0.073 & 0.030 \\
0.276 & -0.094 & 0.226 & 0.839 & -0.229 \\
-0.035 & 0.005 & -0.106 & 0.075 & 0.030 \\
0.035 & -0.005 & 0.105 & -0.074 & -0.030
\end{bmatrix}
\qquad
b_1 =
\begin{bmatrix}
-0.316 \\
-0.623 \\
-0.167 \\
0.073 \\
-0.381 \\
-0.041 \\
-0.041 \\
-0.042 \\
0.041 \\
0.041 \\
-0.042 \\
0.042 \\
0.042 \\
-0.042 \\
-0.041 \\
-0.042 \\
0.041 \\
-0.488 \\
0.042 \\
-0.042
\end{bmatrix}
$$

$$w_2^T = \begin{bmatrix} -0.630 \\ -0.742 \\ 0.616 \\ -0.813 \\ -0.681 \\ 0.143 \\ 0.143 \\ 0.145 \\ -0.143 \\ -0.143 \\ 0.145 \\ -0.144 \\ -0.144 \\ 0.144 \\ 0.142 \\ 0.144 \\ -0.143 \\ -0.796 \\ -0.146 \\ 0.144 \end{bmatrix} \qquad b_2 = -0.311$$

2. Poids et biais du modèle de prédiction de la vitesse maximale du sol (ANN3)

$$W_1 = \begin{bmatrix}
-0.097 & 0.329 & 0.440 & -0.215 & -0.329 \\
0.020 & 0.087 & 0.132 & -0.065 & 0.014 \\
0.020 & 0.087 & 0.133 & -0.065 & 0.014 \\
0.020 & 0.088 & 0.134 & -0.066 & 0.014 \\
-0.684 & -0.213 & -0.430 & -0.656 & 0.180 \\
-0.020 & -0.088 & -0.134 & 0.065 & -0.014 \\
-0.020 & -0.088 & -0.134 & 0.066 & -0.014 \\
-0.020 & -0.088 & -0.135 & 0.066 & -0.014 \\
0.020 & 0.088 & 0.133 & -0.065 & 0.014 \\
0.019 & 0.088 & 0.135 & -0.066 & 0.014 \\
0.020 & 0.088 & 0.134 & -0.066 & 0.014 \\
0.020 & 0.088 & 0.134 & -0.066 & 0.014 \\
0.020 & 0.087 & 0.133 & -0.065 & 0.014 \\
0.020 & 0.088 & 0.134 & -0.065 & 0.014 \\
-0.020 & -0.087 & -0.133 & 0.065 & -0.014 \\
-0.033 & 0.659 & -0.354 & 0.615 & 0.033 \\
-0.670 & 0.163 & -0.321 & -0.004 & -0.167 \\
-0.020 & -0.088 & -0.134 & 0.066 & -0.014 \\
-0.020 & -0.088 & -0.135 & 0.066 & -0.014 \\
0.020 & 0.089 & 0.135 & -0.066 & 0.014
\end{bmatrix} \qquad b_1 = \begin{bmatrix} -0.122 \\ -0.005 \\ -0.006 \\ -0.005 \\ 0.075 \\ 0.005 \\ 0.005 \\ 0.005 \\ -0.006 \\ -0.005 \\ -0.006 \\ -0.006 \\ -0.005 \\ -0.006 \\ 0.005 \\ 0.061 \\ -0.710 \\ 0.005 \\ 0.005 \\ -0.005 \end{bmatrix}$$

$$W_2^T = \begin{bmatrix} 0.649 \\ 0.181 \\ 0.182 \\ 0.185 \\ 0.789 \\ -0.183 \\ -0.185 \\ -0.185 \\ 0.183 \\ 0.185 \\ 0.184 \\ 0.184 \\ 0.183 \\ 0.184 \\ -0.183 \\ -0.672 \\ -0.796 \\ -0.185 \\ -0.185 \\ 0.186 \end{bmatrix} \qquad b_2 = -0.111$$

3. Poids et biais du modèle de prédiction des paramètres de nocivité (ANN4)

$$W_1 = \begin{bmatrix} -0.7267 & -0.0438 & -0.3715 & -0.9096 & 0.2573 \\ -0.0444 & 0.0190 & 0.4777 & 0.6089 & -0.1552 \\ 0.0122 & 0.0502 & 0.1203 & -0.1238 & -0.0233 \\ 0.0120 & 0.0512 & 0.1219 & -0.1274 & -0.0250 \\ -0.0016 & -0.0326 & 0.1577 & 0.0385 & 0.0466 \\ 0.0120 & 0.0501 & 0.1217 & -0.1256 & -0.0240 \\ -0.0012 & -0.0321 & 0.1570 & 0.0391 & 0.0471 \\ -0.0014 & -0.0320 & 0.1575 & 0.0376 & 0.0466 \\ -0.0013 & -0.0319 & 0.1581 & 0.0377 & 0.0469 \\ 0.0080 & 0.4630 & 0.3695 & -0.3993 & -0.5477 \\ -0.0119 & -0.0494 & -0.1209 & 0.1237 & 0.0231 \\ 0.1878 & 0.2684 & -0.5121 & 0.3039 & -0.0112 \\ -0.0120 & -0.0496 & -0.1210 & 0.1232 & 0.0229 \\ 0.0691 & 0.4017 & -0.7119 & 1.3878 & 0.0729 \\ -0.1048 & -0.1788 & -0.5994 & -0.4381 & -0.8770 \\ -0.0122 & -0.0499 & -0.1216 & 0.1244 & 0.0234 \\ 0.0122 & 0.0506 & 0.1219 & -0.1251 & -0.0235 \\ -0.0012 & -0.0305 & 0.1579 & 0.0359 & 0.0463 \\ 0.0117 & 0.0510 & 0.1224 & -0.1280 & -0.0252 \\ 1.1221 & -0.3372 & 0.1630 & 0.0090 & -0.1349 \end{bmatrix} \qquad b_1 = \begin{bmatrix} 0.4399 \\ 0.4446 \\ -0.0695 \\ -0.0711 \\ -0.0159 \\ -0.0703 \\ -0.0157 \\ -0.0162 \\ -0.0162 \\ -0.1632 \\ 0.0696 \\ 0.3894 \\ 0.0694 \\ -0.2975 \\ -0.3707 \\ 0.0700 \\ -0.0702 \\ -0.0166 \\ -0.0714 \\ 0.8460 \end{bmatrix}$$

$$w_2^T = \begin{bmatrix}
0.6133 & 0.3924 & 0.4548 & 0.3699 & 0.5248 & -0.1646 & 0.5420 \\
0.0328 & 0.0004 & 0.3093 & 0.3073 & 0.1617 & 0.4365 & 0.1766 \\
0.1034 & 0.0945 & 0.0702 & 0.0622 & 0.0807 & -0.0244 & 0.0623 \\
0.1060 & 0.0955 & 0.0713 & 0.0636 & 0.0829 & -0.0262 & 0.0645 \\
-0.0500 & 0.1127 & 0.0495 & 0.0822 & 0.0105 & 0.0828 & -0.0109 \\
0.1042 & 0.0956 & 0.0711 & 0.0636 & 0.0817 & -0.0249 & 0.0636 \\
-0.0500 & 0.1123 & 0.0491 & 0.0814 & 0.0104 & 0.0830 & -0.0119 \\
-0.0489 & 0.1126 & 0.0498 & 0.0820 & 0.0110 & 0.0824 & -0.0109 \\
-0.0492 & 0.1132 & 0.0498 & 0.0824 & 0.0111 & 0.0826 & -0.0109 \\
0.4484 & 0.2923 & 0.3290 & 0.2497 & 0.3769 & -0.0713 & 0.3737 \\
-0.1026 & -0.0951 & -0.0705 & -0.0633 & -0.0808 & 0.0240 & -0.0624 \\
-0.0768 & -0.2773 & -0.3630 & -0.1246 & -0.2374 & -0.3605 & -0.1751 \\
-0.1026 & -0.0951 & -0.0704 & -0.0629 & -0.0806 & 0.0238 & -0.0624 \\
-0.6609 & -0.5528 & -0.4650 & -0.6727 & -0.5640 & 0.3298 & -0.6041 \\
-0.4065 & -0.2624 & -0.2894 & -0.2333 & -0.3416 & 0.1428 & -0.3615 \\
-0.1033 & -0.0955 & -0.0709 & -0.0634 & -0.0813 & 0.0243 & -0.0629 \\
0.1042 & 0.0959 & 0.0713 & 0.0633 & 0.0816 & -0.0244 & 0.0628 \\
-0.0471 & 0.1133 & 0.0504 & 0.0817 & 0.0120 & 0.0817 & -0.0102 \\
0.1064 & 0.0961 & 0.0717 & 0.0641 & 0.0830 & -0.0263 & 0.0651 \\
0.4992 & 0.3228 & 0.4026 & 0.1828 & 0.4527 & -0.1267 & 0.4715
\end{bmatrix}$$

$$b_2 = \begin{bmatrix}
-0.1637 \\
-0.0696 \\
-0.2083 \\
-0.1824 \\
-0.1777 \\
0.1162 \\
-0.1995
\end{bmatrix}$$

4. Poids et biais du modèle de prédiction d'accélération pseudo-spectrale (ANN5)

Le *NCi* représente le numéro de neurone *i* dans la couche cachée.

$W_1 =$

	f_0	$V_{s\,30}$	M_w	$Log_{10}(R)$	D
NC1	-0.0008	-0.0987	-0.2823	0.2165	-0.0020
NC2	-0.0009	-0.0988	-0.2818	0.2163	-0.0024
NC3	-0.0008	-0.0992	-0.2829	0.2173	-0.0023
NC4	-0.0010	-0.0989	-0.2824	0.2167	-0.0022
NC5	-0.8413	-0.2091	-0.3781	-0.8905	0.5143
NC6	0.0018	0.0985	0.2801	-0.2150	0.0019
NC7	-0.7226	-0.6687	0.1060	0.1568	0.0697
NC8	0.0946	0.1393	-0.8989	1.8690	-0.0662
NC9	0.0230	0.5589	0.1125	-0.2496	-1.0886
NC10	0.1524	0.1580	-0.8743	0.6977	0.0763
NC11	0.0425	0.2401	-1.0166	-0.5020	0.9635
NC12	-0.0569	0.0737	1.0068	-0.0353	0.0172
NC13	-0.0006	-0.0987	-0.2827	0.2171	-0.0017
NC14	0.0007	0.0993	0.2826	-0.2166	0.0022
NC15	-0.0486	1.5771	-0.1370	0.5061	-0.1180
NC16	1.3240	-0.2062	0.1534	0.1961	-0.0806
NC17	-0.0378	-0.1808	-0.8100	-0.7547	-1.6067
NC18	-0.2888	-0.1302	0.9458	0.6447	-0.2915
NC19	0.0256	-0.0454	0.5216	0.8478	0.9626
NC20	-0.0005	-0.0997	-0.2838	0.2185	-0.0017

$b_1 =$

0.1317
0.1317
0.1319
0.1319
0.4356
-0.1320
0.0034
-0.6429
-0.2158
0.2797
0.1291
0.6013
0.1319
-0.1317
0.3442
0.9977
-0.0367
0.7128
-0.9456
0.1322

$$W_2 = (1)$$

T(s)	NC1	NC2	NC3	NC4	NC5
0.00	-0.0880	-0.0877	-0.0880	-0.0880	0.3800
0.02	-0.0913	-0.0911	-0.0915	-0.0913	0.3801
0.03	-0.0855	-0.0853	-0.0856	-0.0854	0.3816
0.04	-0.0795	-0.0793	-0.0795	-0.0795	0.3600
0.05	-0.0726	-0.0724	-0.0726	-0.0726	0.3158
0.06	-0.0672	-0.0670	-0.0671	-0.0671	0.2893
0.08	-0.0841	-0.0839	-0.0843	-0.0842	0.2946
0.10	-0.1035	-0.1034	-0.1039	-0.1036	0.3070
0.15	-0.1119	-0.1119	-0.1123	-0.1121	0.3066
0.20	-0.1078	-0.1077	-0.1080	-0.1080	0.2708
0.25	-0.1063	-0.1064	-0.1067	-0.1065	0.2491
0.30	-0.0986	-0.0987	-0.0990	-0.0988	0.2284
0.35	-0.0896	-0.0895	-0.0898	-0.0897	0.2125
0.40	-0.0837	-0.0837	-0.0839	-0.0839	0.2018
0.45	-0.0761	-0.0760	-0.0763	-0.0761	0.1872
0.50	-0.0709	-0.0709	-0.0710	-0.0710	0.1644
0.60	-0.0662	-0.0662	-0.0663	-0.0663	0.1525
0.70	-0.0599	-0.0597	-0.0599	-0.0598	0.1528
0.80	-0.0551	-0.0550	-0.0552	-0.0552	0.1613
0.90	-0.0504	-0.0502	-0.0505	-0.0503	0.1600
1.00	-0.0500	-0.0500	-0.0501	-0.0500	0.1581
1.50	-0.0712	-0.0712	-0.0715	-0.0712	0.1517
2.00	-0.0773	-0.0773	-0.0776	-0.0774	0.1305
3.00	-0.0969	-0.0969	-0.0973	-0.0971	0.1291
4.00	-0.1062	-0.1061	-0.1065	-0.1063	0.1059

$$W_2 = (2)$$

T(s)	NC6	NC7	NC8	NC9	NC10
0.00	0.087	-0.074	-0.425	0.289	-0.357
0.02	0.091	-0.081	-0.431	0.296	-0.359
0.03	0.085	-0.112	-0.435	0.285	-0.389
0.04	0.079	-0.138	-0.449	0.273	-0.401
0.05	0.072	-0.175	-0.449	0.248	-0.410
0.06	0.066	-0.159	-0.475	0.228	-0.395
0.08	0.083	-0.068	-0.507	0.239	-0.337
0.10	0.103	0.085	-0.493	0.252	-0.283
0.15	0.111	0.167	-0.419	0.265	-0.212
0.20	0.107	0.144	-0.375	0.302	-0.152
0.25	0.106	0.089	-0.364	0.297	-0.090
0.30	0.098	0.029	-0.336	0.284	-0.103
0.35	0.089	-0.016	-0.320	0.269	-0.080
0.40	0.083	-0.053	-0.327	0.265	-0.071
0.45	0.076	-0.099	-0.335	0.254	-0.068
0.50	0.070	-0.117	-0.329	0.229	-0.052
0.60	0.066	-0.138	-0.324	0.200	-0.030
0.70	0.059	-0.161	-0.330	0.197	-0.046
0.80	0.055	-0.191	-0.346	0.194	-0.054
0.90	0.049	-0.205	-0.344	0.181	-0.071
1.00	0.049	-0.207	-0.345	0.174	-0.079
1.50	0.070	-0.185	-0.375	0.169	-0.048
2.00	0.077	-0.168	-0.381	0.150	-0.032
3.00	0.096	-0.156	-0.410	0.110	-0.008
4.00	0.105	-0.109	-0.414	0.102	0.002

$$w_2 = \begin{bmatrix} \begin{array}{c|ccccc} T & \underline{NC11} & \underline{NC12} & \underline{NC13} & \underline{NC14} & \underline{NC15} \\ 0.00 & 0.195 & 0.065 & -0.088 & 0.088 & -0.180 \\ 0.02 & 0.208 & 0.076 & -0.092 & 0.092 & -0.181 \\ 0.03 & 0.212 & 0.064 & -0.086 & 0.085 & -0.166 \\ 0.04 & 0.216 & 0.024 & -0.080 & 0.079 & -0.158 \\ 0.05 & 0.225 & -0.007 & -0.073 & 0.072 & -0.156 \\ 0.06 & 0.224 & -0.047 & -0.067 & 0.067 & -0.129 \\ 0.08 & 0.225 & -0.110 & -0.084 & 0.084 & -0.113 \\ 0.10 & 0.221 & -0.123 & -0.104 & 0.104 & -0.100 \\ 0.15 & 0.186 & -0.030 & -0.112 & 0.112 & -0.134 \\ 0.20 & 0.185 & 0.102 & -0.108 & 0.108 & -0.184 \\ 0.25 & 0.173 & 0.190 & -0.106 & 0.106 & -0.224 \\ 0.30 & 0.160 & 0.223 & -0.099 & 0.099 & -0.251 \\ 0.35 & 0.125 & 0.237 & -0.090 & 0.090 & -0.256 \\ 0.40 & 0.106 & 0.253 & -0.084 & 0.084 & -0.266 \\ 0.45 & 0.089 & 0.278 & -0.076 & 0.076 & -0.282 \\ 0.50 & 0.067 & 0.283 & -0.071 & 0.071 & -0.280 \\ 0.60 & 0.031 & 0.309 & -0.066 & 0.066 & -0.270 \\ 0.70 & 0.014 & 0.323 & -0.060 & 0.060 & -0.271 \\ 0.80 & -0.008 & 0.341 & -0.055 & 0.055 & -0.276 \\ 0.90 & -0.028 & 0.338 & -0.050 & 0.051 & -0.270 \\ 1.00 & -0.049 & 0.328 & -0.050 & 0.050 & -0.264 \\ 1.50 & -0.117 & 0.282 & -0.071 & 0.071 & -0.255 \\ 2.00 & -0.154 & 0.233 & -0.077 & 0.077 & -0.236 \\ 3.00 & -0.205 & 0.200 & -0.097 & 0.097 & -0.220 \\ 4.00 & -0.236 & 0.188 & -0.106 & 0.106 & -0.203 \end{array} \end{bmatrix} \quad (3)$$

$$w_2 = (4)$$

T	NC16	NC17	NC18	NC19	NC20
0.00	0.410	-0.257	0.175	-0.321	-0.089
0.02	0.406	-0.261	0.165	-0.329	-0.092
0.03	0.408	-0.260	0.164	-0.340	-0.086
0.04	0.405	-0.270	0.174	-0.360	-0.080
0.05	0.381	-0.276	0.197	-0.382	-0.073
0.06	0.387	-0.290	0.229	-0.405	-0.068
0.08	0.428	-0.304	0.301	-0.415	-0.085
0.10	0.490	-0.289	0.300	-0.393	-0.105
0.15	0.396	-0.242	0.278	-0.308	-0.113
0.20	0.265	-0.203	0.237	-0.223	-0.109
0.25	0.177	-0.180	0.241	-0.180	-0.107
0.30	0.110	-0.165	0.253	-0.155	-0.099
0.35	0.059	-0.152	0.247	-0.118	-0.090
0.40	0.025	-0.153	0.251	-0.100	-0.084
0.45	-0.009	-0.146	0.259	-0.087	-0.076
0.50	-0.036	-0.139	0.251	-0.081	-0.071
0.60	-0.056	-0.126	0.227	-0.065	-0.067
0.70	-0.065	-0.127	0.229	-0.051	-0.060
0.80	-0.076	-0.129	0.237	-0.039	-0.055
0.90	-0.079	-0.122	0.229	-0.028	-0.050
1.00	-0.078	-0.123	0.220	-0.021	-0.050
1.50	-0.066	-0.127	0.207	0.012	-0.071
2.00	-0.043	-0.119	0.191	0.039	-0.077
3.00	-0.006	-0.126	0.200	0.036	-0.097
4.00	0.022	-0.147	0.149	0.025	-0.107

$$
b_2 = \begin{bmatrix}
\begin{array}{ll}
T & \\
0.00 & -0.135 \\
0.02 & -0.139 \\
0.03 & -0.113 \\
0.04 & -0.080 \\
0.05 & -0.041 \\
0.06 & -0.062 \\
0.08 & -0.095 \\
0.10 & -0.181 \\
0.15 & -0.244 \\
0.20 & -0.206 \\
0.25 & -0.219 \\
0.30 & -0.154 \\
0.35 & -0.133 \\
0.40 & -0.119 \\
0.45 & -0.089 \\
0.50 & -0.103 \\
0.60 & -0.113 \\
0.70 & -0.092 \\
0.80 & -0.052 \\
0.90 & -0.015 \\
1.00 & 0.020 \\
1.50 & 0.032 \\
2.00 & 0.008 \\
3.00 & -0.064 \\
4.00 & -0.094
\end{array}
\end{bmatrix}
\quad (4)
$$

Annexe.2

Interface graphique sous Matlab pour la prédiction de PGA

Les valeurs de PGA en fonction des f_0, V_{s30}, M_w, R et D sont obtenues à partir de l'éq V.2. Pour rendre l'utilisation de l'équation de prédiction de l'accélération maximale V.2 conviviale, une interface graphique a été élaborée.

A partir de cette interface, l'utilisateur peut visualiser la forme fonctionnelle du PGA ainsi que les valeurs correspondantes en fonction de la distances épicentrales (figure 2.I).

Après avoir rentré f_0, V_{s30}, M_w, D ainsi que l'intervalle de R, on peut visualiser la forme fonctionnelle en cliquant sur le bouton « Plot curve ».

A partir du « Add curve » l'utilisateur peut afficher d'autres courbes d'atténuation, comme c'est représenté sur la figure 2.II. Dans cette dernière 4 courbes sont illustrées pour 4 magnitude : 4, 5, 6 et 7.

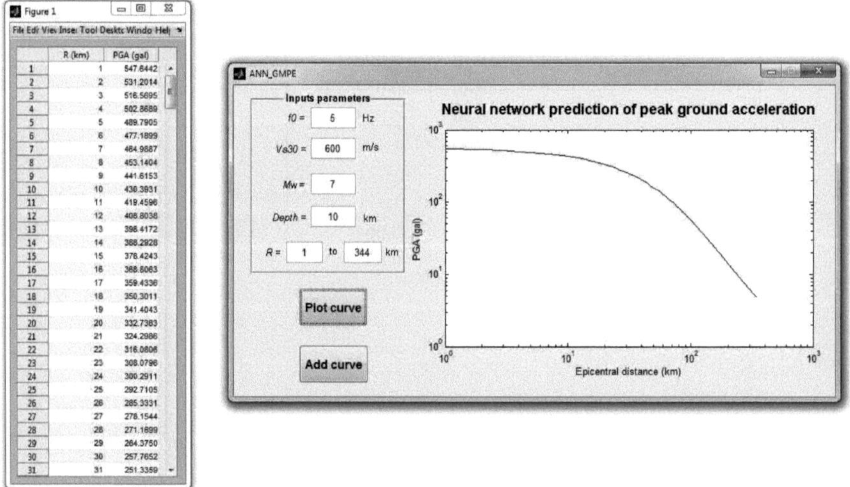

Figure.2. 1. Interface Graphique, sous Matlab, du modèle d'atténuation de l'accélération maximale du sol.

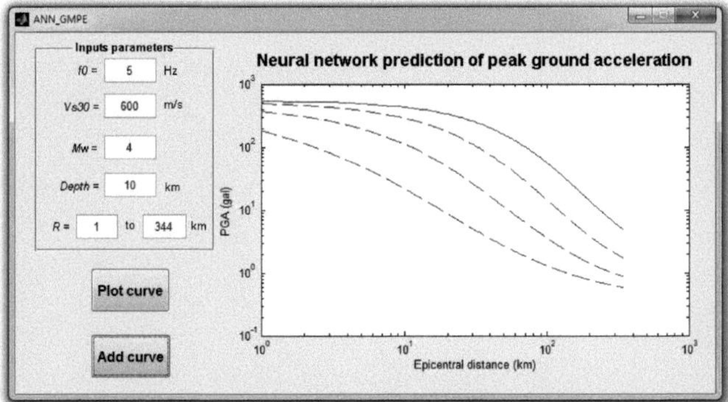

Figure.2.II. Illustration des 4 formes fonctionnelles en fonction de la magnitude et la distance épicentrale pour une f_0 = 5 Hz, V_{s30} = 600 m/sec et une profondeur focale égale à 10 km.